Prima

Alfons Schweiggert (Hrsg.)

Das große Buch vom Viktualienmarkt

Alfons Schweiggert (Hrsg.)

Das große Buch vom Viktualienmarkt

Geschichte und Geschichten rund um Münchens »grüne Insel«

Fotografien: Gerd Pfeiffer

Verlagsanstalt »Bayerland« Dachau

Buchvorsatz vorne:
Die adretten Standlerinnen auf diesem Bild, das um 1900 entstand, wären heute weit über hundert Jahre alt. Längst haben sie neuen Marktleuten Platz gemacht, die aber die Tradition weiterhin bewahren. (Fotoarchiv Freisinger).

Buchvorsatz hinten:
Um 1900 hatten die Marktfrauen ein noch härteres und entbehrungsreicheres Leben als heutzutage. Aber als gestandene Marktler präsentierten sie sich stolz vor ihrer Ware.
(Fotoarchiv Freisinger).

Für die freundliche Unterstützung bei den Recherchen zu diesem Buch, für die Bereitstellung von Bildmaterial und für die zahlreichen sachdienlichen Hinweise sei folgenden Personen und Institutionen gedankt:

Dr. Richard Bauer, Stadtarchiv München;
Dr. Fritz Fenzl, Monacensia und Handschriftenabteilung der Münchner Stadtbibliothek;
Helmut Pfundstein, Direktion der Großmarkthalle, Herbert Meilinger;
Dr. Christoph Stölzl, Stadtmuseum München
sowie
den Marktleuten
Hans und Ilona Schaffner;
Maria, Gertraud und Ludwig Freisinger

Verlag:
Druckerei und Verlagsanstalt »Bayerland«,
Anton Steigenberger,
8060 Dachau, Konrad-Adenauer-Straße 19

Fotografien:
Gerd Pfeiffer

Illustrationen:
Trude Richter

Planzeichnungen:
Alfons Schweiggert

Redaktion:
Heinz Puknus

Gestaltung:
Klaus Kiermeier, Josef Mertl

Gesamtherstellung:
Druckerei und Verlagsanstalt »Bayerland«,
Anton Steigenberger

Hersteller:
Fritz Hammerschmid

ISBN 3-89251-007-5

Zu den ganz alten Marktfamilien zählen die seit 1903 hier ansässigen Freisinger. Noch heute verkaufen sie feinste Salzgurkerl als Familienspezialität. Das Geschäft gaben die Eltern jeweils an die Kinder weiter, so daß die Freisingers bereits in der dritten Generation auf dem Markt stehen. (Fotoarchiv Freisinger).

Die Geschichte des Viktualienmarktes

Entstanden ist der Viktualienmarkt, so wie er heute aussieht, zwar nicht zur Zeit, als München gegründet wurde, aber indirekt hat er doch einiges mit der Geburt der bayrischen Landeshauptstadt zu tun. Denn bereits damals drehte sich alles um den Markt.

Das Wort »Markt« kommt aus dem Lateinischen. Die Römer sagten zum Handel »mercatus«, zum Kaufmann »mercator«, zur Ware »merx« und zum Handeltreibenden »mercari«. Der Markt war demnach ein Platz, auf dem von Kaufleuten mit Waren gehandelt wurde.

Das 65bändige »Große vollständige Universal-Lexikon« J. H. Zedlers von 1739 definiert den Begriff »Markt« folgendermaßen: »Markt. Dieses heisset derjenige öffentliche geraume Platz, der etwan mit zierlichen Gebäuden umgeben, oder mit Schränken eingefasset, und wo man zu gewisssen Zeiten allerley Victualien und andere Waaren zum Verkauff darstellet. Sonst verstehet man auch öfters das Kauffen und Verkauffen selbst darunter, welches im Lateinischen ‚Mercatus' heisset, und eine bestimmte Zeit anzeiget, da an einem gewissen, bequemen Orte etwas zu Kauff gestellet wird. Der Markt stehet jedermann offen, seiner Nothdurfft darauf sich zu erholen.«

Die Vorgeschichte (1156–1807)

Ein schönes Fleckerl Erde

Als vor mehr als tausend Jahren Benediktinermönche des Klosters Tegernsee in das heutige München zogen, waren sie auf der Suche nach einer Gegend, in der sie ungestört leben konnten. Sie fanden diesen Platz dann auch auf den Isarhöhen. Sie ließen sich auf dem heutigen Petersbergl nieder, also nur wenige Schritte entfernt vom Viktualienmarkt, an den damals freilich noch keiner dachte. Dort waren sie vor den Fluten der Isarhochwasser sicher. Sie bauten auf der Anhöhe ein Klösterl mit einer Kirche, die sie dem heiligen Petrus weihten.
Ihren »Viktualienmarkt« mußten sie sich damals noch selbst bestellen, indem sie aus der Isar Fische angelten und in den Auwäldern Wild erlegten. Wohlschmekkende Schwammerl und frische Beeren, dazu heilsame Kräuter, fanden sie damals auch. Sie befreiten die Umgebung von Büschen und Bäumen und konnten auf den dort angelegten Kornäckern Getreide ernten und für das Vieh Wiesen und Weiden wachsen lassen. Langsam fanden sich dann auch einige Bauern, die sich dort noch früher als sie angesiedelt hatten, bei den Mönchen, den »Munichen«, ein. Vielleicht waren dies ein Kyso (Giesinger), ein Sentilo (Sendlinger) und ein Swapo (Schwabinger). Später wurde dann aus der »Munichen«-Siedlung »München«.

Mit Betrug fing alles an

Das Dorf »Munichen« war noch kein Markt. Reges Leben im Raum München fand jedoch in dem älteren Dorf Oberföhring statt, das eine Gehstunde isarabwärts lag. Denn dort fuhren die schwerbeladenen Salzkarren aus Reichenhall über den Fluß, um ihre wertvolle Fracht nach Augsburg und ins Schwabenland zu bringen. Als Zoll mußte jeder, der auf der Salzstraße ankam und über die Brücke wollte, ein Silberstück zahlen. Das bekam der Bischof von Freising, dem der Markt und die Brücke bei Föhring unterstanden. Das Dorf Munichen hingegen gehörte dem bayrischen Herzog Heinrich dem Löwen. Ihm war der Föhringer Übergang schon längst ein Dorn im Auge. Er wollte, daß die Salzstraße durch München ging. Am Fuße des heutigen Gasteigs entdeckte er eine Mulde im Isarhang, durch die leicht auch Pferdegespanne fahren konnten. Heinrich der Löwe entschloß sich, zwei Brücken über die Isar zu bauen, weil sich der Fluß in zwei Arme geteilt hatte. Das geschah in Windeseile.
Dann unternahm der rauflustige Herzog etwas, das, zugegeben, moralisch nicht gerade einwandfrei war. Mit seinen Kriegsknechten marschierte er die 5 Kilometer isarabwärts nach Föhring, brannte dort die Holzbrücke nieder und zerstörte den Markt und die Münze. Den Salzfuhrwerken zeigte er den neuen Weg über Riem und Haidhausen zum Gasteig über die Isar, wo heute die Ludwigsbrücke steht, durch »Munichen«, das damit zu einem wichtigen Brückenort wurde. Die Vorstufe zu einem Marktflecken war dadurch erreicht.

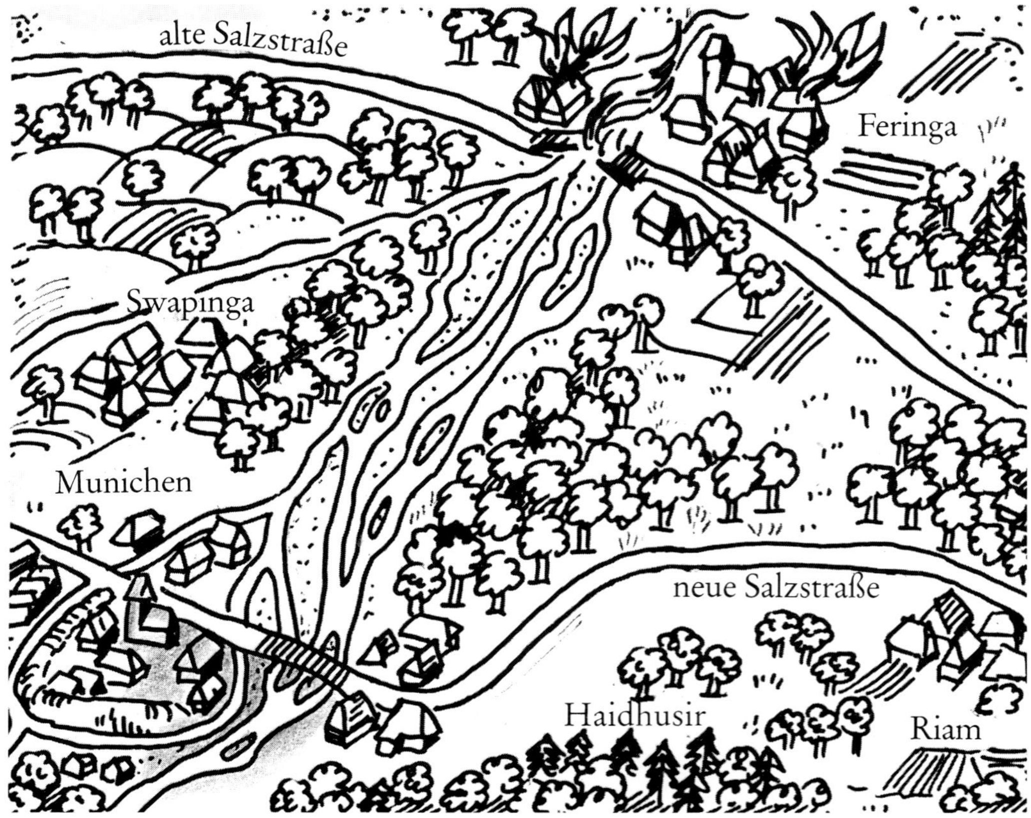

Der Viktualienmarkt um 1158 vor dem Petersbergl (links unten) existiert so noch gar nicht. Auf seinem Platz sind Bäume und Wiesen zu finden, und Seitenzweige der Isar fließen nahe vorbei. Im Hintergrund (oben) die brennende Föhringer Brücke.

Die kaiserliche Urkunde

Der Freisinger Bischof war über Heinrich den Löwen erbost und verklagte den gewalttätigen Herzog beim Kaiser. Er forderte, daß der alte Zustand sofort wiederhergestellt und München zerstört werden müsse. Der Kaiser aber entschied nach langem Streit, daß Heinrich den dritten Teil der Zolleinnahmen, der Einkünfte des Marktes und der Münze dem Freisinger Bischof abzutreten hätte.
Doch das Geschäft ging so gut, daß München das verkraften konnte. In einer eigenen Münzstätte wurde Geld geprägt. Ein derartiger Münchner Pfennig war damals so viel wert wie 20 Hühnereier.
»Munichen« blühte auf, und Heinrich der Löwe erhob das Dorf deshalb zu einem Markt. Kaiser Friedrich Barbarossa stellte am 14. Juni 1158 in Augsburg darüber eine Urkunde mit Siegel aus. Dieses Jahr gilt seither als das Gründungsjahr der Stadt München und wohl auch des Marktes, der damals zwar noch nicht Viktualienmarkt hieß und sich auch nicht an seinem heutigen Platz befand, diesem aber doch schon auf einige hundert Schritte nahe war.

Draußen vor der Türe

Ein reger Handel setzte nun ein. Schließlich kreuzten sich auf dem Marktplatz Münchens genau zwei Handelswege: Von den Alpen nach Norden zog sich der Weinhandel, und von Ost nach West brachte man Salz. Außerdem wurden Getreide, Leder, Tuche, Holz und Eisen verkauft. Besonders viel Geld aber verdiente man am Salz, das man deshalb zärtlich »weißes Gold« nannte. Es wurde von den Reichenhaller Sudstätten auf Fuhrwerken nach München transportiert und dort in Stadeln gelagert. Von hier verkaufte man es dann an schwäbische Städte und in die Schweiz weiter. Die ankommenden Kaufleute, Fuhrknechte und Reisenden machten in München Rast. Wirte und Bedienstete, welche die Pferde betreuten und die Fuhrwerke ausbesserten, verdienten sehr gut. So richteten Wagner gebrochene Räder, Seiler flickten das Pferdegeschirr, und Schmiede kümmerten sich um ordentliche Hufeisen. Der Handel gedieh prächtig, und das Handwerk hatte goldenen Boden unter den Füßen. Zum Schutz der Marktflecken und der Münze ließ Heinrich der Löwe um 1175 eine erste Stadtmauer errichten.

Die Mauer befand sich genau an der heutigen Rosental- und Sparkassenstraße, die damals noch Wassergräben vor der Stadtumfriedung waren, und stand damit dem noch nicht existierenden Viktualienmarkt direkt vor der Nase. Diese Freilage »extra muros« (außerhalb der Mauern) war damals der Kranken- und Elendsherberge vorbehalten. Der Viktualienmarkt harrte dort unbeirrt weiter seiner Bestimmung entgegen. 1180 wurde Otto von Wittelsbach Herr des Bayernlandes, da Heinrich der Löwe dem Kaiser den Gehorsam versagt hatte, weshalb ihm dieser das Land Bayern weggenommen hatte. Durch sein Verhalten hat »der Löwe« damals beinahe die Existenz der jungen Münchner Stadt aufs Spiel gesetzt.

Um 1175: Noch liegt der Platz des heutigen Viktualienmarktes vor der ersten Stadtmauer Münchens. Der Alte Peter befindet sich schon innerhalb der Stadtumfriedung. Bald wird auf der Wiese vor der Mauer ein Pilgerhaus erstehen, aus dem sich dann das Heiliggeistspital entwickeln wird.

Ein Krankenhaus als erster Mieter

Immer mehr Menschen siedelten sich nun in dem durch eine Mauer geschützten München an, angezogen von dem regen Leben und dem blühenden Handel. Etwa hundert Jahre später wurde der heutige Marienplatz zum Münchner Hauptmarkt. Ein paar hundert Schritte südöstlich lag der Platz des heutigen Viktualienmarktes. Dort stand damals das Katharinenkirchlein, das noch älter als die Peterskirche gewesen sein soll. Es wird berichtet, daß es auf »Bögen« errichtet war, wahrscheinlich zum Schutz gegen das immer wieder hereinbrechende Isarhochwasser. Bei der Kirche stand eine Klause. Hier erbaute Herzog Ludwig der Kelheimer 1204 bis 1208 vor dem Münchner Osttor, dem späteren alten Rathausturm, ein Pilgerhaus. An seiner Stelle errichtete 1251 Herzog Otto II. einen stattlichen Spitalbau mit einer eigenen »Heiligen Geistkirche«. Der Hl. Geist galt nämlich als Stärker und Tröster besonders der Reisenden, Schwachen und Kranken. So wurde das Spital Raststätte, Kinderheim, Krankenhaus, Irrenanstalt, aber zugleich auch ein eigenständig wachsender Ökonomiebetrieb, der sich durchaus als Vorläufer des Viktualienmarktes sehen lassen konnte. Die alte Katharinenkapelle wurde in das Spital eingebaut und befand sich dort im ersten Stock noch sechs Jahrhunderte lang. Ab etwa 1290 unterstand das Haus zunächst vierzig Jahre lang der Obhut der Brüder vom Hl. Geist. Als aber zwischen Kaiser Ludwig und Papst Johann ein Streit ausbrach, verließen die Mönche rasch und heimlich das Spital über Nacht, nachdem zuvor 1327 auch noch ein schlimmer Stadtbrand große Teile des Spitals zerstört hatte. Nun standen zwei »Hochmeister « des Stadtrates dem Heiliggeistspital vor. Der künftige Platz des Viktualienmarktes schien damals durch dieses Krankenhaus einem gänzlich anderen Zweck zugeführt.

Endlich Münchner!

Inzwischen war innerhalb der ersten Stadtmauer Münchens bald kein Platz mehr frei. Immer mehr Menschen siedelten sich deshalb vor den Toren an. Auch sie sollten geschützt werden. Man beschloß, eine zweite, umfassendere Stadtmauer zu errichten. Unter dem deutschen Kaiser Ludwig dem Bayern aus München wurde die Stadtmauer um das

Sechsfache vergrößert. Der Bau dauerte von etwa 1270 bis 1337. Erst fünfhundert Jahre später sollte es den Münchnern auch innerhalb dieser großzügig angelegten Mauer zu eng werden.
Jetzt war auch der Platz des Viktualienmarktes zur Hälfte in die Stadt eingegliedert, bis etwa zur Höhe der heutigen Westenriederstraße. Das Marktgeschehen fand aber noch auf dem Marienplatz statt. 1315 erließ Kaiser Ludwig der Bayer eine neue Bauordnung. Es wurde untersagt, den Schrannenplatz, wie der Marienplatz damals hieß, weiter zuzubauen. Buden, die im Weg standen, wurden abgerissen. Auf diese Weise kehrten geordnete Verhältnisse ein, »damit der Markt desto lustsamer und desto schöner und desto gemacher sei, Herren, Bürgern und Fremden«. Mit diesen Worten begründete Ludwig der Bayer seine Maßnahmen.
So befahl er auch, die Fleischbänke vom Marienplatz vor das Taltor hinaus unterhalb der Peterskirche zu verlegen, wo sie noch heute als eine geschlossene, appetitliche Front von Metzgerläden stehen.
Am Abend wurden übrigens alle Stadttore verschlossen. Wer sich verspätete, konnte nach dem Abendläuten nur durch das Einlaßtor ganz nahe beim heutigen Viktualienmarkt (»Am Einlaß«) in die Stadt gelangen, mußte jedoch dem Torwächter 6 Kreuzer dafür bezahlen.
Auf dem Hauptmarkt am Marienplatz, den man ab 1572 »Eier- und Kräutlmarkt« nannte, gab es dienstags und mittwochs Eier, Kräuter, Knoblauch, Zwiebeln, Butter, Schmalz und Käse, Obst und Gemüse, Spanferkel, Wildbret und Geflügel wie Enten und Gänse. Somit kann dieser Markt als direkter Vorläufer des Viktualienmarktes angesehen werden. Im München des 14. und 15. Jahrhunderts war der Pfau eine besondere Delikatesse und kostete deshalb ein kleines Vermögen. Pfauen durften nur auf dem Schrannenplatz angeboten werden. Privatkäufe beim Züchter auf dem Land waren strengstens verboten. Lebensmittel durften ausschließlich auf dem Markt verkauft werden, damit für jeden Kunden die gleichen Kaufchancen bestanden. Rund um den Fischbrunnen wurden vor allen Fasttagen Forellen, Karpfen und andere Fische feilgehalten. Auch Blumen, Kränze und bunte Sträuße gab es. Im Rathaussaal fand der Wollmarkt statt. Am Schrannentag durfte nur Getreide

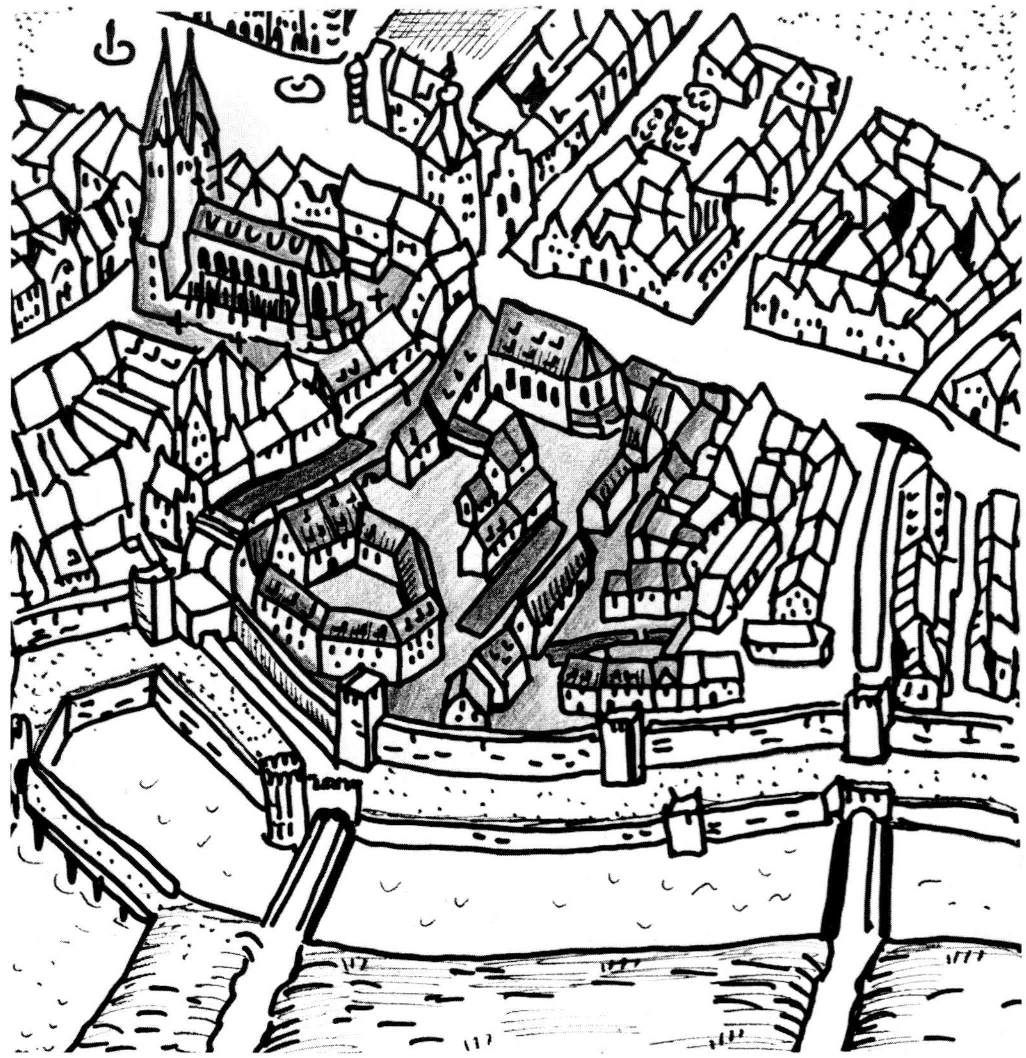

Ab etwa 1270: Der Platz des Viktualienmarktes liegt innerhalb der zweiten Stadtmauer Münchens. Die Gebäude des Heiliggeistspitals bedecken die ganze Fläche (Mitte des Bildes). Die Armen- und Krankenstadt wirkt wie eine kleine selbständige Gemeinde in der Gemeinde. Sie ist der St.-Peters-Kirche vorgelagert.

verkauft werden. Der Platz war mit Getreidesäcken bis weit in die Kaufingergasse hinein überfüllt. So entstanden bereits damals Verkehrsprobleme, denn die Fuhrwerke konnten kaum mehr über den Markt fahren.
Am Sonntag fand der Hunde- und Vogelmarkt statt. Am Rindermarkt wurde von den Bauern Vieh an die Metzger verkauft. In der Weinstraße wurden am Montag die Winzer mit den Wirten handelseinig. Der Münchner Weinmarkt hatte über einige Jahrhunderte hinweg eine besondere Bedeutung, weil der Wein (!), nicht das Bier, bis um 1600 in München und Bayern das Volksgetränk war. So schrieb der bayrische Geschichtsschreiber Aventin (1525): »Der gemeine Mann sitzt Tag und Nacht beim Wein, schreit, singt, tanzt, kartet, spielt.«
Erst 1589 wurde das Münchner Hofbräuhaus gegründet. Anschließend löste das Bier den Wein als beliebtestes Getränk ab. Daran waren einmal die Einfuhrbehinderungen im folgenden Dreißigjährigen Krieg schuld, dann die hohen Preise der Importweine und der saure Geschmack der einheimischen Weine.
Aber zurück zum Marienplatz, der damals Schrannenplatz hieß, da er zur Abhaltung der Schranne bestimmt war. »Schranne« war ursprünglich abgeleitet von »scranna« = »die Bank«. Daraus wurde später auch die »Bank des Richters und Rechtsprechers«. In diesem Sinne bezeichnete man den Hauptplatz als »Schrannenplatz«. Erst später bezog man den Namen immer mehr auf den Getreidemarkt, da dieser als der größte Markt schließlich platzbestimmend geworden war.

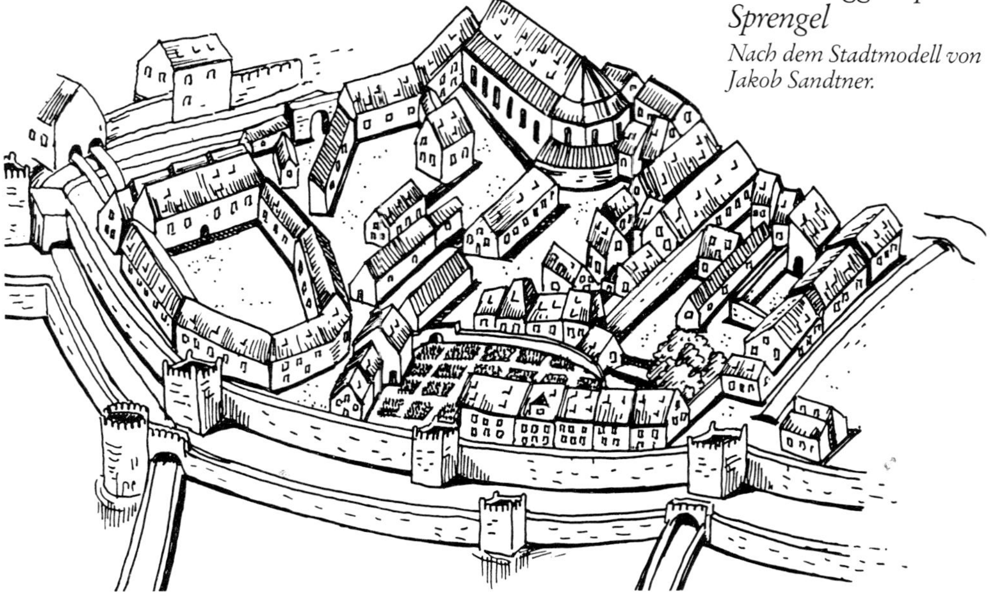

Der Heiliggeistspital-Sprengel
Nach dem Stadtmodell von Jakob Sandtner.

In den offenen Laubengängen dieses Platzes wurden Mehl und Brot und allerlei Haushaltswaren angeboten, wie Besen, Bandl, Schwämme, Tabakspfeifen, Lederbeutel, Kämme usw. Außer dem Marktgeschehen gab es auf dem Marienplatz noch andere Veranstaltungen, so den Schäfflertanz, den Metzgersprung, Festzüge, Ritterturniere, Bittgänge und Fronleichnamsprozessionen, Gauklerspiele, Johannisfeuer und sonstige Feste. Auf dem Pranger wurden Betrüger, Diebe und Verleumder zur Schau gestellt, am Galgen die Schwerverbrecher und Mörder gehenkt.

Der alte Marktplatz von München, der heutige Marienplatz, um 1812 (zeitgenössische Darstellung). Fünfhundert Jahre hatten an Schrannentagen noch die Traidner mit ihren Getreidesäcken diesen gesamten Bereich belegt.

Die Armen- und Krankenstadt

Am heutigen Viktualienmarkt hingegen wuchs die Armen- und Krankenstadt weiter an und bedeckte schließlich die gesamte Fläche von der Frauenstraße bis zum Tal und vom Dreifaltigkeitsplatz bis zum Rosental. Es war eine kleine, eigenständige Gemeinde innerhalb der Stadt München. Dazu gehörten die herrliche Heiliggeistspitalkirche mit einem schönen Turm, ein Pfarrhof und fünf Benefiziatenhäuser, ein eigener Friedhof mit Friedhofskapelle, zunächst mit der St.-Pauls-Kapelle, wo heute die Zwölfapostelmetzgerläden stehen, später ab dem 17. Jahrhundert mit der Dreifaltigkeitskapelle auf dem Dreifaltigkeitsplatz. Auf der Fläche des heutigen Viktualienmarktes befanden sich das Männer- und Weiberhaus für erwachsene Pfründner, worunter man betuchte Bürger verstand, die sich im Alter hier einmieten konnten. Hier stand also das erste Altersheim Münchens. Die Armen lebten hingegen von Stiftungsmitteln der Stadt. Für sie waren ein Findel- und Waisenhaus gebaut, ein Gebärhaus, eine Stube für abgeschobene »Sinnlose«, also Geisteskranke, »die Narrenkeuche«, ein Armen- und Badehaus. Die »Rauchstube« war für ansteckende Krankheiten vorbehalten. Das Spital besaß auch eine eigene Brauerei mit Hopfenanbau, ein eigenes Backhaus, Heuböden, Viehställe, eine Schmiede, eine Pfisterei und ein Schlachthaus, einen Bierkeller, eine Zimmerwerkstatt, eine Schäfflerei, eigene Wälder, Felder und Wiesen. Dadurch war die Selbstversorgung gesichert. Auch das Forsthaus Kasten, die Hesseloher Schwaige und der Sedlhof in Sendling gehörten der Stiftung.
Niemand ahnte damals, daß diese gut funktionierende Armen- und Krankenstadt knapp sechshundert Jahre später durch einen beliebten Lebensmittelmarkt ersetzt sein würde. Aber jeder sah mit den Jahren, wie sich der Platz für den Markt auf dem Marienplatz immer mehr verengte. So mußten verschiedene Märkte bereits andere Plätze beziehen, wie der Rinder-, Sau- und Roßmarkt, der Salz- und Unschlitt(Rindertalg)-markt, der Heu-, Stroh- und Holzmarkt, der Kohlen-, Torf- und Kalkmarkt, der Kartoffel-, Kraut- und Rübenmarkt, der Hopfen-

Um 1830 hatte auf dem Marienplatz das Markttreiben bereits abgenommen, da der Markt vor die Heiliggeistkirche verlegt worden war.

markt, der Milch-, Gänse- und Taubenmarkt und der Tändelmarkt mit allerlei Tand.
In der 1766 veröffentlichten »stadtväterlichen Marktbedingung« wurden die oft recht unhygienischen Zustände, zum Beispiel beim Fischverkauf, angeprangert, heißt es doch: »Gestunken und gar krepiert Fische feilzubieten ist gar niemand erlaubt.«

Zwischenstation auf dem Friedhof

Das Faß zum Überlaufen brachte schließlich ein kleines Bauvorhaben. Ausgerechnet an der Ecke Marienplatz/Burgstraße ließ 1801 der Kaufmann Cajetan Hetzer einen Neubau errichten, in den später dann das Café Greif einzog.
Dieser Neubau machte die Marktverhältnisse noch beengender und behinderte zudem den für die damaligen Verhältnisse ohnehin bereits sehr lebhaften Verkehr. Immerhin luden an guten Tagen bis zu 2000 Wagen Korn ab. Da beschloß der Magistrat der Stadt, den Eier- und Kräutlmarkt zu räumen. Man schob die Händler auf den alten Friedhof vor der Peterskirche ab. Dieser war bereits vor zwölf Jahren aufgehoben und eingeebnet worden. Im März 1807 monierte jedoch die Polizeidirektion auf Initiative von Maximilian Graf von Montgelas, es sei geradezu »ekelhaft«, auf dem ehemaligen Petersfriedhof Markt zu halten.
Den Händlern half ihr energischer Protest nichts. Sie mögen wohl damals schon geahnt haben, daß dies für den alten Hauptmarkt am Marienplatz der Anfang vom Ende war.
1802 bekam der Markt auch einen moderneren Namen. Nicht einfach Lebensmittelmarkt sollte er heißen, sondern mit einem Fremdwort ‚Viktualienmarkt'. Mit dem neuen Namen kam im gleichen Jahr die Forderung, ihn von dem engen Petersplatz wegzuverlegen und einige Schritte weiter östlich neu entstehen zu lassen.

Die Frühgeschichte (1807–1945)

Die Geburtsstunde des Viktualienmarkts

Endlich war es soweit. König Max I. ließ mit Beschluß vom 10. März 1807 den Viktualienmarkt vom Petersplatz auf den Hof des Heiliggeistspitals verlegen, wo er sich auch noch heute befindet. Der aufgelassene Friedhof am Heiliggeistspital störte im Gegensatz zu dem auf dem Petersplatz nämlich niemanden. Am 12. Mai 1807 wurde der Grundstein zum Markt gesetzt. Die Räumung der Häuser ging nicht so rasch vor sich, wie man sich das wünschte. Die dickköpfigen Münchener Bürger wollten nicht so ohne weiteres aus ihren Wohnungen heraus. Räumungsaufforderungen erhielten zum Beispiel der Handelsmann Nicoladoni, der Heiliggeistbäck Schrupp, der Strumpfwirker Bader und der Bürger Fuchs. Sie sollten ihre Läden und Wohnungen bis Georgi freimachen. Aber erst in der Magistratssitzung vom 10. September 1807 konnte Baudirektor von Schedl beauftragt werden, den Platz einzuebnen.
München zählte damals 35 000 Einwohner. Max I. war selbst häufiger Marktbesucher. Er unterhielt sich gerne mit den Bauern. Zunächst zogen die Gemüse-, Kräutl- und Eierbauern auf den Hof im Heiliggeistspital. Für die bei der Heiliggeistkirche gelegene Armen- und Krankenstadt hatte damit das letzte Stündlein geschlagen. Dies war ganz im Sinne der Anhänger der Säkularisation, die kirchliche und wohltätige Stiftungen abzuschaffen gedachten und sie weltlichen Zwecken zuführen wollten.
Sogar die Heiliggeistkirche selbst sollte ihr zum Opfer fallen. Man dachte daran, sie in ein Kaufhaus umzuwandeln und ihren Turm abzureißen. Zur Begründung hieß es, daß der Turm »die Einfahrt verengt, die größte Unreinlichkeit verursacht und nach Umwandlung der Kirche in ein Kaufhaus nur mehr einen lächerlichen

Um 1815 steht auf dem Platz des heutigen Viktualienmarktes noch ein Großteil der alten Spitalgebäude. Dennoch beginnt sich das Markttreiben langsam auszubreiten.

Zweck hat«. Zum Glück unterblieb dieser Schritt allerdings doch.
Eigenartig war es aber schon, auf welchem Untergrund ein Lebensmittelmarkt erstehen sollte. Nach dem Friedhofsgelände auf dem Petersbergl wurde er jetzt auf einem Armen- und Krankengelände plaziert. Auf dem heutigen Dreifaltigkeitsplatz am Viktualienmarkt befand sich zudem der Spitalfriedhof. Aber vielleicht gedeihen Lebens- und Sinnenfreuden gerade dort am besten, wo Tod, Armut und Leid das Fundament bilden.
Nachdem sich die Standlstadt 1807 etabliert hatte, blieben die Besucher oft bis zum Knöchel im Dreck stecken. Deshalb wurde am 26. Oktober des gleichen Jahres beschlossen, auf dem Platz ein Pflaster zu legen. 1957, bei der Unterkellerung des Marktes, kamen noch gut erhaltene Reste dieses alten Kopfsteinpflasters zum Vorschein.

Haus um Haus

1823 erwarb die Stadt den Bereich um das Heiliggeistspital für 150 000 Gulden und ließ den Platz pflastern. Die Bewohner mußten in die Mathildenstraße umziehen und wurden in das Elisabethinerinnenkloster einquartiert. 1908 erfolgte dann ein weiterer Wechsel des Spitals zum Dom-Pedro-Platz, wo es noch heute als Altersheim fortbesteht.
1828 berichtete eine Zeitung: »Aber wer in das Schlaraffenland einer so guten Einkaufsmöglichkeit gelangen will, muß sich erst durch einen Berg von Schimpfworten und Grobheiten durchfressen. ,Sie, teans net so stöß'n!' ,I wer' a no hersteh'n derf'n, vielleicht is des dera Frau lieber, wenn sich wer herstellt, der was kafft, als wie wenn zehn dastehnga, die bloß Maulaff'n feilhalt'n!' Auweh, jetzt rühren sich die zehn, die sich betroffen fühlen: ,O mei, Sie und a Gans kaffa! Wie viel hat Eahna denn Ihra Mo Geld mitgeb'n?' ,I glaub', Sie woll'n in d' Kuttl'halle eini oder in d' Freibank nüber!' ,Ja, derfn denn Sie mi so saudumm anred'n? Ja, a so a g'scherte G'sellschaft, a g'scherte, ohne

Reste der alten Stadtmauer (um 1830) am Rande des Marktes: der »Scheibling« (links), der »Fischerturm« (rechts).

Anstand und gar nix.' So geht der Streit noch weiter, das eine Mal heftiger, das andere Mal sanfter. Aber das Geschäft inmitten des Kreises leidet dadurch keine Unterbrechung. ,Was kost die Gans? Zwölf Mark? Ja, so was Ausg'schamts hat ma ja no gar net g'sehng! Na freßts koane Gäns, wenns es net zahl'n könnts! Ja, aufköppl'n aa no, des taat Eahna passn, Sie freche Molln, Sie! Wenns es nur grad selber fress'n müssats, Eure Gäns, ös Bauernprotzn, ös damische. Grad lieg'n lass'n sollt ma s' Euch, bis' stinkat san!' Was aber alles nur die Einleitung zu einem Angebot auf zehn Mark fünfzig ist. Dabei hebt die Käuferin den fetten Braten schon

Der Name des Fischerturms leitet sich von den hier im Mittelalter ansässigen Fischern ab.
Um 1815 sah er so aus, und keiner ahnte, daß er 1891 abgebrochen werden würde.

Um 1880 existierte es noch: das Weiberhaus des ehemaligen Heiliggeistspitals; dahinter die Zwölfapostel-Metzgerläden.

über ihren Korb. Aber unter elf Mark läßt sich die Bauernfrau nicht drücken. Und da wird ihr auch die Gans schon recht unsanft wieder hingelegt. Auf diesen Augenblick hat eine andere Frau schon gewartet. ‚Elf Mark haben S' g'sagt?' und hat sie schon in ihrer Tasche verstaut.«

Zwei Jahrzehnte vor diesem Geschehnis hatte auf dem Viktualienmarkt die Beseitigung der zahlreichen, zum Spital gehörigen Gebäude begonnen. 1823 fielen die Ställe und Ökonomiegebäude der Spitzhacke zum Opfer. 1828 folgten zwei Scheunen, das Brauhaus, die Schmiede, die Pfisterei und das Badhaus.

Der große Krankensaal diente übrigens vor dem Abbruch als Fleischbank. Der Abriß geschah so gründlich, daß bereits nach fünf bis acht Jahren die Kräuter-, Eier-, Blumen- und Fischverkäufer – letztere übersiedelten 1831 vom Fischbrunnen auf dem Marienplatz in die Nähe der Westenriederstraße –, dazu die Gärtner, auf den Viktualienmarkt ziehen konnten. In den nächsten sechs Jahrzehnten wurden weitere zehn Häuser an der ehemaligen Roßschwemme und zum Tal hin, außerdem zwei Türme abgebrochen. Der nördlichere Turm, der Fischerturm, mit einem Stück der alten Stadtmauer, befand sich dort, wo die Westenriederstraße in den Markt einmündet. Das war der Platz, an dem seit dem Mittelalter die Fischer ansässig waren. Der massige, zinnengekrönte Rundturm, angeblich aus der Zeit Ludwigs des Bayern, »Scheibling« genannt, wurde vor seinem Verschwinden als Kornmagazin benutzt. Dahinter hatte sich seit 1855 die Obstableere befunden.

Hatte der Turm früher die Stadtbefestigung als Geschützturm verstärkt, so war er jetzt dem Markt im Wege. Die erste Marktvergrößerung erfolgte 1857, fünfzig Jahre nach der Marktgründung. 1885 fiel auch das Heiliggeistspital, und zuletzt folgte der Weiberbau, der von 1823 bis 1854 Kornhalle, dann bis 1870 Stadtwaage und von 1870 bis 1885 städtische Fleischbank gewesen war.

1891 hatte dann der Viktualienmarkt den heutigen Umfang erreicht. In unserer Zeit erinnert allerdings nur noch die Heiliggeistkirche an die erste wohltätige Einrichtung der Münchener Bürger – sie konnte nach dem Abbruch des Weiber-

Südostseite des Viktualienmarktes um 1858 (Foto: G. Böttger).
Um den Rundturm ist eine von 1855 – 1881 bestehende Mauer erkennbar, die »Obstableere«. Hinter den Häusern an der Frauenstraße noch unbebaute Wiesen. Auf dem Isarhochufer links im Hintergrund die 1839 fertiggestellte Mariahilfkirche in der Au.

hauses westlich um drei Joch (= 17 265 m^2) verlängert werden.
Auf 20 000 Quadratmetern Fläche beherbergt der Markt inzwischen rund 100 Verkaufsstände. Die Reichenbachstraße, ursprünglich »verlängerte Utzschneiderstraße« genannt, die noch zugebaut war, wurde auf dringenden Wunsch der Geschäftsleute, der Marktweiber und der Kunden zum Viktualienmarkt hin geöffnet.

Was riecht denn hier so abscheulich?

Nur zu oft schwärmt man heute von der guten, alten Zeit. Aber 1878 waren die Zustände auf dem Viktualienmarkt nicht ganz so rosig und hygienisch musterhaft, wie man sich das gerne vorstellt. Nicht selten mußte die Viktualienpolizei eingreifen:
»Vor einigen Tagen war in dieser Beziehung ein drastisches Beispiel im Hof eines Cafés am Viktualienmarkt zu beobachten: Dorthin hatte sich ein Händler mit einer Kiste voll Gänse geflüchtet, um dieselben einem Reinigungsprozeß zu unterwerfen. Als er den Deckel aufhob, drang ein pestilenzialischer Geruch in den ersten Stock, und man sah die Gänse als eine schleimige, klebrige Masse zum Vorschein kommen. Der Händler ließ sich vernehmen: ‚Eben ist der Marktinspektor an meinem Stand vorbeigekommen, er ist stehengeblieben, hat die Nase gerümpft und gefragt: ‚Was riecht denn hier so abscheulich?‘ Da hab' ich aber gemacht, daß ich ihm die Kiste aus dem Weg geräumt habe.‘ Wären z. B. diesem Herrn seine 24 Gänse konfisziert worden mit Zugabe einer erklecklichen Strafe, so hätte er gewiß das nächste Mal das Zusammenkaufen in diesem Maße bleiben lassen. So aber war bis Abend, wie ich auf Erkundigung erfuhr, sein ganzer Vorrath verkauft.« So schrieben »Süddeutsche Presse und Münchener Nachrichten« am 29. 10. 1878.
Dies war jedoch kein Einzelfall, wie folgender Bericht aus dem »Bayerischen Landboten« vom 14. 7. 1874 beweist: »Mit welcher Regsamkeit der hiesige Stadtmagistrat die Lebensmitteluntersuchungen betreibt, geht daraus hervor, daß im Laufe des vergangenen Monats Juni im Ganzen 3363 derartige Visitationen stattgefunden haben, und zwar bei den Bäckern und Brodhändlern 416, bei den Melbern und Mehlhändlern 25 und bei den Wirthen, Bräuern, Cafétiers und Restaurateurs etc. 900. Außerdem fanden in dem genannten Monat 1189 Fleisch- und 746 Milchvisitationen statt; auch bei Händlern mit freien Artikeln wurden 57 Untersuchungen vorgenommen. Als strafwürdig wurden hiebei der kgl. Staatsanwaltschaft überwiesen: 1 Bäcker, 3 Wirthe, 2 Metzger, 6 Verkäufer unreifer Kälber, 3 Oekonomen, 3 Milchhändlerinnen, 1 Eierhändlerin und 1 Händler wegen Uebertretung der Viktualienmarktordnung.«
Die Strafen fielen für die damalige Zeit recht »gesalzen« aus: »Wegen victualienpolizeilicher Uebertretung wurden mit Geldstrafen belegt: Händler Sorgel wegen Zufuhr eines unreifen Kalbes, 10 M.; Händlerssohn Sölner wegen Feilhaltens von Gänsen mit ekelerregendem Aussehen 21 Mk.; Händler Scherer wegen Feilhaltens ekelerregender Hühner 50 Mark; Händler Stürzer von Vilsbiburg und Händler Schimpf wegen Zufuhr räudiger Schafe, Ersterer 30 M., Letzterer 40 M.; die Bauerstochter Maier von Hohenbrunn wegen Milchfälschung 24 Mark; Händler Reichert von Schopfloch wegen Verkaufs crepierter Gänse 45 M.« (»Bayerischer Kurier«, 29. 1. 1878)
Auch war der Platz nicht gerade sauber, und wer ihn überschreiten wollte, mußte bei Regen »bis an die Knöchel im Schmutze waten«, denn der alte, gepflasterte Teil war nur auf einen kleinen Bereich des Platzes begrenzt: »Der Viktualienmarkt, diese partie honteuse Münchens bleibt ungepflastert, nachdem auch in der Cumulativsitzung beider Collegien die Mittel hierfür abgelehnt wurden.« (»Süddeutsche Post«, 23. 2. 1878)
Besonders begehrt waren allerdings schon damals Imbißeinrichtungen. So berichten »Süddeutsche Presse und Münchener Nachrichten« am 21. 7. 1878:
»Mit großer Würde steht die Frau da und kocht fortwährend die Würste und vertheilt selbe, wenn sie fertig sind, an die oft zahlreich um den Kochtopf angesammelte Menge, die sie meist dort am Standplatz verzehrt. Brat- wie Weißwürste kosten 10 Pfennige und man hat dabei den Vortheil, daß der Senf gratis gegeben beziehungsweise genommen werden kann. Um dabei aber mitzuthun, gehört

freilich etwas dazu, denn eine mehr als einmal durch den Mund gezogene Wurst wird mit großer Ungenirtheit in die nämliche Senfsauce getaucht, bis wieder eine Köchin oder sonst irgend Jemand dieselbe erneuert. So geht es alle Tage, und die Frau macht gute Geschäfte, denn bekanntlich sind die Würste von der Bank und größer als die meisten Wirtshauswürste und frisch. Mehrere hunderte, ja manchmal über tausend Stück werden täglich verfrühstückt, denn der Appetit der Münchener ist nicht gering.«
Hamsterkäufe auf dem Markt waren bereits damals üblich und verärgerten die Kunden, wie folgender Leserbrief »einer einfachen Hausfrau« im »Bayerischen Landboten« vom 1. 7. 1875 beweist: »Möchten Sie doch im Interesse des Volkswohles sich recht bald veranlaßt sehen, über den empfindlichen Mißstand unseres Viktualienmarktes einige Worte der Oeffentlichkeit zu übergeben und treffend zu beleuchten; der Mißstand ist nämlich der, daß es absolut nicht mehr möglich ist, aus erster Hand zu kaufen. Setzt der Landmann seine Waare am Markte nieder, in der gleichen Minute erscheint ein Troß von Blutsaugern – Händler und Händlerinnen –, um es sofort wegzuschnappen, so daß es dem einzelnen Käufer unmöglich wird, etwas um einige Kreuzer billiger zu erringen . . .«
Manche hofften, Lebensmittel günstiger kaufen zu können, wenn sie bis Marktschluß warteten. Das aber sahen die Marktfrauen gar nicht gern: »Letzteres zu thun fällt freilich den wenigsten ein, man konnte vielmehr die charakteristische Aeußerung hören: ‚Schau die dummen Leut' an, anstatt daß sie eine schöne Gans ordentlich bezahlen, warten sie lieber, bis sie s' verstunken haben müssen.' Diese Praxis, die Preise im Uebereinkommen hoch zu halten; wenn die Ware nicht geht, dieselbe lieber verderben lassen und dann erst nach geraumer Zeit, bevor sie eben ganz hin ist, dem Publikum billig zu offerieren, ist jetzt bei jeder Art von Händlern gang und gäbe, namentlich kann man sie auch bei den Obstlern mit den Trauben u. A. bemerken.« (»Süddeutsche Presse und Münchener Nachrichten«, 29. 10. 1878)
So reinlich und ehrlich wie heute ging es also früher auf dem Marktplatz noch nicht zu.

Der Viktualienmarkt wird erwachsen

Der Markt fand bereits ab 1819 täglich statt, also auch an Sonntagen. Nur an hohen Festtagen blieb er geschlossen. So am 1. Weihnachtsfeiertag, am Oster- und Pfingstsonntag. Jeder Markttag begann bei Sonnenaufgang und endete bei Sonnenuntergang. Die Verkäufer erhielten in der Reihenfolge ihrer Ankunft vom Marktinspektor einen Verkaufsplatz zugewiesen. Sie saßen und standen sich in doppelten Reihen gegenüber.
Feste Verkaufsplätze gab es erst zwischen 1865 bis 1870, nachdem 1862 eine Viktualien- und Freibankordnung erlassen worden war. 1880 wurde noch direkt aus den Leiterwagen, Handkarren und Körben verkauft. Manche breiteten ihre Waren auch einfach auf dem Boden aus. Würstlverkäufer mit tragbaren Öfchen sorgten dafür, daß Hungrige einen warmen Imbiß bekamen.
Bald darauf wurden auf dem Viktualienmarkt Verkaufsplätze und -buden alle fünf Jahre verlost oder versteigert. Es wurde eine Fleischverkaufshalle bei der heutigen Freibank errichtet und 1898 die Fischverkaufshalle. Damals war im Vergleich zu heute das Angebot noch recht begrenzt.
Um die Jahrhundertwende begann der Viktualienmarkt in der Zeit von April bis Ende September um 5 Uhr morgens, von Oktober bis Ende März um 6 Uhr. Schluß war mit dem Gebetläuten, an Sonn- und Feiertagen um 12 Uhr mittag. Um 1900 kam es auch zu einer strukturellen Veränderung. Sie versetzte die Standlbesitzer in helle Aufregung. Fand bisher nämlich der Handel ausschließlich zwischen Erzeugern und Verbrauchern statt, also zwischen Bauern und Kunden, so wurde nun erstmals der Verkauf von Einfuhrprodukten wie Südfrüchten, ausländischem Gemüse und Seefischen gestattet. Damit brach die Importära an. Der Bauer gab die Ware an den Händler ab, und dieser verkaufte sie an den Kunden. Langsam verschwanden so die Pferde- und Ochsenfuhrwerke aus dem Hinterland in München. Auch die Hundegespanne der kleinen Erzeuger aus der Stadt waren immer seltener zu sehen. Man achtete weiterhin streng darauf, daß nur Viktualien angeboten wurden.
Ebenso war es niemandem erlaubt, auf den Straßen oder in den Häusern mit Lebensmitteln zu handeln. Doch etliche Bäuerinnen und Hausfrauen kümmerten sich nicht darum und hielten sich in den Seitenstraßen des Marktes auf, wobei sie unter den Schürzen verschiedene Naturalien versteckt hatten, die sie den Passanten zum Kauf anboten. Auf diese Weise wollten sie von der Marktnähe profitieren. Sobald sich aber ein Gendarm näherte, rannten die Frauen Hals über Kopf davon. Kaum war die Luft rein, standen sie schon wieder an ihrem Platz.
Wer sich aber nicht rechtzeitig genug in Sicherheit gebracht hatte, wurde vom Gendarm gnadenlos verfolgt. Dieser verlor dabei oft genug seine Pickelhaube, und wenn er die illegale Händlerin zudem nicht erwischte, brauchte er für den Spott der Straßenpassanten nicht zu sorgen. Die Kontrollgänge und Verfolgungsjagden waren deshalb weder bei den Schwarzhändlerinnen noch bei den Polizisten beliebt, nur die Leute hatten ihren Spaß daran, und der Markt war dadurch um eine »Attraktion« reicher.
Bereits 1903 durften lediglich folgende Lebensmittel auf dem Markt verkauft werden: Fleisch, Geflügel, Wildbret, Fische, Obst, Gemüse, Brot, Eier, Butter, Honig. Eine Ausnahme bildeten die Blumen, die ebenfalls feilgeboten werden durften.
Anfänglich war der Viktualienmarkt durch eine Straße zerschnitten, die vom Petersplatz kam, einen Knick machte und zur Reichenbachstraße führte. Darauf fuhr der kleine Straßenbahnwagen der Linie 5. Die flachen Kupferdächer der heutigen Marktstände existieren erst seit 1928. Aber nicht nur durch kleine Veränderungen und Neuerungen wurde das Gesicht des Marktes ständig verändert. Bisweilen gab es für ihn auch bedenkliche Bedrohungen.

Erste Gefahren

Da die Isar noch nicht reguliert war, wurde der Markt zweimal vom Hochwasser überschwemmt, am 2. August 1851 und vom 18. bis 21. Juni 1853.
Bereits 1828 erwuchs dem Viktualienmarkt Konkurrenz. Damals wurde auf

Vor der Salvatorkirche befand sich fast hundert Jahre lang ein zweiter Münchner Viktualienmarkt. Auf diesem Bild, 1860, war er bereits 32 Jahre alt.

dem Salvatorplatz ein neuer Viktualienmarkt eingerichtet. Er hatte noch zwei andere Namen: »Griechischer Markt« wurde er nach seiner Lage bei der »Griechischen Kirche« genannt und »Bamberger Markt«, weil auf ihn besonders die Gemüsehändler und Gärtner aus Bamberg drängten. Später quartierte man die Landshuter Gärtner von ihrem Landshuter Markt vor dem Karlstor ebenfalls auf den Bamberger Markt um. 1906 allerdings wurde diese nie recht florierende Konkurrenz aufgehoben.

Um 1890 dachte man daran, südwestlich vom Viktualienmarkt eine große Markthalle zu errichten, die sich zwischen Blumenstraße, Rosental und Sebastiansplatz erstrecken sollte. Viele alte Häuser hätten zu diesem Zweck abgerissen werden müssen. Der Viktualienmarkt sollte das dazugehörige Verwaltungsgebäude beherbergen. Das wäre das Ende des Viktualienmarktes gewesen. Glücklicherweise wurde der Plan nicht ausgeführt. Im Juni 1891 stand in den »Münchner Neuesten Nachrichten«: »München ist die viertgrößte Stadt Deutschlands, aber in Bezug auf die Ordnung des Viktualienmarktes steht sie hinter einer großen Anzahl kleinerer Städte zurück.« Gleichzeitig wurde mitgeteilt, daß man beabsichtige, den Markt zu vergrößern, »was beim Münchner Publikum und bei den Fremden eine günstige Aufnahme findet«. Man wollte das Gebiet des alten Stadtgrabens zwischen der Westenrieder- und der Frauenstraße dem Markt hinzufügen, die Reichenbachstraße verlängern und die Pferdebahn über den Viktualienmarkt weiterleiten. Außerdem sollte die Rattenplage energisch bekämpft werden. Die alten, zum Teil windschiefen Holzbuden und Schirme der Marktweiber sollten erneuert »und allen jenen gehörig auf die Finger geklopft werden, die den Markt – ein Herzstück Münchens – beseitigen und darauf Kaufhäuser oder städtische Ämter errichten möchten«.

Zwanzig Jahre später, 1912, wurde südwestlich vom Viktualienmarkt die drei Millionen Mark teure Großmarkthalle in Untersendling an der Thalkirchner Straße eröffnet. Um 1920 wollte man auch den Viktualienmarkt in diese Halle integrieren und den Platz an der Heiliggeistkirche auflösen, damit die Großmarkthalle besser florieren könne. Auch das wurde schließlich doch unterlassen.

In den dreißiger Jahren dann trug man sich mit dem Gedanken, ein riesiges Markthochhaus auf dem Gelände des Viktualienmarktes zu errichten. Zum Glück unterblieb auch dieses bedenkliche Vorhaben.

Scharfe Kritik

Bereits 1881 waren auch negative Stimmen zum Markt zu hören.

Wenn du erst länger in München bist,
verlernst du bald, was Gemüse ist.
Im Gasthaus ist es nie zu haben;
willst du dich mal an Erinnerung laben,
so mußt du auf den Gemüsemarkt geh'n,
um es dort wenigstens roh zu seh'n.
Da siehst du denn auch vorne gleich,
stets reichlich allerhand grünes Zeug.
Doch bleiben hier besser wohl unbeschrieben
Kohlköpfe, rothe und weiße Rüben.

Lenkst du nun weiter deine Schritte
tiefer in des Marktes Mitte,
wo sich mehr die Leute drängen,
da triffst du stets in großen Mengen
Hühner, Gänse, Butter, Eier;
alles immer gewaltig theuer.
Doch alles Dies wird dich nicht rühren,
d'rum will ich dich weiter zum Obstmarkt führen;
folg' mir nur noch die kleine Strecke
hinauf, zur obern linken Ecke.

Hier kannst du nun letzen deinen Gaumen
mit herrlichen Aepfeln, Birnen und Pflaumen;
auch Feigen, Datteln und frische Mandeln
kannst du alles ein dir handeln.
Doch rath' ich dir, als erfahr'ner Mann:
Tritt nicht zu nah' an die Buden 'ran;
läßt du dich aber hier verführen,
die Sachen lange anzustieren,
gleich springt die Händlerin herbei
und flötet mit süßer Schmeichelei:
»Bitte, Herr Nachbar! geht was ab?« –
Dann setze dich aber schnell in Trab,
eile was die Beine laufen,
denn wenn du jetzt nichts wolltest kaufen,
Worte bekämst du dann zu hören,
die den Teufel wohl selbst bekehren.
Doch willst du zwecklos nicht flaniren,
möchtest doch mal das Obst probiren;
ach, lieber Freund! daß ich's gesteh',
dann greife nur tief in's Portemonnaie.
Denn das Corps der Gemüsehändler
drücken sich hier nicht, wie die Tändler,
halten stets in ihrem Kreise
fest die allerhöchsten Preise;
eh' daß diese geh'n in Scherben,
lassen sie lieber das Obst verderben;
d'rum kann auch von Pomona's Gaben
ein Pfund zwei Pfennig bill'ger haben,
wer sich vor solchem Obst nicht grault,
das schon dreiviertel ist verfault;
es sind dann meistens aus der Mitten
die faulsten Stellen 'rausgeschnitten.
Bei solchem Obste halte du
nur fest die Nas' und Augen zu,
und hüte dich, es nur anzublicken,
sonst würdest du leicht vor Ekel ersticken.

»Also wenns moana, daß unser Sach z' teuer is, Herr Nachbar, na gengans aufn Flohmarkt. Da gibt's zwar nix zum Essn, aber ois billiger!«

An solchem Obst, daß Gott erbarme!
labt sich hier noch mancher Arme.
Was anderswo für die Schweine zu schlecht,
ist immer noch hier für die Armen recht.
Doch wird hier Niemand dabei betrogen,
keinem was Gutes angelogen;
frei und offen liegt der Dreck,
wer's nicht kaufen will, bleibe weg!
Und die hohe Polizei
schreitet würdevoll – vorbei!

Aus: *Originalis Monachia – Humoristisch-satyrisches Vademecum durch Bierathen*, München 1881

Stimmengewirr

Wie redeten die Leute 1894 auf dem Markt? Wilhelm Zipperer hat das Stimmengewirr »auf dem Münchner Viktualienmarkt« aufgezeichnet. Die Wort- und Dialogfetzen, die dort durcheinander wirbelten, zeigen beispielhaft den oft derben Humor, der damals noch mehr als heute auf diesem Platz herrschte:

»Grüeß Eana Gott, Frau Huab'rin! was haben S' denn Schön's in dem Korb heunt? – Dös is a Hax'n, Respekt! Sagen S', was hat denn dö kost?«
»Sechzig Pfenning is freili a Geld, doch is 's halt die Leibspeis' von mei'm Alt'n dahoam, wenn i eam s' abbräunter richt'.«

»Braucht Eana Mo' so was Extrigs? Der mei', der is doch Registrator, aber i zoaget eam's scho', bal er so hoakli grad war.«
»Meinzi![1] so theuer werd all's. Koa' Christentum habn s' mehr, die Bräuer: Denken S', das Summerbier schlagt heunt um zwoa Pfenning scho' auf.«
»Wenn man dö Bräuer, dö Protz'n, die Maßkrüag kloaweis derschlaget, i hätt a Freud, und i glaab, morg'n, da gibts an Krawall.«

»So iatz hätt'n mir die Fleischbank, na', dös is a Schiab'n und a Druck'n. Reiß mir den Rock nöt weg, dalketer Grobian, du!«
»No', dö Peitsch'n schaugt 's o', dö stößt und will a no' schimpf'n.«
»Hab i denn 's Recht nöt dazua, hat doch mei Rock scho' an Riß?«

»Brauch ma no was, Frau Doktor, alles ganz frisch und garantiert unverwurmt, original Natur!«

»Metzger, dös war mir scho' z' dumm, heunt kriagt ma ja gar nix als Zuawag, nix als Knoch'n und G'schlamp, und um dös theure Geld!«

»Ja, was moanas denn, Frau, seit wann geht der Ochs denn auf Bratwürscht? – Kriagn koa Zuawag mehr, wissen S', bal dös a mal g'schicht.«

»Gott sei Dank, iatz war i davon. Iatz furt zu die Stand'ln! I brauch an Blaukrautkopf, Kletz'n und Zwetschg'n a Pfund.«

»Na', aber den Spektakel, na' hören S', was dös heunt a Lärm is! Halt's nöt lang mehr aus, dös is a Gschroa und a G'schimpf.«

»Schaugt's dö Gnädigi o', dö is praktisch, dö kehrt ja den Markt z'samm. Bleibt an der Schlepp'n vom Rock do' a was henka fürs Haus!«

»Kemma daher, wia die Dock'n, dö Flitsch'n[2] und san doch recht noti, kehren den Pfenning um, schind'n die Laus um den Balg!«

»D' Unterröck alli derriss'n und schwarz vor Dreck, aber außen flinselt's[3] und glanzt s', daß ma' moant, 's kaam a Prinzessin daher.«

»Ja, z' Haus fressen s' an Kas und a Wurscht und am Sunntag a Lungl; aber am Nachmittag roasen s' nach Großhesseloh.«

»Was, dö Gans war nöt schö? Iatz bitt i, schaug'n S' nur den Krag'n o! Weil s' nöt an Kropf hat wia Sie, g'fallt Eana 's Ganserl halt nöt.«

»Dös is a Stuatn, dö putzt ganz g'wiß an Salat mit der Soaf'n, dö Institutsgans dö, so ziagt man s' auf in der Stadt. Nimmt aber oana a solche, so is er grad ang'schmiert und neintappt, denn a solchene Lall'n woaß ja vom Hauswes'n nix.«

»Stinka dös Gansjung, sagen S'? Na', Frau, da schneidn S' Eana aber. Gestern wars goldfrisch, no'; 's hat halt a wengerl an G'schmach.«

»Schaugts nur dö Heugeign o', dö dürre, langg'stackelte Truachtl! Thuat, als ob s' was verstand! Ärgert mi do', so a G'steck.«

»Kemmas, Herr, lös i a Geld? So süaß san die Kersch'n! Versuachens'! Schaugens dö Stachelbeer an! Wia san dö Birndln so mürb! – No', wenn Sie so viel Kersch'n versuachen, da könna's scho' fett wer'n, wenn S' bei an iadem Stand grad a so fress'n, wia da!«

»Den schaugts o', den Glachl, der kafft nix und schmeißt mir den Korb um! Lausbua, di' wenn i kriag, nimm i di' glei bei die Ohrn!«

»Faul is der Apfel, so sagen S'? Ja, bin i denn drinna g'sess'n? Sie hab'n ihn ang'steckt, Herr, da hat er d' Faulheit derwischt.«

»Gengas, Frau, steig'n S' ein mit dem schwaaren, sakrischen Marktkorb! Kemma ja gar nöt vom Fleck, genga S', i fahr Eana hoam!« – »Liaber tragt die den Korb und den eigenen wampet'n Ranz'n, als daß s' dem Kutscher a weng eppa z' verdeana was gibt.«

»Gott sei Dank! Iatz war i davon, bin i do scho' fast doret. Furt zum Bögner! A Maß, dö richt' mi scho' wieder z'samm.«

[1] Abkürzung s. v. als »Mein Gott«!
[2] Verächtliche Bezeichnung für jüngere Frauen
[3] glitzern

Der Münchner Viktualienmarkt um 1840 im Hof des Heiliggeistspitals, nachdem der Markt zu Beginn des 19. Jahrhunderts wegen der Verkehrsprobleme auf dem Marienplatz von dort hierher verlegt worden war.

Ernst Hoferichter

Geburt am Viktualienmarkt

Es war am 19. Januar Anno 1895 an einem klirrenden, kalten Winterabend. Da erblickte mich das Licht der Welt, inmitten der Münchner Altstadt. Dieses Licht kam aus einer Petroleumlampe, die qualmte und rußte.
Das erfuhr auch ich erst nach Jahren, denn noch nie hat ein menschliches Wesen die Zeit und Umwelt seiner Geburt bewußt miterlebt. Erst durch etliche Zeugen und aus der Zeitung erfuhr ich, was an diesem Tag um mich und draußen in der Welt geschah.
Vier Stockwerke über dem Viktualienmarkt, Blumenstraße 4, in einem grauen Mietshaus hörten die Bewohner jäh ein Geschrei durchs Treppenhaus: »Beim Schreiner oben, da ist's soweit!«
Aber die Hebamme kam zu spät. Sie war auf dem Maskenball des Sterbekassenvereins »Fröhlichkeit«.
An Lichtmeß wurde ich in St. Peter, der ältesten Kirche Münchens, auf die Namen Ernst Peter August getauft. Es war der kälteste Tag des Jahres, und im Taufbecken war das Weihwasser eingefroren. Der Mesner sagte: ». . . dös bedeut allerhand!«
Unten am Markt erloschen die letzten Öllampen. Da kostete das Ei 3 Pfennig und 5 Pfund prima Pferdefleisch 1 Mark.
Vier Stunden vor meiner Geburt besuchte Seine Königliche Hoheit, der Prinzregent Luitpold, die Vogelausstellung gegenüber in der Freibank. Der hohe Gast kaufte zwei Harzer und einen Käfig. (. . .)

»Geh weiter Zeit, bleib steh!« Die Unterschiede zwischen heute und 1896 sind auf dem Viktualienmarkt, zumindest für die Besucher, kaum zu bemerken.

Drei, vier Jahre alt – so erlebte ich es in meinem ersten Rückerinnern – war alles Leben vom Grünen Markt erfüllt.
Und während in der Dachwohnung im Winter die Eiszapfen von der Decke herabhingen, schwitzten im Sommer die Wände.
Am frühen Morgen stieg das Grunzen junger Ferkel vom Schweinemarkt herauf, Hühner gackerten aus den Steigen, und die ersten Wagen der Pferdetrambahn holperten über das Katzenkopfpflaster. Dazwischen hörte ich Kleingeld klirren, das meine Mutter jeden Morgen auf die Ofenplatte zählte. Bald war ich unten bei den Zelten, Ständen und Läden. Aus jeder Türe kam ein anderer Duft von Gewürzen, getrockneten Stockfischen und Blumensträußen. In der Faschingszeit fielen Luftschlangen und Konfetti über die Totenkränze hin.

(Originalzeichnung von Paul Hey).

Das Gansjung – Ruederers »Münchner Marktgeschichte«

1896 veröffentlichte Josef Ruederer seine »Münchner Marktgeschichte« »Das Gansjung« (1982 neu erschienen in der Verlagsanstalt »Bayerland«), die den Viktualienmarkt zum Schauplatz eines traurigen Skandals macht:
Eine Frau aus vermeintlich »allerersten Kreisen« – in Wahrheit Gattin eines kleinen Beamten – soll einer Geflügelhändlerin ein Gansjung gestohlen haben und zieht, von dieser lauthals angeklagt, sowohl die Aufmerksamkeit der Polizei wie den allgemeinen Volkszorn auf sich. In einer Kurzschlußhandlung nimmt sie sich noch am gleichen Tag in der Isar das Leben. Da schlägt die Stimmung auf dem Markt völlig um: Die Händlerin, die einer »Lappalie« wegen einen Menschen in den Tod getrieben habe, wird nun von der Menge geächtet und beinahe gelyncht, sodann von ihrem Mann vor aller Augen brutal verprügelt. Sie erhängt sich.
Eine wichtige Rolle beim Ablauf der Doppeltragödie spielen die Pressekommentare, die, ohne hinlängliche Kenntnis des Sachverhalts, jeweils konträre »öffentliche Meinung« bilden. Ruederer demonstriert die Wirkung solcher Manipulation an der Figur eines verdrucksten subalternen Rathausbeamten, der auf seinen mittäglichen Gängen über den Viktualienmarkt Zeuge und aktiver Mitwirkender des tristen Geschehens wird. Er schwingt sich in angemaßter richterlicher Pose zum Volksredner auf – erst gegen die »Diebin«, dann gegen die Händlerin eifernd. Aus den Zeitungsberichten erfährt er, was er über den Fall »zu denken« habe – sie bestätigen ihm, einmal so, einmal so, seine verschiedenen Vorurteile und verschaffen ihm das dringend benötigte Gefühl eigener Bedeutung. Ruederer ist hier eine ausgezeichnete satirische Kleinbürgerstudie von erstaunlichem psychologischen Scharfblick gelungen.
H. P.

Als es Mittag war, wollte er sich dieses Ungeheuer von Frau noch einmal ansehen. Er lenkte deshalb seine Schritte wieder zum Markt. Genau so wie am Morgen saß sie hinter dem Ladentische, weinend und jammernd, und in entsprechender Entfernung hielten sich die Zuschauer, die sich bedeutend vermehrt hatten.
Es war eine regelrechte Prangerausstellung wie in der berühmten guten, alten Zeit, der der Herr Adjunkt, obwohl er gar nicht alt war, oft blutige Tränen nachweinen konnte. Auch wenn die verfemte Frau dort in ihrer Bude keine hölzerne Halskrause trug und nicht festgebunden war, sie hätte sich nicht vom Platz bewegen können, so drohend war die Haltung des Publikums gegen den Morgen geworden. Der Herr Adjunkt wäre schön angekommen, wenn er es etwa, wie vor vier Stunden, riskiert hätte, sie anzureden. Zu seiner Ehre muß aber gesagt werden, daß ihm nichts ferner lag als ein solcher selbstmörderischer Gedanke.
Was ihn bewegte, war durchaus nicht zugunsten der Frau Scheppenbauer, über die ein verdammendes Volksgericht auf offenem Markte abgehalten wurde.
Er sah sich erst in seiner Nähe um, ob niemand da war, der ihn etwa am Morgen bemerkt hätte, und als er sich dessen vergewissert hatte, reizte es ihn, den Naiven, den Uneingeweihten zu spielen. Er nahm eine Trauermiene an, und gleich darauf kamen ihm auch – war es aus Freude über seine neue Rolle oder über den Skandal selbst – zwei dicke Tränen in die Augen, die sich ja trefflich verwerten ließen. Mit diesem Gesicht drehte er sich langsam zu dem Nächststehenden.
»Die is'?« fragte er mit dumpfer Stimme.
»Die is'«, bestätigte der andere im gleichen Tone.
»Wie war die G'schicht eigentlich?« fragte der Herr Adjunkt wieder sehr leis, um die weihevolle Stille nicht zu stören.
»Das wissen Sie no net?« —
Von allen Seiten trafen den Herrn Adjunkt erstaunte Blicke. Hier war wirklich ein Mensch, der noch nicht wußte,

um was es sich handelte? War das möglich? Eilig löste sich der schwere Bann, der auf allen gelastet hatte, man begann zu erzählen. Da berichtete einer ein Stückchen, der wurde unterbrochen von einem Frauenzimmer, das alles besser wußte, nun mengte sich ein dritter, ein vierter hinein, und bald darauf schrie alles durcheinander.

Der Herr Adjunkt fühlte, daß er der Mittelpunkt des Ganzen war.

»Schauderhaft«, rief er unwillig, »schauderhaft! Wissen Sie, was man in Amerika mit solch einer Person anfängt?«

Die Leute horchten hoch auf. Für einen Herrn, der schon so weit in der Welt herumgekommen war, hatten sie die größte Bewunderung. Das merkte der Herr Adjunkt und warf sich in die Brust. Er hatte ja keine Veranlassung, der Versammlung zu gestehen, daß der Starnberger See sein weitester Ausflug vom Weichbild seiner Vaterstadt war. Wohl aber merkte er, daß sich ihm noch einmal die Gelegenheit bot, öffentlich eine Rolle zu spielen. Diesmal wollte er sie ausnutzen, war doch das Recht untrügerisch auf seiner Seite. Stolz warf er sich in die Brust, und nachdem er sich vergewissert hatte, daß weit und breit kein Gendarm sichtbar war, rief er mit erhobener Stimme: »Was man in Amerika tut, das will ich euch sagen: Man lyncht solche Weiber!«

Diesmal hatte er die Seele des Volkes getroffen! Das bewies ihm der losbrechende Beifall. Die Leute schienen alle nur auf ein solches Zeichen gewartet zu haben, denn sie schrien wie besessen, und immer drohender wurden ihre Bewegungen zu der Bude hinüber.

»Hast 's gehört, was man dir in Amerika antät?« rief ein junger Bursche. Damit nahm er eine Handvoll Straßenkot und schleuderte ihn auf die unglückliche Frau.

Ein lautes Gelächter folgte dieser Rohheit, dann setzte sich die Menge in Bewegung, um der Bude näher zu rücken. Nur der Herr Adjunkt blieb im Hintertreffen und leitete von dort aus die Schlacht, indem er abwechselnd einige Schlagwörter in die Menge hineinschrie. Die Sache schien eine bedenkliche Wendung nehmen zu wollen. Schon flogen Steine in die Bude, und immer gemeiner und zügelloser wurden die Schimpfwörter. Der Angegriffenen aber half niemand. Kalt und gleichgültig sahen die Nachbarweiber

»Brauch ma no a Bröckal Frühling, gnä' Frau?«

A bißl a Zuawaag ist meistns dabei.

von ihren Buden aus zu. Warum auch nicht? Sie hatten ja nun eine bedenkliche Konkurrenz weniger, das zeigte ihnen der Spektakel ganz deutlich, drum rührten sie sich nicht. Auch wer sonst noch aus Buden und Ständen herblickte, zeigte keine Spur von Mitleid, sondern half den Spektakel noch erhöhen.
Wie das nun alles so zu einem vernichtenden Strom aus allen Ecken zusammenfloß, da konnte sich der Herr Adjunkt nicht ohne ein gewisses Gefühl der Befriedigung sagen: »Das ist mein Werk!« Er drückte zwar zugleich als frommer Christ und friedliebender Bürger die stille Hoffnung aus, die Leute möchten ein angenehmes Maß beobachten und nicht gar zu weit gehen. Eine gehörige Angst konnte ja der gemeinen Person nicht schaden, trotzdem hätte er es ganz gern gesehen, wenn man eine gewisse Grenze eingehalten hätte.
Aber was kümmert sich der Stein um den, der ihn ins Rollen gebracht hat? Je zahlreicher sie wurde, um so mehr Mut bekam die Menge der einzelnen Frau gegenüber, jetzt prallte sie mit furchtbarer Wucht gegen die krachende Bude, und wer weiß, was der Herr Adjunkt noch alles hätte erleben können, wenn nicht in diesem Augenblicke eines jener Ereignisse eingetreten wäre, die auf die Menschheit so verblüffend wirken, daß sie mitten in Sturm und Sieg wie gebannt steht, weil sie sich überboten sieht.
Ein derber, breitschultriger Mensch drängte sich nämlich, wie mit Keulenschlägen um sich hauend, vor. Und als die halb zu Tod geängstigte Frau seiner ansichtig wird, stößt sie einen fürchterlichen Schrei aus und rennt wie wahnsinnig herum. Der Kerl kümmert sich nicht um ihr Gejammer, sondern haut auf sie ein mit beiden Fäusten, wie ein Schmied, blind und gleichgültig, wohin er trifft. Er tut es ohne besondere Erregung, mit einer Art von wohlerworbenem Recht und mit einer gewissen Selbstverständlichkeit.
»Jessas, Maria und Josef«, tönt es aus den Nebenbuden, »der Mann is'!«
»Der arme Kerl, der arme«, schreien andre. »Der is schwer zu bedauern mit so'm Weib. Wenn er s' nur erschlagen tät, de elende Person!« Und nun erscholl ein Beifallsgeschrei, das die Luft erzittern machte.
Der Herr Adjunkt wippte auf und nieder und befand sich in heller Verzweiflung, weil er zu klein war, um alles überschauen zu können, denn einer Prügelei sah er für sein Leben gern zu. Doch endlich sollte seine Neugier befriedigt werden, denn der ganze Schwarm geriet plötzlich in heftige Bewegung und flog gleich darauf in der Mitte auseinander, wie ein entzweigerissenes Papier. Und durch die neugebildete Gasse begann unter dem Hohngelächter und dem Gebrüll der Versammelten der Spießrutenlauf der gehetzten Frau, die der schimpfende Mann mit Händen und Füßen vorwärtsstieß.
Als der Herr Adjunkt das blutüberströmte Gesicht der gepeinigten Frau sah, da wollte sich fast wieder sein nur allzu weiches, gutes Herz regen, aber diesmal war er eisern gegen sich selbst und unterdrückte jede zartere Regung, denn er sagte sich ganz logisch:
»Das ist der Mann, der rechtlich angetraute Ehemann dieses Weibes, und sein Zorn ist nur gerechtfertigt, denn das Weib hat einen Mord auf dem Gewissen, für den sie aber nie von der irdischen Gerechtigkeit belangt werden kann. Obendrein hat sie ihm noch das schöne Geschäft ruiniert – also mag er sie prügeln, solange es ihm paßt, denn er ist ihr Herr und kann tun, was er will.«
Dies überlegend, ging der Herr Adjunkt nach Hause zu seiner Frau und erzählte ihr den Fall als warnendes Beispiel.

Blick über den Markt zum alten Rathausturm. So ähnlich sah es um 1896 aus.

Kurz vor der Sitzung

»Schnittlauch, Zwiebel in der Linken,
Sah' ich ihn vorüberhinken;
Seine schreibgewohnte Rechte
Hielt vermooste Loisachhechte,
Und aus einer Paletottasche
Lugte grau die Hefenflasche:
Aber schon nach einer Stunde
Führt er mit hochweisem Munde,
Wie es ziemt dem ersten Rat,
Seinen Vorsitz im Senat.«

Karl Zettel (1897)

Wenn man Glück hat, bekommt man beim Kauf gleich noch einen guten Rat kostenlos dazu, wie man ein bestimmtes Gericht am schmackhaftesten zubereitet.

Ein Leben lang auf dem Viktualienmarkt

Wie der Tageslauf eines zwölfjährigen Mädchens auf dem Markt 1896 ausgesehen hat, schilderte die Blumen-Frieda 1954 an ihrem 70. Geburtstag.
Sie begleitete damals »barfuaßat« ihre Mutter zum ersten Mal auf den Markt. Fünf Rosen verkaufte sie um ein Zehnerl. Wenn ihr Körbchen leer war, durfte sie sich »an Scherbn voi Kaffee« holen, dazu »a Auszogne um sechs Pfennig«. Zwischen Körben mit »Oraschen«, Kisteln mit »Domaden«, Aufbauten mit »Bohri« und unter den alten Petromaxlampen erlebte sie von Kindheit an das Markttreiben mit.
Um 1900, als München rund eine halbe Million Einwohner zählte, verdiente ein Hilfsarbeiter ungefähr 1,50 bis 2 Mark täglich, ein Ziegeleiarbeiter 2,80 Goldmark am Tag und ein Staatsminister rund das Fünfzehnfache, 34,50 bis 44,80 M. Drei Eier kosteten 20 Pfennige, 6 Pfund Brot 1 Markl und zwei Pfund Ochsenfleisch 1,40 M.
Als Zwanzigjährige übernahm die Blumen-Frieda 1904 den Stand ihrer Mutter. Damals kamen noch oft Maler und malten Blumenstilleben mit und ohne Frieda, was nach den beiden Kriegen nur mehr selten geschah.
1912 wurde der Deutsche Reichstag gewählt. Die »Münchner Zeitung« hatte am Viktualienmarkt eine große Leinwand aufgestellt, auf welche die jeweils neuesten Wahlergebnisse projiziert wurden. Dort sammelten sich trotz winterlicher Kälte mehr als 2000 Neugierige, von denen sich viele auf Obstkisten niederließen.
Im Ersten Weltkrieg schenkte die Frieda den Verwundeten im benachbarten Lazarett ganze Waschkörbe voll Blumen.
Im Sommer 1922, als Inflation war, kosteten 1 Pfund Brot 240 Mark und ein Ei 180 Mark. 1923 stiegen die Preise weiter. Ein Pfund Brot kam auf 260 Milliarden Mark, ein Pfund Steinpilze auf 20 Milliarden Mark, und der Preis für eine Trambahnfahrt vom Marienplatz zum Stachus betrug 250 Milliarden Mark. Das Fahrgeld kam in den Sandkasten des Triebwagens und wurde in Handkarren abtransportiert. 1924 war endlich die Inflation überstanden.
Der Viktualienmarkt erholte sich wieder. Damals waren die Standlfrauen, wie es heißt, oft aufdringlicher als heute. Sie traten durchaus ihren Kunden in den Weg, um sie mit deutlichen Worten zum Kauf zu nötigen. Zu dieser Zeit gab es auch nicht ein derartig reichhaltiges Angebot wie heute. Im Winter sah man Kraut und Endivien, zu Weihnachten gab es die gelben, sauren Orangen aus Italien mit vielen Kernen, die heute nicht mehr gekauft würden. Die Nudelfabrikanten holten die Bottiche mit den in Kalk eingelegten Eiern ab, die nicht verkauft wurden. Besonders billig waren die Lebensmittel auch nicht. So kosteten in den dreißiger Jahren 125 Gramm Exportgurke 4,50 Mark. Erdbeeren wurden oft genug stückweise verkauft.
Nach dem Ausbruch des Zweiten Weltkriegs am 1. September 1939 machten die jetzt 826 700 Münchner von den angebotenen Bezugsscheinen und Lebensmittelmarken Gebrauch. Kriege bringen Nahrungsmittelverknappung mit sich und lassen die Märkte veröden. Auch der Blu-

men-Frieda ging es da nicht rosig. Sie mußte mit aufgeschnalltem Rucksack selbst von den Stadtrandgärtnern ein paar Sträuße erbetteln. Zu allem Unglück brannte 1944 auch noch ihr Stand nieder.
Es wurden Stimmen laut, den Viktualienmarkt mitsamt den »Petersbergl-Metzgern«, den Blumenfrauen, den Geflügel- und Wildbrethändlern aufzugeben und auf diesem wertvollen Grund Hochhäuser zu errichten. Der Stadtrat folgte zum Glück dieser Anregung nicht und erweckte mit erheblichen Geldmitteln den Viktualienmarkt zu neuem Leben.
Die Standlfrauen bauten aus den Trümmern ihre Stände wieder auf. Sie nannten damals den Markt nach seinem ungeordneten, primitiven Aussehen »Negerdorf« und ihre Stände »Negerstandl«.

Nach der Währungsreform begannen auch die Münchner wie alle Deutschen mit 40 DM »Kopfgeld«, das hieß: 40 Mark pro Kopf, ein neues Leben. Der Viktualienmarkt konnte sich nur langsam erholen. Bald gab es aber immerhin elf Wildhandlungen (heute sind es nur noch drei). Neun Jahre nach Kriegsende, 1954, konnte deshalb Eugen Roth bereits lobend schreiben:

»Wie durch ein Wunder ist erstarkt
Zu neuem Reichtum unser Markt!
Wie war er öde jüngst und leer:
Nicht eine Rübe gab es mehr!
Jetzt wieder, wie auf diesem Bild,
Am Samstag er vor Leben quillt,
Gemüse kauft man, Fleisch und Butter,
Wie in der Zeit der Urgroßmutter.
Noch eins: so mancher, weitgereist,
Die Märkte fremder Städte preist.
Der Schönsten einer, daß ihr's wißt,
Noch immer unser Münchner ist.«

Auch die Blumen-Frieda begann, sich wieder eine neue Existenz aufzubauen. Jeder Tag begann für sie um 3 Uhr 30. Während sie »früahras de ganze Streck z' Fuaß gmacht hot, aba des geht heit doch nimma«, fuhr sie jetzt mit der Trambahn von ihrer Wohnung in Schwabing zum Markt. Dort richtete sie ihre Blumen her und schrieb die Preise an. Um sechs Uhr morgens begann sie dann mit dem Verkauf. Um acht Uhr trank sie ein Haferl Kaffee, dazu aß sie eine Nudel. Ihr Mittagessen bestand aus »a Wurscht oder an Kas, zwoa Loawi dazua und a Buttermuich, und wann's arg hoaß is, a Hoibe Bier«.

Auf dem Viktualienmarkt herrschte 1884 ein reges Treiben. Zu Füßen der Peterskirche (links) liegt das »Cafe Neumayr«, rechts daneben ist die Terrasse mit den Metzgerläden zu erkennen. Das Spitalgebäude vor der Heiliggeistkirche (ganz rechts) beherbergte die Fleischbank. Der Fischerturm (rechts vorne) wurde sieben Jahre später, 1891, abgebrochen.

Am Feierabend las sie ein bißl in der Zeitung und hörte Radio, »wann s' a nette Musi spuin«. Um zehn Uhr legte sie sich schlafen, denn am Morgen hieß es, früh aus den Federn zu kommen.
Die Blumen-Frieda war nie krank, das, so meinte sie, »verdank i meina Arbat an da frischn Luft«. Und noch eins wußte sie bestimmt: »I miassat ja sterbn, wann i amoi oan Tog net am Markt geh kannt.« Zwangsurlaub hatte sie vom 1. Januar bis zum 28. Februar, wenn es keine Schnittblumen gab. In dieser Zeit machte sie fleißig Verwandtenbesuche. Aber sonst brauchte sie keine Erholung. Die fand sie sowieso nur bei ihren Blumen: »Wenn i a Blüamal gschenkt kriag, da bin i glücklich.« 1954 bekam sie zu ihrem 70. Geburtstag unter ihrem mit Tannenzweigen umkränzten Schirm von ihren Marktkolleginnen eine Bauernwiege, in der eine Ente lag, im Schnabel einen Schnuller und auf dem Kopf ein gestricktes Häubchen. Dazu einen Gemüsekorb, Flaschen Wein und Likör, Obst, Konserven, Schokolade und Pralinen. Um halb neun Uhr spielte die Blechmusik auf. »Mei, schee!« flüsterte die Blumen-Frieda, und Tränen liefen ihr über das Gesicht. »Sei nur staad«, beruhigten sie die Gratulanten, »wann ma di net so gern meng daadn, hättst nia nix kriagt.«

Im gleichen Jahr konnte auch die Gänsehändlerin Anna Schabinger gesund und rüstig ihren 80. Geburtstag und ihr 54jähriges Marktjubiläum feiern. Sie war 1874 im Gänseparadies bei Ingolstadt geboren. Seit 1902 stand sie auf dem Viktualienmarkt. Damals kostete eine selbstgemästete Gans 3,– Mark. Die Jubilarin meinte an ihrem Festtag: »Da Kopf is aa heit no guat, aba d' Füaß lassn langsam aus. Wenn i nimma aufm Markt steh ko, mog i aa nimma lebn.« Sie sah – 1951 – auch noch Gemüse- und Grünzeugfrauen auf ihren Leiterwagen zum Markt heranholpern.

Die Wildbrethändlerin Anna Hasch erzählte in den fünfziger Jahren: »Mir san seit Anno neinaneinzg am Platz. Mei Mann hat zwanzg Jahr lang Rehböck für die Kundschaft selba gschossn. Er war sechsfacher ‚Königlich Bayerischer Hoflieferant'. Seine Majestät, da Ludwig da Dritte, hat sogar selber bei uns eikauft. Wissens, der hot oiwei so a Ziehharmonikahosn oghabt, und sparsam wara, o mei, o mei! Wenn da a Hendl um zwanzg Pfennig mehra kost hot – des war a Gaudi!«
Die 65jährige Obst- und Gemüsehändlerin Antonia Isemann erinnert sich 1986 nach 39jähriger Tätigkeit auf dem Markt an die Anfänge 1947: »Mei, war des a Anfang. Ich war 26 Jahre alt, hatte Perlonstrümpfe an und war geschminkt – und um mich herum 35 fluchende, schimpfende Weiber. Daß das gut geht, hätte ich nie gedacht. Aber es ist gegangen. Früher war zwar alles anders – aber nicht unbedingt besser. Die Kolleginnen waren früher grober und derber, richtige Marktwei-

ber halt. Das ist heute überhaupt nicht mehr so. Wir sind Marktfrauen, teilweise sogar Marktdamen. Auch die Kundschaft geht höflicher mit uns um. Aber leider haben die Leut heutzutage keine Zeit mehr, sich zu unterhalten, mit Ausnahme der Stammkundschaft. Mit der ist immer noch ein kleiner Ratsch drin. – Ich liebe München über alles. Trotz aller Fehler. Wenn ich in die Stadt reinfahr', lacht mir jedesmal das Herz.«

Die alte Frau Bengler »hockte« noch im Alter von 91 Jahren im Eierstand der Schmolls. Natürlich verkaufte sie nicht mehr, aber sie paßte auf die »Odabba«, also die Anfasser der Waren, auf. Manch einem, der sich die Ware mit den Fingern besehen wollte, klopfte sie blitzschnell auf die »Griffl« mit den Worten: »Ja, tuast net glei deine Glubbal weg vom Sach!« Dabei traf sie sogar einmal aus Versehen die eigene Tochter, die nach einem Hendl greifen wollte.

Der Viktualienmarkt läßt 1892 noch die Einführung der Reichenbachstraße in den Marktraum erkennen. Seit 1975 ist diese Zerschneidung des Platzes beseitigt.

1934, ein Jahr nach der Machtergreifung Hitlers, steuerte auch der Viktualienmarkt in eine Zeit der Not und Entbehrung, was man dieser Darstellung noch nicht ansieht.

»Saudumme« Verordnungen

Im Winter 1927 ließ sich der Münchner Stadtrat eine Verordnung einfallen, die einen Sturm der Entrüstung entfachte. Man wollte energisch gegen den »Großverkauf auf dem Viktualienmarkt« vorgehen. So sollten die Gemüsegärtner ihre Waren ab sofort nur mehr im kleinen und nur direkt an die Verbraucher verkaufen dürfen. Beabsichtigten sie aber, ihre Produkte im großen an Händler und Wiederverkäufer abzugeben, dann sollten sie das gefälligst in der Großmarkthalle tun.
Bei dieser Verordnung wurde aber eines nicht bedacht: Die Großmarkthalle konnte nicht einmal den zehnten Teil der verkaufswilligen Händler aufnehmen, das heißt: von hundert Gärtnern fanden nur sechs einen Verkaufsplatz in der Riesenhalle. Aber wohin sollten die anderen mit ihren Mengen an Obst, Früchten, Gemüsen, Salaten? Auf dem Viktualienmarkt durften sie ja nur kleine Portionen an Endverbraucher verkaufen.
Aufgebracht und wütend mußten die Marktler erleben, wie sie entweder von den Kontrollbeamten aufgeschrieben wurden, falls sie eine größere Menge an Kunden abgaben, oder aber wie ihr Gemüseberg, da er nicht so schnell verkauft werden konnte, buchstäblich vor ihren Augen verdarb. Man kann sich leicht vorstellen, mit welchen Gefühlen die Standler die herumschnüffelnden Kontrolleure erwarteten, die nichts anderes im Sinn hatten, als einen Ordnungssünder in ihr Bücherl zu notieren.
Im Juli 1928 passierte dann folgendes: Eine Gärtnerin hatte soeben mehr als vier Dutzend gelbe Rüben verkauft, schon »galoppierte« ein Beamter heran und wollte sie wegen »Großhandels« aufschreiben. Da riß ihm die Standlerin das Notizbüchl aus der Hand, packte einen Bund Rettiche und warf ihn dem verdutzten Ordnungshüter in sein Gesicht.
Er sollte einmal selbst riechen, wie nicht verkaufte Radis schmecken. Als der

Zehn Jahre später verwandelten 74 Luftangriffe die Stadt in einen Schutthaufen. Besonders die Innenstadt mit dem Dom und dem Marktbereich wurde schwer getroffen.

Beamte erbost aufmucken wollte, umkreisten ihn mit eindeutig drohenden Gebärden die anderen Gärtner und machten ihrem Zorn mit den übelsten Verwünschungen Luft. Gegen die fäusteschwingenden Marktler war selbst der herbeigerufene Gendarm machtlos, und vor den noch größeren herumliegenden Wurfgeschossen kapitulierten die beiden Gesetzesfreunde und suchten das Weite. Der Richter war allerdings verständnisvoll. Er begriff die Sorgen der Marktleute und ermäßigte die Geldstrafen in den Berufungsverhandlungen von 100 auf 50 und schließlich auf 30 Mark.
Eine Münchner Zeitung brachte den Vorgang auf folgenden Nenner: »Es gibt gute und schlechte Verordnungen. Es gibt sogar törichte Verordnungen. Am törichtesten ist eine Verordnung, wenn sie nicht durchgeführt werden kann.« Und eine Standlfrau ergänzte: »Was hoaßt do töricht, saudumm is der Blädsinn, der gschpinnerte!«

Alles muß ganz anders werden

In dieser Stunde der Not fanden sich die Händler des Marktes zusammen und besprachen ihre Situation. Sie klagten über die Konkurrenz der Warenhäuser und Großgeschäfte, schimpften über die kleinen Schmarotzermärkte in den Ecken und Winkeln der Straßen und Gassen rund um den Markt, wetterten über die Blumenverkäufer aus den Heimgärten, die ihnen die Butter vom Brot nähmen, während für die Blumenhändler des Viktualienmarktes nur ein viel zu kleiner Raum existiere, auf dem man bloß einen Platz bekomme, wenn man sich bereits ab drei Uhr in der Früh dort aufstelle. Und dann könne man doch nur ein paar Pfennige verdienen. Es wurde von Arbeitslosigkeit und Wirtschaftskrise gesprochen, die den Markt bereits längst erreicht habe.
1928 murrten die Standler, daß einheimi-

So zeigte sich bis Anfang 1944 der Platz vor der Heiliggeistkirche.

Langsam nahm das Angebot ab. Dennoch flanierten noch Kunden über den Markt, wenn sie auch unter den Kriegsnöten sehr zu leiden hatten.

sche Erzeugnisse vernachlässigt würden. Ihnen wurde entgegengehalten, Menge und Qualität der inländischen Ware ließen recht zu wünschen übrig, und eben dies sei der wahre Grund für die Absatzschwierigkeiten.

Bald war man sich darüber einig, daß alles ganz anders werden müsse. Von einer Neuordnung des Marktes erhoffte man sich die Rettung. Der Bauernobstmarkt wurde deshalb kurzerhand von seinem alten Platz vor der Freibank auf den Innenplatz des Marktes in Höhe des Kustermannhauses verlegt. 1932 erweiterte man auf dem Bauernobstmarkt, dem Beeren-, Blumen- und Kartoffelmarkt die Beleuchtungsanlage, indem man drei Masten mit je zwei Lampen aufstellte. Aber diese »Erleuchtung« reichte längst nicht aus. Eine weitere Neuordnung des Marktes wurde blokkiert, da man beabsichtigte, ohnehin in Kürze auf dem Viktualienmarkt ein Markthochhaus zu errichten. Zwar lagen dazu bereits verschiedene Pläne vor, aber diese hingen wiederum mit den Stadterweiterungsplänen zusammen, die allerdings aus Geldmangel vorerst nicht ausgeführt werden konnten.

So kam es zu keinen weiteren wesentlichen Veränderungen. Im Gegenteil, die Zunahme des Straßenverkehrs bedrohte die Fußgänger. Die Sperrung des Straßenzuges entlang der Schrannenhalle an drei Vormittagen in der Woche, jeweils bis 12 Uhr in westöstlicher Richtung, brachte weder eine entscheidende Erleichterung noch eine Lösung des Problems.

Zu alledem befanden sich die Straßen »in einem derartigen Zustand der Unreinlichkeit, daß Käufer und Verkäufer buchstäblich in Wasser und Schmutz stehen mußten«.

Außerdem funktionierte die Platzverteilung immer schlechter. So ballten sich an manchen Stellen die Händler zusammen, während in anderen Bereichen des Marktes der Platz regelrecht verschwendet wurde.

Obwohl 1932 die Läden gut gefüllt, die Preise durchaus akzeptabel waren und ein reger Verkehr auf dem Markt herrschte, blieb doch ein Großteil der Ware unverkauft. Auf der einen Seite lockten günstige Preise, beispielsweise 0,80 bis 1,20 Mark für ein Pfund Schweinefleisch und gar nur 1 Mark für ein Paar junge Täubchen oder ein Pfund Hasen-

fleisch, auf der anderen Seite verhinderten die genannten Schwierigkeiten einen reibungslosen Handel und einen angenehmen Einkaufsbummel. Nicht zuletzt aber war die hohe Arbeitslosigkeit für den Käuferschwund in jenen Jahren verantwortlich.
Vielleicht spürte der Markt auch das kommende Chaos der braunen Herren und reagierte darauf als einer der ersten selbst mit Chaos.

Der Hahn wird langsam abgedreht

Als die Nazis das Münchner Rathaus besetzt hatten, war für sie der Weg zum Viktualienmarkt nicht mehr weit. Die Marktler bemerkten bald ihre Eingriffe.
Die Einfuhren von Lebensmitteln wurden beendet, da es Devisenprobleme gab. Aber die Eigenerzeugnisse reichten für die Bevölkerung bald nicht mehr aus. Die Folge war, daß die Preise anstiegen, so zum Beispiel auch die für Eier.
Rasch wurde der »Kampfbund – Vereinigung Münchner Eierhändler« gegründet, der verhindern sollte, daß die Eierpreise noch weiter anstiegen und sich daher die armen Leute überhaupt kein Ei auf dem Tisch mehr leisten konnten.
Die Schuld wurde fix »gewissenlosen ausländischen Firmen« in die Schuhe geschoben, die auf dem Land alle Eier, zudem auch andere Nahrungsmittel, hätten aufkaufen lassen und nach Frankfurt verschoben hätten, so daß sie jetzt den Münchner Märkten fehlten. Dadurch, so behauptete man kühn, wollten die Drahtzieher dieser Aktion die Absichten der nationalsozialistischen Regierung durchkreuzen: mit der Verknappung der Waren sollte erreicht werden, daß die Grenzen bzw. der Zoll früher als gedacht aufgelassen werden müßten.
Aber erst als Deutschland in Schutt und Asche lag wurde klar, wer hinter den »gewissenlosen ausländischen Firmen« in Wahrheit gesteckt hatte. Da war es jedoch fast zu spät, auch für den Viktualienmarkt.

Kurz vor Kriegsende 1945 braute sich auch über dem Markt ein entsetzliches Unwetter zusammen.

Aus den Trümmern des Marktes entstanden nach dem Krieg neue Verkaufsstände, die nicht besonders komfortabel waren. Man nannte sie humorvoll »Negerdorf«.

Ausgebombt und abgebrannt

Kurz vor Ende des Krieges, als auch auf München Feuer vom Himmel fiel, sollte nicht einmal der Viktualienmarkt verschont bleiben. Seine dünnwandigen Stände und wackligen Buden fielen schon bei den ersten Angriffen wie Kartenhäuser in sich zusammen. Aus dem ehemaligen lebendigen Platz, der 128 Jahre seinen Zweck so recht und schlecht erfüllt hatte, war innerhalb einer halben Stunde ein häßlicher Schuttplatz geworden. Bei seinem Anblick glaubte wohl niemand, daß sich dieser Bereich als Markt jemals wieder erholen würde.
Noch am 9. Januar 1945 hatte sich der Stadtrat gerade an ihn geklammert. Als an diesem Tag auf dem Marienplatz die Geschäfte ausgebombt waren, plante man nämlich, auf dem Viktualienmarkt Ersatzverkaufsstände aufzuschlagen. Daraus wurde nichts.
Der Zweite Weltkrieg endete im Mai 1945. Danach gab es manche unschöne Szene auf dem Platz. So erinnert sich Maria Freisinger: »Einmal sind in den Keller der Weinhandlung Holzbauer Polen eingestiegen und haben sich über die Weinfässer hergemacht. Dann sind sie durch die Wand zu unserem Keller durchgebrochen und haben unsere Fässer stehen sehen. Sie haben sie kurzerhand angebohrt, aber statt Wein lief aus den Löchern ein essigsaurer Saft. Sie hatten nämlich unsere Gurkenfässer erwischt. Aus Wut darüber haben sie dann alle Säcke mit Sämereien aufgeschlitzt und zertrampelt. Sogar die schöne lederne Markttasche meines Mannes haben sie in lauter feine Streifen zerschnitten. Damit war auch der letzte Rest unserer Habe hinüber.«
Der Markt hatte, wie so viele andere Einrichtungen auch, den Krieg nicht überstanden. Was sollte man nun mit diesem verwüsteten Gelände anfangen?

Am 31. 8. 1948 »schoß« ein Fotograf vom Dach der Heiliggeistkirche das Bild vom Viktualienmarkt. Noch sind die Narben der Bombardierung zu sehen. Nur langsam ging es wieder aufwärts.

*Wahrhaftig, ein trauriger Anblick, den die Peterskirche hier am 15. 9. 1948 bot.
Wäre nicht Stadtpfarrer Zistl gewesen, würde die älteste Kirche Münchens heute nicht mehr stehen.*

Die Zeitgeschichte (1945 bis heute)

Wie ein Stehaufmännchen

Sofort wurde von einigen Leuten dreist und offenbar in völliger Unkenntnis der Münchner Seele der Bau von mehrstöckigen Häusern auf dem kostbaren Grund und Boden gefordert. Da mit diesem Ansinnen ein Heiligtum der Münchner angetastet werden sollte, brach ein Sturm der Entrüstung los, der die »progressiven« Stadtplaner rasch wieder verstummen ließ. Bereits am 10. Dezember 1945 wurde auf dem Viktualienmarkt der erste Münchener Christkindlmarkt nach dem Kriege abgehalten. In den nächsten Jahren kehrte ein immer reichhaltigeres Angebot an Obst und Gemüse auf den Grünen Markt zurück. Da die Straßen durch die Zerstörungen stark in Mitleidenschaft gezogen waren, verkehrte auf der Straße Viktualienmarkt–Candidplatz nicht mehr die Straßenbahn der Linie 5 – sie war als erste Linie im Krieg eingestellt worden –, sondern der Bus 05. Früher war die Fünfer-Tram durch das Schlaraffenland gezockelt und längs der Heiliggeistkirche laut ratternd umgekehrt.
Am 1. Juli 1948 wurde überraschend von der Frankfurter Verwaltung für Ernährung die Eierbewirtschaftung aufgehoben. Als die Bevölkerung davon Wind bekam, waren innerhalb einer Stunde 8 000 Eier ausverkauft. Daraufhin wurde angeordnet, Eier wie vorher nur noch auf Eiermarken abzugeben.
Ab dem 20. Juli 1948 wurden auf dem Viktualienmarkt täglich die Schwammerl mit Lastwagen herangefahren. Wegen des regnerischen Sommers gab es sie in Hülle und Fülle. Bis zu 300 Zentner wurden täglich verkauft. Das ist verständlich, nachdem damals der Preis für ein Pfund Steinpilze von 1,50 DM auf 90 Pfennig gesunken war. Pilzvergiftungen sollen trotz der großen Mengen nicht vorgekommen sein.
Ende Juli 1948 ereigneten sich einige aufsehenerregende Zwischenfälle auf dem Viktualienmarkt. Da die Eierpreise auf 35 bis 42 Pfennig gestiegen waren, kam es zu einem Protest der Kunden. Sie bedrohten die Eierverkäufer, zettelten eine Eierschlacht an, wobei sie auch ganze Kisten voll zerschlugen. Erst das herbeigerufene Überfallkommando der Polizei sorgte wieder für Ruhe.
Ende August wollte ein Bauer an einen Obsthändler sein Obst nur zu 28 Pfennig das Pfund verkaufen. Die Kunden ließen sich das nicht gefallen und schlugen Krach. Das anrollende Überfallkommando konnte schließlich das geplante Geschäft vereiteln und den Obstbauern dazu bewegen, seine Ware zu 25 Pfennig pro Pfund abzugeben.
Immer mehr drängten auch andere Bauern und Selbsterzeuger auf den Viktualienmarkt. Sie mußten aus Platzgründen im September 1948 hinter die Freibank auf den Platz an der Blumenstraße zurückgedrängt werden.
Am 8. Oktober 1948 gab es Fleischmangel. Damals wurden den erstaunten Kunden von den erfinderischen Imbißstandlbesitzern Fischwürste angeboten, die an Ort und Stelle heiß gebrüht und mit Senf verkauft wurden.
Am 15. November konnte endlich auch wieder die Straßenbahn zwischen Viktualienmarkt und Candidplatz verkehren. Sie löste damit den Bus 05 wieder ab.
Schon 1946 wurde der Wiederaufbau der Marktstände mit viel Engagement begonnen. Es galt die Devise: »Noch geräumiger, noch schöner soll alles angelegt werden, aber dabei soll der Markt ‚primitiv' bleiben.« Demzufolge entstanden zwar solide und zweckmäßige, aber auch ungemütliche Stände. Dieses Sammelsurium von Bretterbuden wurde »Negerdorf« genannt. Am Bau der Marktstände waren zahlreiche bekannte Münchner Firmen beteiligt.
Zunehmend wurde auch wieder auf Ordnung geschaut. Denn sauber zugehen mußte es auf dem Markt, schon wegen des guten Geschäftes. »Hundsviecher sind eben unhyänisch«, hieß es da lapidar. Und auch Radfahrer hatten hier mit ihren Fahrrädern nichts verloren. Zu leicht rissen sie mit den Pedalen und Schutzblechen ahnungslosen Passanten Triangel in die Kleidung, und auch zerrissene Nylonstrümpfe machten einem schnell lästige Scherereien. Hinter der Freibank wurde für die Räder ein Einstellplatz bereitgehalten.
Wer auf dem Markt etwas verlor, konnte mit etwas Glück im Fundbüro der Marktinspektion fündig werden. Nicht immer waren Langfinger am Werk, wenngleich auch Diebstähle nicht selten vorkamen.
1950 waren 89 Buden für rund ½ Million Mark auf dem Viktualienmarkt erstanden. Im ersten Bauteil an der Reichenbach-/Frauenstraße wurden für 260 000 Mark sieben neue Markthäuser mit je vier bzw. zwei Verkaufsständen, dazu ein Reihenbau mit fünf Standln erstellt.
Im zweiten Bauteil wurden für 240 000 Mark gegenüber den Geschäftshäusern Eder und Kustermann die restlichen Buden errichtet. Das kleinste Standl von 9 m² kostete monatlich 50 bis 100 Mark »Benutzungsgebühr«.

Ein altes Stück München steht auf dem Spiel

1956 war man mit der Beseitigung der größten Kriegsschäden schon gut vorangekommen, und man begann, sich wieder vermehrt Gedanken über die Neugestaltung des Marktplatzes zu machen.
Immer noch durchfurchten mehrere Straßen den Viktualienmarkt. Autos kurvten zwischen den Ständen herum. Der kurze Wagen der Straßenbahnlinie 5 ratterte vorbei an den Zwölfapostel-Metzgerläden, bog auf den Markt ein und schlängelte sich an der Nordseehalle vorbei in Richtung Reichenbachstraße.
Zwei Pläne betrafen ab 1963 den Viktualienmarkt in seinem Grundbestand. Im ersten Plan wollte man den Altstadtring, eine 50 Meter breite Autostraße als Schutz- und Abwehrmaßnahme, um die Altstadt zu erhalten und vom Durchgangsverkehr zu befreien, durch die Frauen- und Blumenstraße am Markt vorbeileiten. Das hätte bedeutet, daß man etliche Häuser, zum Beispiel auch die Freibank, hätte abreißen müssen und daß die Blumenstandl an der Südecke des Marktes und ein Streifen des Bauernmarktes zu opfern gewesen wären. Ganserl-, Milch- und Kartoffelstandl, die Plätze für Schwammerl und Beeren, der Kuttlermarkt und die Kuttlerhalle, freie Fischbu-

den sowie der Fischmarkt an der Frauenstraße hätten verschwinden müssen. Auch der Christkindlmarkt zur Weihnachtszeit wäre an der Blumenstraße nicht mehr möglich gewesen. Die gesamte Fläche hätte sich immerhin von 40 000 auf 34 200 Quadratmeter reduziert. Man wollte die Straße erhöht, also oberhalb des Viktualienmarktes, vorbeileiten und unter ihr ähnlich wie am Petersberg kleine Läden einbauen. Auf ihren Dächern sozusagen sollte für die Fußgänger eine Balustrade eingerichtet werden, von der aus die Passanten den abgesenkten und umgebauten Markt hätten überblicken können. Anstelle der Freibank sollte ein gemütliches Café entstehen. Auch den Autofahrern wäre so ein Blick auf das bunte Gewimmel zwischen den Ständen ermöglicht worden. Da die Autos zügig vorbeirollen könnten, würden auch weniger Auspuffgase erzeugt als bei Wägen, die sich durch eine enge Straße quälen, ständig abstoppen und wieder Gas geben müßten. Als Alternativvorschläge wurden die Rumford- und die Fraunhofer-/Klenzestraße ins Gespräch gebracht. Letztere wurde aber als »zu eckig« für den Autoverkehr bald abgelehnt. Es blieben also nur die Frauen-/Blumenstraße oder die Rumfordstraße. Der zweite Plan wollte diesen möglichen Eingriff am Viktualienmarkt wieder wettmachen, indem man die kleinen Durchgangsstraßen, die das Marktgelände in inselartige Gebilde aufsplitterten, schloß und damit den Autoverkehr vom Viktualienmarkt entfernte. Die für die Fußgänger und die Stände neugewonnenen Straßen sollten die Verluste im nördlichen Teil des Platzes ausgleichen. Allerdings hätte man dadurch im Vergleich zu den Verlusten viel weniger an Fläche gewonnen. Die damaligen Zustände auf dem Markt waren tatsächlich nicht so beschaulich, wie man heute vielfach annimmt. »Wenn ein Passant im starken Verkehrslärm von der Fischhalle zum Gemüsemarkt will, wird er von den Autos wie ein Hase gejagt«, lauteten damals die Klagen von Besuchern des Marktes. Tatsächlich hasteten die Leute zwischen Liefer- und Personenwägen von Insel zu Insel, stets gewärtig, angefahren zu werden. Der Ausbau des Marktes zu einer Fußgängerzone würde den Bereich vom Marienplatz über den Sebastian- und Jakobsplatz bis zum Gärtnerplatz zu einer Einheit zusammenschließen.
Der bekannte Münchner Cartoonist und Architekt Ernst Maria Lang entschied sich für die Vorbeileitung des Altstadtrings am Viktualienmarkt mit der Begründung: »Städtebau ist eine für die Allgemeinheit gesunde, aber für den einzelnen oft sehr schmerzliche Angelegenheit.« Es komme doch in erster Linie darauf an, die großen Lebensadern einer Stadt so zu legen, daß sie sinnvoll funktionieren. »Ich bin überzeugt, daß die gegenwärtige Opposition, zumindest zu 70 Prozent, eine reine Gefühlswallung ist, der man eine zwar kühle, aber diese Gefühle nicht minder berücksichtigende Logik entgegensetzen muß.« Das Argument, die Stille des Marktes würde zerstört, wollte Lang nicht gelten lassen. »Den stillen Viktualienmarkt gibt es nicht. Wo Leben ist, da ist auch Lärm.«
Nicht nur die Viktualienmarktler, auch die Rumfordstraßler stiegen auf die Barrikaden. So tönte es aus deren Ecke: »Der Markt wird 4000 Kunden verlieren, wenn man sich für die Rumfordstraße entscheidet, da keiner südlich von dieser Straße mehr zum Markt geht.« Ein Hausbesitzer wetterte: »Mein Haus wird eine Festung. Keinen Quadratmeter gebe ich her. Die in der Utzschneiderstraße denken auch so.« Andere klagten, das Vorhaben Rumfordstraße sei »ein verspäteter Bombenhagel im Zuge der Reißbrettstrategie«, und: »mit Mehrheitswalzen rollt man über die Bürger hinweg«. Wieder andere drohten: »München hat viele Schutzleute, aber die werden nicht reichen, um uns aus unseren Häusern hinauszutragen.« Und schließlich forderte man erbost: »Die Stadt soll doch ihren eigenen Grundbesitz entlang des Viktualienmarktes heranziehen, da bräuchte sie kaum Neubauten abreißen.« »Außerdem ist die Frauen-/Blumenstraße vorbei am Markt die natürliche Linienführung zwischen Altstadt und Gärtnerplatzviertel.«
»83 Häuser, die abgerissen werden müssen, sind 83 zuviel.« So lauteten die Argumente aus der Festung der Rumfordstraßler. Oberbürgermeister Vogel hatte also keinen leichten Stand. Er hatte folgende Tatbestände abzuwägen:

	Viktualienmarkt Frauen-/Blumenstraße	Rumfordstraße
Es gehen verloren	15 Stände 38 Standplätze 160 Freimarktplätze 9000 m^2 Fläche, also ⅓ des Marktplatzes	Marktinteressen werden hier nicht verletzt
Es kommen neu dazu	3000 m^2 Fläche; nur ⅓ der Marktler werden wieder zugelassen	nichts
Außerdem verschwinden	549 Betriebe (202 mehr) mit 2300 Beschäftigten (167 mehr)	347 Betriebe mit 2133 Beschäftigten
Gesamtkosten	109 Millionen (2 Millionen mehr) andere Berechnung: 116 Millionen	107 Millionen andere Berechnung: 20 Millionen mehr
Abriß von	62 Häusern mit 555 Wohnungen	83 Häusern (21 mehr) mit 814 Wohnungen (259 mehr)
Umzuquartieren	1666 Einwohner	2441 Einwohner (775 mehr)
Weitere Einbußen	Störung des Marktes durch den Verkehr, Verkleinerung und Zerstörung des Platzes, Auflösung der südlichen Häuserfront als Platzabschluß	keine

Vom Abriß der Häuser am Viktualienmarkt wäre auch die Riemerschmidsche Handelsschule betroffen gewesen.

Er ist gerettet!

Oberbürgermeister Vogel hörte die Münchner persönlich an. Er lud alle Interessenten zu einer Diskussion ins Stadtmuseum.
Dort hagelte es Proteste aus der Münchner Bevölkerung und von den Standlfrauen und Standlern. Man schimpfte, ein Altmünchner Reservat würde zerstört. Die Stadtverwaltung solle es ja nicht wagen, den Markt zu verkleinern und eine Straße, breit wie eine Autobahn, an ihm vorbeizuführen. Zwei Drittel aller Befragten seien schließlich dagegen und hätten Angst vor dem »Mordsdreck« der Auspuffgase. Andere erinnerten an den Vorschlag des ADAC, eine sechsspurige Hochstraße zu bauen oder eine »unterirdische Tunnelstraße« am Markt vorbeizuführen. Eine Standlfrau meinte: »Wenn ma amoi unser Existenz weglassn, so geht's doch vor allem um oans: das Herz Münchens taat zerrissn werdn, und was das bedeut', wenn man ein Herz zerreißt, das weiß man ja. Wenn das gmacht werd, nacha könnts den Rest vom Markt aa gleich wegreißn. Das interessiert dann koan Münchner und koan Fremdn mehr.« Einem Standlbesitzer, der für die Straße war, drohte man: »Du kriagst morgn nur faule Eier!« Oberbürgermeister Vogel wußte am Ende der Diskussion, was die Münchner wollten: Keine Ringstraße am Viktualienmarkt.
Er lud die Anwesenden nach der heißen Auseinandersetzung zur abkühlenden Brotzeit in den Ratskeller ein. Dort fragte ein Münchner: »Is des die Henkersmahlzeit für den Markt?« Darauf Vogel: »Wenn in früheren Jahrhunderten einer aufghängt wurde, hat das ein rotes Tuch am Rathaus angezeigt. Solang des net draußen hängt, hat's mit der Henkersmahlzeit noch Zeit.«
Der Verfälschung des Marktes wurde Einhalt geboten. Keine riesigen Verkaufshäuser an einer Schnellstraße sollten entstehen. Die offenen Standl, und gerade die ganz kleinen, sollten bleiben, und der einzige Lärm, den man sich gefallen lassen wollte, war der Marktlärm. Am 29. Mai 1964 fiel die Entscheidung in der Stadtratsvollversammlung. Der Altstadtring sollte durch die Rumfordstraße gezogen werden und nicht vorbei am Viktualienmarkt. Der Wille der meisten Münchner hatte gesiegt.
Der Blumen- und Christkindlmarkt fand in den folgenden Jahren zwischen Freibank und Hochbunker statt, bevor auch er in den Gesamtmarkt integriert wurde. Alle Marktler hatten damit eine feste neue Heimat. Nun konnte man daran gehen, diese auch gemütlich und wohnlich einzurichten.

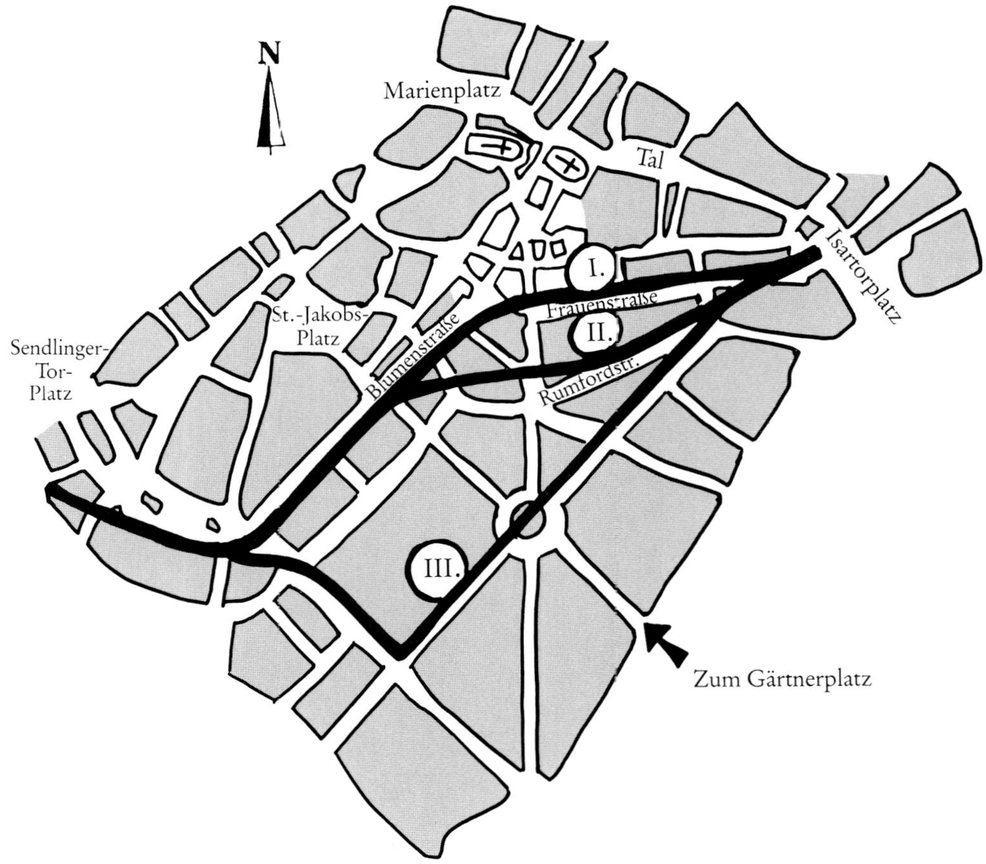

Wie sollten sich die Stadtplaner 1964 entscheiden? Konnte man den Altstadtring am Viktualienmarkt vorbeiführen, also durch die Frauen- und Blumenstraße (I), oder besser über die Rumfordstraße (II) leiten? Oder würde gar der Vorschlag Klenzestraße–Gärtnerplatz–Sendlingertorplatz (III) angenommen?

Das Grantlereck am Freimarkt

Im September 1968 wurde der Versuch gemacht, auf der hohen Treppe des Hochbunkers an der Blumenstraße, dort, wo der Freimarkt für sechzig Blumen- und Gemüsehändler war, ein »Grantlereck« einzurichten,
Zu diesem Zweck herrschte am 3. September 1968 von 15 bis 22 Uhr auf dem vorgelagerten Parkplatz Parkverbot. Um 17 Uhr wurde dann die Grantlertreppe freigegeben. Jeder Passant, der dazu Lust hatte, konnte von der Treppe herab über alles und jeden schimpfen und alles loswerden, was ihn »scho lang druckte«. Allerdings wurde das Angebot kaum angenommen. Die meisten wollten »lieber am Stammtisch oder dahoam oder wo mir wolln« granteln. Die Treppe war vielen zu hoch, da sei keine Diskussion möglich, und der Platz wäre viel zu laut. Einer meinte: »Des werd nia koa Hyde-Park net«, wobei er wohl an die Londoner Speaker's Corner im Hyde Park dachte, wo jeder alles sagen darf und immer jemand zuhört, selbst wenn der in Bayrisch reden sollte.
Damit war München um sein »Grantlereck am Freimarkt« gekommen. Vielleicht sollte man demnächst einen neuen Versuch wagen.

Der Luftschutzbunker aus vergangenen Kriegstagen wurde übrigens 1966 geräumt, damit er der Bundesvermögensverwaltung in Zukunft als Schutzraum diene. Es ließe sich auch ein »Hotel für Heimatlose« darin einrichten, wo Obdachlose in eisigen Wintern eine warme, wenn auch nicht gerade luxuriöse Unterkunft für die Nacht finden könnten.

Kosmetische Eingriffe am Viktualienmarkt

Dem Plan, den Markt in eine autofreie Fußgängerzone zu verwandeln, standen die meisten Standler aufgeschlossen gegenüber. Nur einige Händler murrten, da wegen der ungünstigen Parkmöglichkeiten viele Kunden wegbleiben würden. Sie, die noch gestern eiligen Käufern die Ware in den Wagen gereicht hatten, würden schon morgen ins weniger belebte Marktinnere abgeschoben sein. Sie befürchteten eine Schmälerung ihres Verdienstes.
Ab 1969 begann die Verschönerung des Viktualienmarktes. Er sollte zur grünen Oase werden. Die Verkaufskioske erhielten neue Kupferblechdächer. Das zur Westenriederstraße hin abfallende Gelände wurde eingeebnet. Die erste Bauphase, bei der die ganze Kuttlerhalle erneuert und der Platz von einem Teil des Durchgangsverkehrs befreit wurde, verschlang 1,2 Millionen Mark. Die Kuttlerhalle war lange eine günstige Einkaufsquelle für Kutteln, Ochsenfüße, Ochsenmaul, Zungen und Kopffleisch.
Die zweite Bauphase kostete nochmals 6 Millionen. Ein kleiner, 600 Quadratmeter großer Biergarten wurde angelegt und an einen privaten Pächter vergeben. Alle Fahrbahnen wurden entfernt und eine intensive Begrünung vorgenommen. Dazu wurden 42 Bäume, meist Kastanien aus der Putzbrunner Straße am östlichen Stadtrand, herantransportiert und den bereits stehenden zugepflanzt. 66 Bäume wachsen seither auf dem Viktualienmarkt. Ferner wollte man mit 75 Pflanzgefäßen den Eindruck eines »bunten Sommerflors« erwecken. 120 Stühle sollten die Marktbesucher zu beschaulicher Rast animieren. All das verschlang immerhin bereits die Summe von 475 000 Mark.
92 Rekonstruktionen alter Münchner Gaslaternen spendeten dem Platz bald Licht. Hier wollte man nicht die von den übrigen Fußgängerzonen gewohnten »Wärmflaschen«-Lampen. Bei allem mußte auf die Erhaltung von Zufahrtswegen für die Lieferanten geachtet werden.
1972 waren die Bauarbeiten an der Heiliggeiststraße und am Dreifaltigkeitsplatz abgeschlossen. Am 6. November 1975 wurde bei einer Feierstunde der Viktualienmarkt offiziell der Bevölkerung als Fußgängerzone, Aufenthalts- und Erholungsfläche übergeben. Stolz nannte man den neuen Platz »Münchens Bürgerstube« und eine »Oase für Spaziergänger«, der den modernsten hygienischen Anforderungen entspreche. Der Viktualienmarkt hatte sich in glücklicher Weise regeneriert und war nun für alle um ein schönes Stück attraktiver. Auch der Stadtpfarrer von St. Peter, Max Zistl, war bei der Eröffnungsfeier anwesend.
Ein dritter Bauabschnitt sah dann noch Zug um Zug die Sanierung der restlichen Bauwerke vor, für die rund 2 Millionen Mark veranschlagt wurden. Rund 10 Millionen insgesamt ließ sich die Stadt die Erneuerung des Viktualienmarktes kosten. Dies machte sich rasch in einer Gebührenerhöhung für die meisten Standlmieter bemerkbar. Bereits nach der ersten Bauphase blieben 20 Prozent der alten einheimischen Kunden dem Markt fern. Dafür drängten die Gastarbeiter und Ausländer auf den Markt und stellten bald ein Drittel aller Kunden. Langsam fanden sich jedoch auch die Münchner auf dem neuen Viktualienmarkt wieder zurecht. Vor allem der Biergarten lud zum müßigen Verweilen ein, und ein kühles Blondes vermochte die Kauflust so manches Unschlüssigen anzureizen.

Seltsame Knochenfunde

Zum Abschluß der Sanierung des Viktualienmarktes wurde Mitte 1978 auch die Ladenzeile der Zwölfapostelmetzger zu Füßen des Alten Peter renoviert. Sie war im Krieg arg zerbombt und danach lediglich notdürftig zusammengeflickt worden. Von den 16 Läden zeigten nur fünf noch einigermaßen die ursprüngliche Fassadengestaltung. Während der Instandsetzungsarbeiten wichen die Ladner auf eine Behelfsbaracke in der Nähe der Freibank aus, die dem Valentinbrunnen direkt vor die Nase gesetzt wurde. Die Läden erhielten dabei auch Keller, in denen man sanitäre Anlagen sowie Lager-, Kühl- und technische Räume für die Heizung und Lüftung einrichtete. Die anrüchige Bedürfnisanstalt an der südlichen Ecke der Ladenzeile verschwand. An ihre Stelle kam eine Konditorei mit einem Café, das den Läden wie ein Hut auf ihr Dach gesetzt wurde. Von dieser Pavillon-Gaststätte und der angegliederten Aussichtsterrasse hat man einen schönen Blick über den Viktualienmarkt.
Für alle diese Arbeiten mußte der Alte Peter mit einer Betonpfahlwand abgestützt werden. Bereits 1974 wurde mit deren Errichtung begonnen. Bei dem Aushub des Bauloches fraß sich der Baggerzahn in Münchens geschichtsträchtigsten Boden. In etwa zwei Meter Tiefe entdeckte man zahlreiche Mauerreste, darunter den Grundriß eines sechseckigen Türmchens und einige Knochen. Aber diese waren weder, wie man vermutete, Überreste von Karolingern noch von einem aufgelassenen Pestfriedhof und schon gar nicht vergrabene Metzgereiabfälle, sondern stammten aus der Zeit des Heiliggeistspitals, als der Friedhof für die Bewohner sich noch an dieser Stelle befunden hatte, bevor er im 15. Jahrhundert auf den Dreifaltigkeitsplatz verlegt wurde. Und die Mauerreste? Sie stammten von der ehemaligen St.-Pauls-Friedhofskapelle und von den Fundamenten des Weiber- und Männerbaus, die vor dem Hauptportal der Heiliggeistkirche lagen. Die Knochenfunde aber wurden den Spitalinsassen zugeordnet, die hier auf dem ersten Friedhof bestattet worden waren.
Nach Beendigung der Arbeiten, 1979, mußten die Ladner für ihre neuen Unterkünfte natürlich auch eine höhere Pacht bezahlen. Denn der ursprüngliche Kostenvoranschlag für die Sanierung war erheblich überschritten worden.
Die Renovierung der Metzgerzeile erreichte Mitte 1979 ihren Höhepunkt. Unter der Leitung des Stadtdirektors im Baureferat, Alfons Schweiger, sollte sie bis Ende des Jahres abgeschlossen sein. So weit wie möglich sollten die abgebauten und eingelagerten neugotischen

Fassadenteile wieder verwendet werden. Damit die ersten vier Läden in alter Pracht erstrahlen konnten, beabsichtigte man, die fehlenden oder zerstörten Teile nach alten Zeichnungen aus Muschelkalk und Sandstein neu anzufertigen.
Urpsrünglich waren 2,4 Millionen Mark für die Erneuerungsarbeiten vorgesehen. 4,5 Millionen, also fast doppelt so viel, sollte das Projekt am Ende verschlingen. Der Hauptteil dieser Riesensumme wurde dabei buchstäblich eingegraben: Als man entdeckte, daß sich zwei Meter unter der Oberfläche Schlamm staute, den die früher dort fließenden Stadtbäche abgelagert hatten, so daß die Läden danach buchstäblich auf Schlamm gebaut waren, mußten aufwendige Fundamente und Stützbauten errichtet werden. Der Alte Peter konnte nur durch eine zehn Meter tiefe Wand aus Betonpfählen am Abrutschen gehindert werden.
Am 22. Dezember 1979, kurz vor Weihnachten, wurden die Läden nach gut einjähriger Bauzeit wiedereröffnet. Aber erst im April 1980, rechtzeitig zur 100-Jahr-Feier des Bestehens der Metzgerzeile am Petersbergl, die 1880 durch den Stadtbaurat Arnold Zenetti errichtet worden war, wurde auch das Café auf der Terrasse fertiggestellt und bildete den krönenden Abschluß der inzwischen auf 14 reduzierten Läden. Der Viktualienmarkt hatte damit endgültig sein neues Gesicht erhalten.

Stille Geburtstagsfeste

1957, zur 150-Jahr-Feier, sah man von besonderen eigenen Feierlichkeiten zum Marktjubiläum in Anbetracht der bevorstehenden 800-Jahr-Feier Münchens ab. Die Marktfrauen kränkte das nicht sonderlich. Sie machten sich ja jährlich ihre eigenen internen Feste, etwa, wenn wieder eine von ihnen fünfzig Jahre lang Kohlrabi verkauft hatte, oder am Faschingsdienstag beim Tanz der Marktfrauen.
Vom 10. bis 12. April 1982 wurde der 175. Geburtstag des Viktualienmarktes begangen. Da man zugleich auch im Goethejahr war, wurde auf dem Markt bei den Freisingers »Goethes Lieblingsspeise: Grüne Soße« für 3,– Mark angeboten. Aber auch diesmal blieben die bei derartigen Jubiläen üblichen aufwendigen Festlichkeiten und spektakulären Ehrungen aus. Der Viktualienmarkt und die Marktler schätzen Turbulenzen und aufsehenerregende Feiern eben nicht besonders. Sie passen auch nicht zu der stillen »grünen Oase« der Stadt.
Deshalb ist in der Touristenwerbung, in Fremdenführern und in Stadtprospekten nur wenig über den Markt zu finden, und vielleicht ist das der Grund, warum bisher noch kein wirklich umfassendes Buch über diesen Markt erschienen ist.

Auch Marktfrauen und Standler müssen während ihrer Arbeit kleine Pausen einlegen, bei einem Haferl Kaffee oder einem Schluck Bier zwischen Bleamal und Gmüas.

Leben auf dem Viktualienmarkt

Wie eine grüne Insel liegt der Markt im Häusermeer.

Der Plan des Marktes

Der Viktualienmarkt versteckt sich im Zentrum des Zentrums wie ein alter Münchner, der seine Ruhe haben will. Er wird im Norden von der Heiliggeistkirche und dem Tal begrenzt, im Süden von der Frauenstraße und der Freibank, im Westen von der Prälat-Zistl-Straße, vom Rosental und vom Petersbergl und im Osten von der Heiliggeiststraße, dem Dreifaltigkeitsplatz und der Westenriederstraße. Besitzer des Marktes ist die Stadt München.

Der Viktualienmarkt ist nicht nur ein kalter Umschlagplatz von Nahrungsmitteln oder eine konzentrierte Ansammlung von Kiosken und Ständen, sondern ein gemütliches Wohnzimmer. Er verfügt über 50 Läden, 65 feste Verkaufsstände und 47 Freimarktstände, also über 162 Verkaufsplätze insgesamt. 50 Obst- und Gemüsehändler, 10 Geflügel- und Wildhändler und 15 Metzger stellen die »Marktbarone« dar.

Sind an einem Verkaufsstand zwischen zwei und drei Personen beschäftigt, so arbeiten täglich insgesamt rund 400 Leute in den Standln. Dazu kommen rund 3 000 Besucher und Kunden, in Hochbetriebszeiten über 4 000, die den Markt bevölkern.

Die 21 600 Quadratmeter große Fläche ist in acht Abteilungen untergliedert: Dem Geschäft Kustermann am Rosental gegenüber liegt die Abteilung I, der Obstmarkt, an dem es auch Gemüse zu kaufen gibt.

Die Abteilung II beim Valentindenkmal umfaßt als Blumenmarkt Schnitt- und Trockenblumen.

In der Abteilung III liegt im Innenhof der Kartoffelmarkt; außen stehen die Stände der Kranzbinder und sind Kräuter, Sämereien, Schnitt- und Topfpflanzen und wieder Obst und Gemüse zu finden.

Die Abteilung IV gehört zum Bereich des Weiß-Ferdl-Brunnens, dort ist der Biergarten, und an den Ständen vor dem Liesl-Karlstadt-Brunnen werden Schwammerl, Beeren, Walderzeugnisse und Naturblumen angeboten.

Die Abteilung V liegt zwischen dem Elise-Aulinger- und dem Roider-Jackl-Brunnen. Dort gibt es Fleisch und Wild aller Art, aber auch Brot und Backwaren.

Die Abteilungen VI und VII befinden sich in dem Winkel zwischen Westenrieder- und Frauenstraße und enthalten den Eier- und Geflügelmarkt, wo es auch Butter und Käse gibt, und entlang den beiden Straßenzügen den Gärtnermarkt.

Die Abteilung VIII östlich vom Biergarten ist an der langgezogenen Fischhalle zu erkennen, in der es Fische aller Arten zu kaufen gibt und die an dem Platz steht, wo sich früher der moosgrüne Fischerturm und daneben der Scheibling, ein dicker Rundturm, erhoben. Hinter der Halle erkennt man an der Gaststätte »Stadt Kempten« eine Fassadenmalerei.

Eine eigene Abteilung bilden noch die Zwölfapostelläden am Fuße des Petersbergls, in denen in neun Metzgerläden Fleisch- und Wurstwaren feilgeboten werden.

Am Samstag findet vor der Freibank der Kleinviehmarkt statt, zu dem noch lebende Tiere wie Hasen, Hühner, Tauben, Fasane, Gänse und Ziervögel gebracht werden. Besonders Gastarbeiter finden sich hier als fachkundiges Publikum ein.

Früher gab es auch noch den Waldmarkt mit seinen Zweigen, Schwammerln und Beeren. Er ist heute in dem allgemeinen Markt aufgegangen. Die schwere, schmutzige Arbeit, das Zweigeschleppen, nehmen nur wenige noch auf sich.

58 Bäume wachsen seit der erwähnten Begrünungsaktion auf dem Marktplatz. Außer den Kastanien sind es Akazien (Robinien) und einige Ulmen. Dazwischen sorgen, wie gesagt, in der Nacht, das Petersbergl miteingeschlossen, 92 »Altmünchner« Laternen für Licht. Den schönsten Blick auf den Markt hat man von der Frauenstraße von einem erhöhten Platz aus. Denn von dort grüßen über den Viktualienmarkt die Türme der Frauenkirche, des Alten Peter, des Rathauses und der Heiliggeistkirche herüber.

U-
S-Bahn
Schwedisches
General-
Konsulat
Petersplatz
U-
S-Bahn
Rindermarkt
Peters-
turm
Turm-
eingang
St.-Peters-Kirche
Dachterrassen-Café
»Zwölfapostel«-Metzger
Petersplatz
N
Tal
Heiliggeistkirche
Turm
Haus
Neumayr
E. A.
Fleisch- und
Wildmarkt
Pfarr-
büro
Heiliggeiststraße
Kustermann
Passagen
Viktualienmarkt
Bär
R. J.
Samen
Hotel
am
Markt
Dreifaltig-
keitsplatz
Valentin-
Stüberl
Kas-
ladl
Antiquitäten
Obst-
markt
W. F.
M
Biergarten
L. K.
Fisch-
halle
Stadt
Kempten
S-Bahn
Westenriederstr.
Alte Künstler
Rosental
Café
Blumen-
markt
Café
K. V.
Park-
platz
I. S.
Wein-
stadl
Eier- und Geflügelmarkt
Gärtnermarkt
Kartoffelmarkt
Prälat-Zistl-Str.
Café Frischhut
Freibank
WC
Fischbuberl
Blumenstraße
Frauenstraße
Reichen-
bachstraße
Wein-
stube
Bäume
Brunnen
Maibaum
Pflanzgefäße
Laterne
Hydrant
Telefonzelle
Fester Schirm
Alte Litfaßsäule
Stand: 1987

Links: Der Turm des Alten Rathauses von 1470 mit seinem Durchgang ist gleichsam das Tor in das grüne Paradies.

Oben und rechts: Von einem der bekanntesten Wahrzeichen Münchens, vom Turm des »Alten Peter«, hat man ganztägig einen schönen Blick auf den Markt und sein Symbol, den Maibaum.

Fast wie ein Heiligenschein schwebt der Kranz des Viktualienmarkt-Maibaums über den Kuppeln der Münchner Frauenkirche, vorausgesetzt, man hat den richtigen Blickwinkel.

Morgens und abends ähneln sich die Bilder. Zuerst sind die Schirme noch nicht geöffnet und nach getaner Arbeit nicht mehr. Wie kleine Turmspitzen ragen sie vor dem Alten Rathaus und der Heiliggeistkirche auf.

Vom frühen Morgen bis zum späten Abend

Meist beginnt der Arbeitstag schon gegen drei bis vier Uhr früh mit dem Einkauf in der Großmarkthalle an der Thalkirchner Straße, südwestlich vom Viktualienmarkt, wo 85 Warenarten aus 57 Ländern aller Kontinente auf die Großeinkäufer warten. Da klettert so mancher Standler des Viktualienmarktes flink über die Rampen, um mit geübtem Blick nach den festesten Gurken oder schönsten Austernpilzen Ausschau zu halten und sie im Lieferwagen abzutransportieren.

Bis Mittag »lauern« die Einkäufer im Großmarkt auf frische, erstklassige, extravagante und dabei preiswerte Ware. Das Georderte schicken sie dann etwa dreimal am Tag mit Lastwägen zum Viktualienmarkt. Hans Schaffner spricht von einem »mörderischen Zirkus« und deutet damit an, wie hart das Geschäft in der Großmarkthalle ist.

Wenn es dann vom Peters- und Heiliggeistturm fünf Uhr schlägt, beginnt auch der Viktualienmarkt zu erwachen. Es ist jetzt »der Markt vor dem Markt«. Wagen werden ausgeladen, Kisten geöffnet, die Markisen an den festen Ständen ausgezogen, die Tische aufgestellt, die Schirme aufgebaut, aus den Standlkellern die Waren heraufgeholt und die Nahrungsmittel möglichst ansprechend ausgelegt. Denn als Motto gilt: »Präsentation ist alles«. Das Herrichten am Morgen dauert ein paar Stunden, das Abräumen am Abend nur eine Stunde.

Ein Kontrollmeister der Großmarktdirektion schlendert über den Platz. Er achtet darauf, daß niemand vor viertel nach sechs mit dem Verkauf beginnt. Im Brunnenwasser nehmen inzwischen Tauben und Spatzen ihr Morgenbad und spritzen womöglich auch dem Valentin in sein ehernes Gesicht. Eine Blumenfrau vertreibt sie, indem sie aus dem Arm des Komikers eine vertrocknete Aster zupft. Dafür bekommt der Vale frische Blumen zugesteckt. Dann geht sie zu ihrem Tisch zurück. Fast eine Stunde dauert es, bis sie ihren künstlichen Garten rund um den Stand aufgebaut hat. Auch die anderen brauchen so lange, bis sie die Bretter über Böcke und Hocker gelegt haben.

Fast wie ihre Blütenblätter entfaltende Blumen blühen die Standl auf, leuchtet es von Tischen, aus Blumentöpfen und Blecheimern in allen Farben. Das malerische Aufrüsten eines Standes mit 50 bis 70 Obst- und Gemüsearten braucht eben seine Zeit. Im Sommer beginnen manche schon um halb fünf Uhr mit der Prozedur. Sie »stapeln hoch«, legen aus, bündeln, schreiben Preisschilder und polieren die Ware, denn blankpolierte Äpfel haben durch ihren verführerischen Glanz auf die Kundschaft eine magnetische Anziehungskraft.

»Kein Auslagendekorateur könnte das Arrangement zierlicher gestalten. An ein Rechteck mit roten Äpfeln schließt sich ein solches von gelben an; dann folgt eine Unterbrechung durch grüne Gartener-

Der hat gut lachen! Schmalznudeln und andere Schmankerl gehen auf dem Viktualienmarkt weg wie warme Semmeln.

zeugnisse; hierauf bilden schieferblaues Kraut und weißer Karfiol die Fortsetzung. Ein dicker Balken von Orangen der verschiedensten Sorten schließt nach unten ab. Das Goldbraun der Datteln nimmt sich appetitlich neben dem zuckrigen Überzug der Feigen aus; eine Borte glitzernder Konserven auf der Höhe der Obsttribüne verkörpert den berühmten Silberstreifen am Horizont. Kein Farbfleck wird übersehen, keine Kontrastwirkung außer acht gelassen.« So schwärmt Walter F. Kloeck 1952 von einem Obst- und Gemüsestandl.
Wer fertig mit dem Aufbau ist, ist hungrig, durstig und müde und kann das erste Frühstück im Café Frischhut, auch »Die Schmalznudel« genannt, einnehmen, das von 5 Uhr früh bis 14 Uhr geöffnet hat. Zu Kaffee im kleinen oder großen Haferl werden Schmalz- und Rohrnudeln, Strietzeln und Krapfen angeboten.
Über der Eingangstür dieses Cafés, in dem sich außer den Marktarbeitern gerne auch »Nachtbummler« und »Stadtstreicher« blicken lassen, ist eine Tafel eingelassen, auf der zu lesen steht:

»30 Fuß gegenüber stand der
Taschenthurm, welcher als
Gefängnis benutzt und im
Jahre 1822 abgebrochen wurde.«

Heute befindet sich an dieser Stelle die Westseite der Freibank.
Nach 6 Uhr erscheinen die ersten Kunden. Es sind die Kleinladner aus der Innenstadt, die ihren Tagesbedarf am Viktualienmarkt einkaufen, und das gleich kistenweise. Dazu kommen Restaurantköche. Flink laden sie, was sie ausgewählt haben, in ihre Lieferwagen und Privat-Pkw und fahren davon.
Punkt 6 Uhr 15 wird Münchens Speisekammer offiziell für die Hausfrauen und Kunden geöffnet. Es sind Frühaufsteher, die bereits am Morgen ans Mittag- und Abendessen denken. Der Markt ist mittlerweile zur »Geschäftsordnung« übergegangen.
Immer mehr Kunden bevölkern den Platz. Nun heißt es für die Standlfrauen und Standler flink zu sein, die Kunden anzureden, zu beraten, das Gewählte zu wiegen, einzupacken, Geld zu kassieren und herauszugeben, Waren umzuschichten, Abfälle zu beseitigen und eben ständig auf dem Sprung zu sein.
In den Fischläden werden lebende Fische von den Verkäufern aus den Bottichen genommen und vor den Augen der Kunden schnell und schmerzlos geschlachtet. Süßwasserfische vom Aal bis zum Zander, Lachs, Karpfen, Heringe, Forellen, Brassen und sogar der bis zu 2½ Meter lange »Bayrische Wal«, der Waller, sind im Angebot.
Will eine Verkäuferin oder ein Standler Brotzeit machen oder zum Mittagessen, springt ein anderer aus seiner »Bande« für ihn ein. Ohne Unterbrechung wird von 6.15 Uhr bis 18 Uhr verkauft; je mehr, desto erfolgreicher ist so ein Tag.
Während der Freimarkt täglich um 14

Uhr schließt und die Schirme zusammengelegt werden, machen die Verkaufsstände um 18 Uhr zu. Kurz vorher beginnen die Aufräumungsarbeiten. Es wird abgerechnet. In den Ständen werden haltbare Waren durch eine Falltüre in den darunterliegenden Standlkeller befördert, empfindliche Lebensmittel im Kühlraum gelagert.
Die meisten Standl sind unterkellert. Wegen des unterirdisch vorbeifließenden Stadtbaches bereitete seinerzeit die Unterkellerung jedoch erhebliche Schwierigkeiten.
Transporter fahren die übrige Ware kistenweise ins Lager heim. Dann beginnt der 30 bis 45 Minuten dauernde Abbau der Verkaufsstände. Bis zu fünf Helfer pro Stand packen mit an. Die Verkaufstische werden zusammengelegt, die vollen oder leeren Kisten und Körbe in Rollwägen geschichtet und ins Standinnere gefahren. Die Markisen werden eingeschoben, die Standldächer abgenommen, die Eisenstützen abgeschraubt. Der Schmutz wird in Abfalltonnen geschaufelt. Die grau plastikverkleideten Schirme sehen wie Blumen aus, die abends ihre Blütenblätter zusammenlegen.
Das Großreinemachen ist fast ein Ritual. Zuerst kommen die orangefarbenen Müllautos, um den Großmüll in Kartons und Plastiksäcken fortzuschaffen und sie nach Großlappen zu verfrachten. Danach folgen mit Handkarren die Marktkehrer, um den Grobmüll des Platzes in Handkarren zu sammeln. Gleichzeitig kehren die Geschäftsleute mit Reisig- und Strohbesen vor den Läden und Ständen den Restschmutz zusammen und waschen mit dem Putzwasser aus Eimern alle Verunreinigungen in die Gullys.
Die Tauben und Spatzen leisten schließlich die Feinarbeit, indem sie die letzten vertilgbaren Bröselchen und Krumen aus den Fugen der Pflastersteine picken.
Sogar Lachmöven kreisen fröhlich kichernd über den Platz. Im sommerlichen Biergarten sitzen noch immer Gäste. Nach und nach, bis gegen 22 Uhr zerstreuen auch sie sich langsam. Der »Weinstadl« schließt um 19.30 Uhr, aber austrinken darf man schon noch in Ruhe, auch wenn es dabei ein bißl später wird. Das »Café Nymphenburg« darf mit Sondergenehmigung seine Gäste sogar bis 22 Uhr bedienen. Mancher Standlbesitzer bringt sein Grünzeug auf dem Heimweg noch zu angesehenen Stammkunden in den Prominentenvorort Grünwald.
Per Bahnfracht werden Steinpilze und Marmeladen bis nach Ulm oder Augsburg expediert. Obst und Gemüse, von einem Schweizer Küchenchef geordert, gelangen sogar bis nach Kuwait. So hat der Viktualienmarkt Fäden über die ganze Welt gesponnen, und manche Händler sind international gesuchte Spezialisten für komplizierte Sonderaufträge.

Schmutz wird auf dem Markt nicht geduldet. Nach jedem anstrengenden Arbeitstag wird »die gute Stube der Stadt« geradezu auf Hochglanz poliert.

Als junge Verkäuferin im Textilhaus Eder, als Anwohnerin im ersten Stock des Hauses Frauenstraße 4 und jetzt als Denkmal – immer gehörte Liesl Karlstadt zum Markt.

Beispielsweise schickte Hans Schaffner einem Luxushotel in Abu Dhabi, dessen libanesischer Lieferant plötzlich durch Bürgerkriegswirren ausfiel, ein halbes Jahr lang jede Woche Container mit feinsten Gemüsen und Früchten im Wert von monatlich 25 000 Mark aus München. Solche Überraschungen kommen immer wieder vor.
Inzwischen ist es ruhig geworden auf dem Viktualienmarkt. Die Zeit des »stillen Marktes« ist angebrochen. Der An- und Ablieferungsverkehr für Waren darf übrigens bereits von 22.30 Uhr des Vortages bis 12.45 Uhr des nächsten Tages auf dem Platz vorfahren.
In der Nacht eilen vereinzelt Passanten mit hallenden Schritten über den durch die Altmünchner Laternen erleuchteten Markt, werfen auch einen Blick auf die mit Scheinwerfern angestrahlte Heiliggeistkirche oder den erleuchteten Alten Peter. Im Mondenschein wirken die Budenreihen wie eine Ansammlung von Almhütten. Stadtstreicher nächtigen auf den Blechablagen und werden bisweilen durch eine Polizeistreife in ihrem Schlummer gestört, wenn sie ihre Ausweise vorzeigen müssen. Die letzten Lokale um den Marktplatz leeren sich um Mitternacht. Nur viereinhalb bis fünf Stunden Ruhe sind dem Viktualienmarkt jetzt gegönnt, bevor der nächste geschäftige Tag anbricht, der den Marktlern wiederum zwölf und mehr anstrengende Arbeitsstunden bringen wird.

Strenge Regeln

Nach der Satzung des Viktualienmarktes vom 24. August 1979 ist dieser Markt eine öffentliche Einrichtung der Landeshauptstadt München. Durch ihn soll die Bevölkerung mit den marktüblichen Lebensmitteln versorgt werden. Dazu gehören:

1. Lebensmittel aller Art, deren Verkauf auf den Märkten herkömmlich ist.
2. Sonstige Erzeugnisse des Gartenbaus, des Waldes und des Feldes mit Ausnahme von bewurzelten Bäumen und Sträuchern.

Wer verkaufen will, braucht eine Erlaubnis (Zuweisung) der Landeshauptstadt München.

Einen Verkaufsstand, einen Platz oder einen Raum bekommt jeder, der mit seinem Angebot auf den Markt paßt, sich eignet und zuverlässig ist. Dabei gilt das Motto: »Wer zuerst kommt, mahlt zuerst.« Die Erlaubnis erlischt, wenn der Benutzer nicht mehr verkaufen will, wenn er stirbt oder wenn der Betrieb eingestellt wird. Die Zuweisung wird widerrufen, wenn der Benutzer seine Miete nicht mehr bezahlt oder unehrliche Geschäfte betreibt oder wenn er Waren verkauft, die nicht auf den Viktualienmarkt gehören. Bei der Rückgabe muß alles in sauberem Zustand hinterlassen werden. Mit Geldbußen wird bestraft, wer die Öffnungszeiten nicht einhält, marktfremde Waren verkauft, unerlaubte Veranstaltungen abhält und verbotene Werbung betreibt.

Außerdem ist jeder Sonnenschirm und jede Markise genormt. Jede Veränderung bedarf der ausdrücklichen Genehmigung durch die Marktdirektion. Sogar die Installation von fließendem Wasser in jedem Stand muß beantragt werden und ist vom Standlinhaber zu finanzieren.

Wer sich auf dem Markt befindet, hat sich so zu verhalten, daß kein anderer gefährdet, geschädigt, behindert oder belästigt wird. Auf dem Markt darf man nicht übernachten, nicht herumliegen oder -sitzen, es sei denn auf Stühlen. Betteln und sonstige marktfremde Vorhaben sind untersagt. Zu Veranstaltungen, die zum Markt passen, benötigt man die Erlaubnis der Direktion. Verteilen von Handzetteln oder das Herumtragen von Werbetafeln ist hier auch fehl am Platz.

Alles, was auf dem Markt steht, wächst und blüht, ist von den Besuchern schonend zu behandeln. Wer etwas beschädigt, beschmutzt oder entwendet, wird dafür haftbar gemacht. Abfälle dürfen nicht auf den Boden geworfen werden. Hygiene wird großgeschrieben. Kraftfahrzeugen ist es nicht erlaubt, auf dem Marktplatz herumzufahren und zu parken, es sei denn, es handelt sich um Marktpersonal, das etwas anliefert oder abholt. Das darf aber, wie gesagt, nur zwischen 22.30 Uhr des Vortages und 12.45 Uhr des jeweils folgenden geschehen. Die Fußgänger haben in jedem Falle Vorrang. Deshalb müssen die Lieferautos in Schrittgeschwindigkeit fahren.

Wer sich auf dem Markt schlecht benimmt oder eine strafbare Handlung begeht, kann Marktverbot erhalten. Für Schäden, die einem auf dem Platz widerfahren, haftet die Stadt. Wie sagte doch eine Marktfrau: »Des muaß so sei, damit ois sei Ordnung hat.«

Der Markt-»Sheriff«

Damit alle Regeln beachtet werden, patrouilliert täglich ein Marktaufseher über den Markt, leider inkognito, das heißt den Marktlern ist er schon bekannt, bloß die Kunden kennen ihn nicht. Und gerade für sie wäre es doch angenehm, wenn sie sich bei Fragen und Beschwerden umgehend an eine mit Dienstmütze gekennzeichnete Aufsichtsperson wenden könnten. Der Grund, warum dies nicht geschieht, wird nicht bekanntgegeben. Vielleicht besteht Sorge, daß der arme Mann dann ununterbrochen »belästigt« und von den vielen Auskunftsuchenden mit Fragen geradezu überhäuft würde.

Hat er doch genügend mit der Überwachung der Stände zu tun und als städtischer Beamter den Verbraucherschutz zu gewährleisten. Schon manches Mal holte einer aus einem Plastiksackerl das Temperaturprüfgerät heraus, um die richtige Temperatur empfindlicher Lebensmittel elektronisch zu kontrollieren.

Dem Besucher, der die verlockenden, farbenprächtigen und malerisch drapierten Lebensmittel an den Standln betrachtet, wobei ihm das Wasser im Mund zusammenläuft, und der dabei womöglich sogar in einen wahren Sinnenrausch verfällt, kommen keine bösen Gedanken. Ganz anders ist das beim Viktualienmarktkontrolleur, auch Lebensmittelpolizist genannt. Er untersteht der Stadt München und scheint mit seinen Röntgenaugen nur Quecksilber, Blei, Cadmium und Nitrat zu sehen, das sich vielleicht in den Lebensmitteln versteckt haben könnte, um die Kunden zu »verderben«.

Horst Lippmann vollzieht dieses Amt seit Jahren auf dem Markt und besitzt sogar Polizeigewalt. Rund 1 000 Kontrollen mit etwa 300 Proben führt er jährlich durch. Er kann jederzeit einen Stand schließen, wenn er unzureichende hygienische Zustände antrifft. Sündern drohen Straf- und Bußgeldverfahren. Er darf unangemeldet Stichproben mitnehmen, die in chemischen Untersuchungsanstalten auf eventuelle schädliche Rückstände überprüft werden. Er stellt mit Reagenzflüssigkeiten fest, ob beispielsweise Fritierfette zu alt sind, ob Obst tatsächlich die Handelsklasse I hat. Er beanstandet durch Fremdkörper oder Ungeziefer verunreinigte Lebensmittel und auch falsch ausgezeichnete oder unsachgemäß gelagerte Waren. Er überprüft die Sauberkeit der Bierkrüge und nimmt bei Eingemachtem Etikett und Inhalt unter die Lupe.

Wenn er Pech hat, wird er schon einmal von einem Standler »schwach« angeredet. Sogar handgreiflich ist man gegen ihn geworden. Dann trägt er statt einer Probe ein zerrissenes Hemd oder eine geschwollene Hand nach Hause. Allerdings bleibt die »Untat« nicht ungesühnt. Aber so etwas passiert zum Glück recht selten.

Der Viktualienmarkt-Sheriff ist mit den Marktleuten äußerst zufrieden, und die mit ihm auch.

»Denn Kontrolle«, so eine Standlfrau, »erhöht schließlich das Vertrauen der Kundschaft.«

Recht selten werden deshalb gebührenpflichtige Verwarnungen ausgesprochen. Meist ersetzen beratende Gespräche die mündlichen Belehrungen, die der Beamte den Marktlern vortragen dürfte.

»Das strengste Lebensmittelgesetz der Welt« gewährleistet auch auf dem Viktualienmarkt, daß der Kunde bedenkenlos Ware kaufen und konsumieren kann.

Oder wie eine Standlfrau es ausdrückt: »Gsünder wia aufm Markt san die Lebensmittl nirgendwo.«

Etliche Standler wünschen in ihrer Ehrlichkeit sogar eine öffentlich zugängliche Marktwaage, auf der jeder Kunde, wenn er es für nötig hält, die eben gekaufte Ware nachwiegen kann. In ein kleines Häuschen gestellt, ließe sie sich nach Geschäftsschluß sicher verwahren. Auch eine solche Marktwaage fehlt vorläufig noch, wird aber von der Interessengemeinschaft der Standlinhaber nach wie vor gefordert, denn dann würde auch jenen Kunden der Wind aus den Segeln genommen werden, die den Viktualienmarkt in bezug auf die hohe Qualität seiner Lebensmittel und seine realistische Preisgestaltung aus übersteigertem Mißtrauen heraus abzuqualifizieren suchen.

Mietprobleme

Während die Ladenmieten vor zwanzig Jahren auf dem Viktualienmarkt noch durchschnittlich 160,– DM betrugen, stiegen sie in der Folge ständig an. 1982 mußten die Pächter für die Häuschen und Verkaufsstände je nach Größe 250,– DM bis knapp 1 500,– DM hinblättern. Im hinteren Bereich des Marktes waren die Mieten etwas niedriger. Sie reichten von 200,– DM bis 1000,– DM.
Im Durchschnitt zahlte ein Pächter also 365,– DM. Für offene Verkaufsplätze mußte man monatlich mit ca. 320,– DM bis 660,– DM rechnen. Die Tagesgebühren betrugen also zwischen 16,50 DM und 33,– DM. Die Metzgerläden am Petersbergl kosteten pro Quadratmeter 45,– DM. Dazu kamen noch Mieten für eventuelle Keller, Kühlmaschinenplätze, Sanitärräume, und Kosten für Reinigung, Abwasser- und Abfallbeseitigung.
Über die Mieten klagten vor allem die Blumenhändler, für welche die Billighändler am Marienplatz eine große Konkurrenz darstellen. Manche Standlfrauen meinen sogar, die Stadt wolle dadurch die Blumenstandl vom Markt vertreiben.
Wer jetzt denkt, die Mieten seien im Vergleich zu der Ladenmiete manches Einzelhandelsgeschäftes in der Innenstadt doch noch recht günstig, sollte bedenken, daß lange Zeit in den meisten Ständen kein fließendes Wasser installiert war und die Pächter dieses auf eigene Kosten einrichten lassen mußten. Toiletten gibt es noch heute nicht in den Buden, dazu wäre gar kein Platz. Die Bedürfnisse müssen die Marktler entweder in den Toiletten hinter der Freibank erledigen oder in denen der nahegelegenen Restaurants, wo man es ihnen meist erlaubt.
1986 waren die Mieten weiter gestiegen, je nach Größe und Lage des Objekts zwischen 300,– bis 1800,– DM im Monat. Die Mieter eines Standplatzes im Freien, auf dem sich ein Klapptisch aufstellen läßt, haben es da leichter. Sie zahlen pro Tag zwischen 35,– und 40,– DM, also in einem ganzen Monat zwischen 875,– und 1000,– DM. Während sie aber nur an schönen Tagen kommen und auch nur für diesen Tag ihre Miete abzugeben brauchen, müssen die Standlinhaber die volle Miete bezahlen, auch wenn die Hälfte des Monats wegen schlechten Wetters überhaupt »kein Geschäft gegangen ist«. Das bedeutet, daß nur der Stand überlebt, der richtig kalkuliert. Dazu muß man aber Hellseher, Meteorologe und Verkaufsgenie in einem sein, um zu erahnen, wieviele Ware von welcher Art sich wann und an wieviele Leute bei welchem Wetter in welcher Zeit zu welchem Preis absetzen läßt.
An Marktkunden allein zu verkaufen, reicht da nicht aus, man benötigt als Standbesitzer auch seine feste Kundschaft: Restaurants, Hotels, Kantinen, Gasthäuser, und das nicht nur in München und Deutschland, sondern, wenn möglich, auch im Ausland. Erst durch viele feste Aufträge, die auch in der kalten Jahreszeit regelmäßig weiterlaufen, lassen sich wetterbedingt geringere Verkaufserfolge auf dem Markt ausgleichen.
Demgegenüber sind Zahlen bekannt wie folgende: Der Umsatz der 120 Händler pro Jahr beträgt rund 50 Millionen Mark. Davon gehen an Mieten und Standgebühren 1,5 Millionen Mark an die Stadt München. Nach diesen Angaben beliefe sich der durchschnittliche Jahresumsatz eines jeden Händlers rund 404 000,– DM.
Bei dieser Zahl läuft es manchem Unbedarften heiß den Rücken hinunter, und nicht wenige, wie die langen Wartelisten beweisen, beschließen dann, sich selbst um einen so gutgehenden Stand zu bewerben und damit das Geld ihres Lebens zu machen. Nicht wenige davon aber geben nach einem oder ein paar Jahren enttäuscht auf. Sie fanden vermutlich doch nicht das ersehnte Glück. Denn dazu, sich eine »goldene Nase« zu verdienen, genügen nicht ein paar geldgierig glänzende Augen, sondern gehören ein gerüttelt Maß an kaufmännischem Können, an unermüdlichem Fleiß, an Erfahrung und eine große Portion Glück. Dann, und nur dann, mag es der eine oder andere Händler auf dem Markt schon zu etwas Geld gebracht haben. Aber eine Lotteriegewinnanstalt ist er deshalb noch lange nicht, der Viktualienmarkt, und die Millionäre sind dort deshalb auch nicht wie Sand am Meer zu finden, selbst wenn der eine oder andere darunter sein mag. Aber darüber wird nicht geredet.

Die Marktfrauen

Hinter Verkaufstischen aus Schragen und Brettern, zwischen den Blütensternen der Dahlien und Astern, den Samtnelken, dem Löwenmaul und den Kugelköpfen der Georginen leuchten besonders liebenswert die roterhitzten Gesichter der Marktfrauen heraus, der zünftigsten Frauenzimmer Münchens, einer Mischung aus vornehm und saugrob.
Den Rhythmus des Herzschlags auf dem Viktualienmarkt bestimmen in erster Linie sie, die seelenvollen, mit kräftigem Mutterwitz geladenen, bienenfleißigen Standlfrauen, scherzhaft auch Kohlrabitandlerinnen, Suppengrünwalküren oder Selleriebavarias tituliert. Sie haben den gesündesten Beruf, denn sie sind immer an der frischen Luft. Sie »riechen nach Harz und Tannen, wenn sie im Advent die Kränze winden, und trotzen den Winterstürmen, eingehüllt in riesige Strohschuhe, in die Schichten von Röcken, Hosen und Kapuzen. Es sind Brueghelsche Gestalten von einer saftigen Lebenskraft und robuster Daseinsfreude« (Rolf Flügel).
Sie sind stets bis an die Zähne mit kernigen Sprüchen bewaffnet und führen ein resolut-freundliches Regiment über ihre Verkäuferinnen nach dem Motto: Rauh, aber herzlich. Mit bewundernswerter Zungenfertigkeit binden sie bildhafte, meist drastische Wendungen von saftiger Anschaulichkeit in ihre Verkaufsgespräche mit ein. Sie bieten die besten Beispiele des Münchner Volkshumors. Herz und Mund sitzen bei ihnen auf dem rechten Fleck. Ihre Art ist auf dem Markt eine

willkommene »Zuawaag« zu den Viktualien.
Die Pachtverträge gehen meist von den Müttern auf die Töchter über, obwohl es kein verbrieftes Erbrecht gibt, aber die Direktion der Großmarkthalle, der auch dieser Markt untersteht, bevorzugt bei der Vergabe der Zuweisungen die Kinder und andere Blutsverwandte der Standlpächter. Denn dadurch ist meist ein kontinuierliches Weiterwirtschaften gewährleistet. Viele Stände sind bereits in der dritten, vierten, ja, sogar fünften aufeinanderfolgenden Generation in fester Hand. Man muß die Tradition wahren, heißt es. Deshalb gibt es auch eine lange Wartezeit, bis man einen solchen Stand einmal mieten kann. Wer erst zehn bis fünfzehn Jahre auf dem Markt ist, gehört zu den »jungen Hupfern«, denn die »Saurier« oder »oidn Heita« unter den Marktlern stehen oft seit fünfzig und mehr Jahren hinter den Verkaufstheken. Und gerade diese Methusalems kennen das Wort »Krankheit« kaum. Kränkeln oder Ausfallen wäre bei diesem Geschäft auch katastrophal. Aushilfskräfte, wie Rentner und Studenten, sind schwer zu bekommen. Wer macht schon die hier geforderte, ungewöhnlich harte Arbeit gern, es sei denn einer, der sie gewohnt ist.
Zu nachtschlafener Zeit fängt der Arbeitstag an, und im Sommer wie im Winter ist man dem Wetter ausgesetzt. Die Temperaturen, ob Hitze oder Kälte, sind oft mehr als ungemütlich. Einmal staut sich die Hitze unter der Standlplane, dann wieder pfeift der zugige Wind durch die Aufbauten. Und an Feierabend ist vor halb acht nicht zu denken. Nur die ganz »Gußeisernen« werden in diesem Geschäft alt. Sie aber haben auch meist die Marktluft mit der Muttermilch eingesogen. Von mancher Standlfrau ist bekannt, daß sie bereits als Wickelkind hinter Obst und Gemüse oder Eiern und Butter von der Mutter das Flascherl bekommen hat und daß sie hier später als Schulkind auch die Hausaufgaben erledigen konnte. Steigt eine solche dann später ins Geschäft ein, bleibt sie ihr Leben lang dabei und möchte am liebsten auch dort sterben. Die Altgedienten haben längst ihre »Spitznamen«, so die »Blumenfrieda«, die »Rahmleni« oder die »Eierkathi«.
Daß in den Nachbarstandln oft dasselbe verkauft wird, stört eine ehrliche »Markthaut« nicht besonders. Denn das macht ja den Marktbetrieb aus, und die Konkurrenz hebt allemal das Geschäft.

Selbstbedienung an den Standln ist nicht erwünscht. Wer es dennoch wagt, bekommt leicht zu hören: »Jetzt tuan S' aber Eahnare Gluppal aus meiner War' oder tät das Eahna gfalln, wenns andauernd angrapscht weratn?!«

Man findet neben der Buttermilch das Sterbekranzerl und neben knorrigen Viktualienmarkt-Veteraninnen, deren ausladender Busen nach oben ohne Unterbrechung in ein mehrfach gestuftes Doppelkinn übergeht, resche, fesche Marktfrauen, die ebensowenig wie vor dem Krieg ihre Mütter auf den hübschen Mund gefallen sind. Sogar junge Schönheiten mit hellen Mädchenstimmen trifft man, und es läßt sich heute nicht mehr so ohne weiteres von »Marktfrauen« reden – schon gar nicht von »Marktweiberln« –, eher schon von »Marktdamen«. So bedauerte bereits 1952 W. F. Kloeck, und er räsonierte weiter: »Sie schimpfen kaum mehr. Wo ist die sprichwörtliche Grobheit früherer Tage? ,U jegerl, schaugts de Bixlmadam o!' lautete noch vor wenigen Jahren die Erwiderung, wenn die prätentiöse Kundin einen Preis zu hoch fand. Heute bedauert man höflich: ,Tut mir leid, etwas Billigeres haben wir nicht.' Man kann stundenlang zwischen den Standln promenieren, ohne ein einziges Mal auf die Kirchweih geladen zu werden. Auch äußerlich verändert sich der Typ der Marktfrau. Etwas ländlich, gärtnerisch, robust – gewiß. Aber die Hübschen neh-

Es gibt viele Märkte auf der Welt. Aber die originellsten Originale unter den Standlfrauen sind auf dem Münchner Viktualienmarkt.

Die Standlfrauen sind meist hin- und hergerissen zwischen konzentrierter, ernster Verkaufstätigkeit und dem nur scheinbar leichteren werbenden Anpreisen ihrer Waren.

men unbestreitbar zu, während die Kürassiergestalten seltener werden. Junge Mädchen helfen beim Bedienen, die um so reizvoller wirken, als sie keinerlei Make-up aufweisen. ‚Schöne Mandarinen, mein Herr! Haben Sie vielleicht Bedarf?'«
Auf dem Viktualienmarkt sind tatsächlich feine Sitten und weltmännische Umgangsformen eingezogen. Vom dereinst berühmt-berüchtigten rauhen Ton der Marktweiber ist heute kaum mehr etwas zu spüren.
»Wenn die Herrschaften vielleicht noch einen wunderschönen Salat mitnehmen wollten«, klingt es sanft hinter dem Ladentisch hervor oder schmeichelnd: »Mei, hat das Töchterl heut wieder ein fesches Kleiderl an.« Und gleich danach: »Die Zwetschgen aus Ungarn kann ich Ihnen empfehln, für an Datschi sind die hervorragend.« Man muß schon lange herumschauen, um eine Standlerin einmal wie in alten Zeiten aus der Haut fahren zu sehen und zu hören, wie ihr »das Haferl überläuft«. Dann kann es sein, daß sich ein paar saftige Sprüche aus tiefster Seele lösen und dem Betroffenen um die Ohren klatschen.
Im Winter vermummen sich die Standlfrauen, um der Kälte zu trotzen. Sie streifen sich mehrere Pullover über, dazu legen sie Fingerstutzeln und Pulswärmer an und setzen Kopftücher und Wollmützen auf. Sie kombinieren Wollstrümpfe mit langen Unterhosen und mauern sich in gefütterte Stiefel ein. Von einer Standlfrau aus dem Jahre 1951 sind beispielsweise folgende Kleidungsstücke überliefert, die sie im Winter übereinander trug: »Zwei warme Leiberl, die Weste vom braunen Anzug ihres verstorbenen Mannes, einen Kradschützen-Pullover, einen Jumper und einen linksgestrickten Sweater, der ausschaut wie das Kettenhemd der Jeanne d'Arc.« In dieser Tracht erweisen sich die Standlfrauen fast als Schwestern der Stadtstreicher, die als Freiluftgänger ähnlich dick vermummt daherkommen. Erwärmung spendet bei Kälte auch ein Becher mit heißem Kaffee oder Glühwein oder zwischendurch ein Stamperl Schnaps.
Die Freisingers wärmen bei der Eiseskälte immer wieder auf ihrem Ölofen im Standl die »Gurkensoß'« aus den Fässern an und wechseln sie aus, sonst würde sie im Nu zu einer millimeterstarken Minieisbahn

»Und was kriang jetzt Sie?« – Eines eigenen Studiums würdig sind die zahlreichen Lagen und Arten von Kleidungsstücken, die sich Marktfrauen an kalten Tagen übergezogen haben.

zugefroren sein. Nur so läßt sich das kostbare Naß flüssig halten.
Im Sommer kommen die Marktlerinnen trotz luftiger Arbeitsschürzen bei großer Hitze und dem geschäftigen Trubel ganz schön ins Schwitzen. Trotzdem bleibt ihnen noch Zeit, nicht bloß Wechselgeld herauszugeben. Sie bleiben auch keine Antwort schuldig. Besonders »am Samstag, auf dem Bauernmarkt, geht es noch in gewohnter rauher Herzlichkeit zu. Da wird angepriesen, gefeilscht und kritisiert wie ehedem. Da pressiert's auch, und Unschlüssige, die nicht wissen, was sie wollen, können allerlei erleben. ‚Ja, freili!' kann man eine wohlbekannte, stämmige Händlerin hinausschmettern hören. ‚A Zehntel Landbutter kriagat s', und na mecht s' as z'erscht no versuacha? I laß Eahna nacha des Breckl Butter mim Lastauto an Eahna Haus hifahr'n, gell? A so a neidige Spinatwachtel is mir no net vorkemma! Ja, gibt's denn dees a . . . «
So gab Walter F. Kloeck vor dreißig Jahren seine Beobachtungen wieder.
In bayerischer Unverbildetheit preisen manche Standlgwachser Tomaten aus »Canary Island« als Tomaten aus Island an.
Der Münchner Lokaldichter Benno Rauchenegger erweckte 1893 eine angebliche »Frau Wurzl vom Viktualienmarkt« zum Leben. Jahrelang legte er seine Sonntagsplauderei in den »Münchener Neuesten Nachrichten« diesem Original in den Mund. Im Vergleich zu den Kolleginnen der alten Zeit auf dem echten Marktplatz allerdings war diese Frau Wurzl eine gutmütige, sanfte Standlfrau, wie folgende ihrer Äußerungen beweisen. So jammert sie über die bevorstehende kalte Witterung und die Schikanen des Magistrats:

Nicht nur betagte, wettergegerbte Gesichter lassen sich hinter den Verkaufstischen entdecken, sondern auch junge hübsche Standlerinnen, denen aber nicht minder der Schalk im Nacken sitzt.

»Jetzt thuts es noch, aber im Winter werd's wohl kein G'spaß nicht sein und ich thät einem vom Magistrat schon wünschen, daß er einmal von 7–2 Uhr Nachmittag bei derer Kälten seine Schreiberei verrichten müßt und dabei höchstens auf einem Kohlentegel oder Gluthpfandl sitzen könnt'. Da solltens auch einmal d'ran denken, statt die anständigen Geschäftsleut, die ihre Steuern und Abgaben zahl'n, am Sonntag das Ladl zuz'sperren! Schikanieren könnens ein mit lauter Inspektor und Aufseher, die einem an der Waar herumschnuffeln und doch nix kaufen. Wenn man sich rührt, dann heißt's, wir wären grob; Schnecken, sag ich. Unser Publikum ist auch danach, da könnt ich Ihnen G'schichten verzählen. Sollt man da vielleicht nix sagen, wenn so eine aufdrahte Madam mit Hut und Schleier daher kimmt, eine Viertelstund lang auf einer Gans oder Anten umeinanderfingerlt, und wenn's sie's g'nug abg'schmiert hat, daß's von der Fetten, die ihr an ihre Klupperln*) hängen blieben ist, drei Tag die Suppen schmalzen kann, fortgeht, ohne daß nur g'rad dergleichen thut? Da kann ich mich nicht halten, gang's wie und der willn. ‚Sie Madam', hab ich neuli zu so einer Batzerin g'sagt, ‚glauben's, die andern Leut schmeckt dös Sach' besser, dös Sie z'erst mit ihre ungewaschenen Klupperln abknatscht haben?' Die bäumt sich gleich auf und heißt mich ein rohes Weib. ‚Was', hab ich g'sagt, ‚roh? San's froh, daß ich roh bin, denn kochen wenn's in mir thut, nachher geht's siedheiß weg und dann kann's sein, daß Ihnen Ihr Zuckergoscherl verbrennen. Sie – –.' Ich weiß nicht, ob ich's was g'heißen hab, aber die ist gleich um den Marktinspektor und um an Schandarm g'laufen und das war eine Komödie, nicht zum sagen, während eichentlich das Publikum den Rüffler verdient hätt', der mir geben ist worden, obschon ich nix darnach frag', denn ich weiß, als gebildete Frau, wie weit ich gehen darf. Gleich darauf kommt Eine und steckt ihr Rappönasen in ein Hendl hinein, daß man von der ganzen Gurken nix mehr g'sehn hat. Ich kann mich net halten und stoß ihr den Kopf gleich a paar Mal in die Gockeln nei und da hätten's das G'schrei hören sollen, was die ang'fangt hat! Ich hab' mein eichens Wort nimmer verstanden, die Leut' sin z'sammg'laufen, ein Schandarm ist auch gleich wieder kommen und da hat die dumme Person g'meint, der sollt mich, eine unbescholtene Bürgerin, verarretiren. Ich war doch in meinem Recht? In diesem Bewußtsein hab' ich gar nicht weiter der Müh' werth g'halten, mit einer so ungebildeten Gans herumz'streiten; ich hab' ihr in aller Ruhe g'sagt: ‚Wissens, liebe Madam, sag ich, Ihnen Ihra Nasen kauft mir kein Mensch nicht ab, wenn's in meine Hendl drinsteckt, aber das merken's Ihnen, wenn's mich wieder so anschreien wollen, dann lassens Ihnen z'erst einen Kapataster um Eanane Kröpf 'rumschnallen, daß ich net thorat**) werd' von dem Spektakel, den Sie machen, Sie ungebildete Person, Sie!' hab' ich g'sagt. Ist das vielleicht grob?«

Einen feinen Unterschied macht Frau Wurzl zwischen Stadt- und Landbewohnern, ». . . zwischen die Bauerngäns und zwischen die Stadtgäns. Die Stadtgäns haben eine viel weißere und feinere Haut, sind mit einem Wort zarter als eine Bauerngans, weil die die Mitteln nicht hat zu einer Reinlichkeit und Gesundheitspflege, wie bei unser einem. Ich war sehr zufrieden mit meiner Kundschaft, nicht so fast zwegen der Quantität, wie man sagt, sondern in Bezug auf die Qualität; lauter feine Damen, wie z. B. die Köchin von einem sehr berühmten Gasthaus in der Altstadt. Zahlt haben's, was ich verlangt hab und daß ich nicht auf's Hirn gfallen bin, werden's mir glauben.«

Vom leider nicht mehr existierenden Café Gröber am Viktualienmarkt schwärmt Frau Wurzl in den höchsten Tönen: »Ins Kaffeehaus laß ich mir's noch eher gfal-

*) = Finger
**) = schwerhörig

Menschen und Tische – wenn es schneit, bekommen alle weiße Hauben. Doch am schönsten sehen sie auf dem Viktualienmarkt aus.

Im Winter strahlen Bäume, Gebäude und Standl eine besondere Poesie aus.

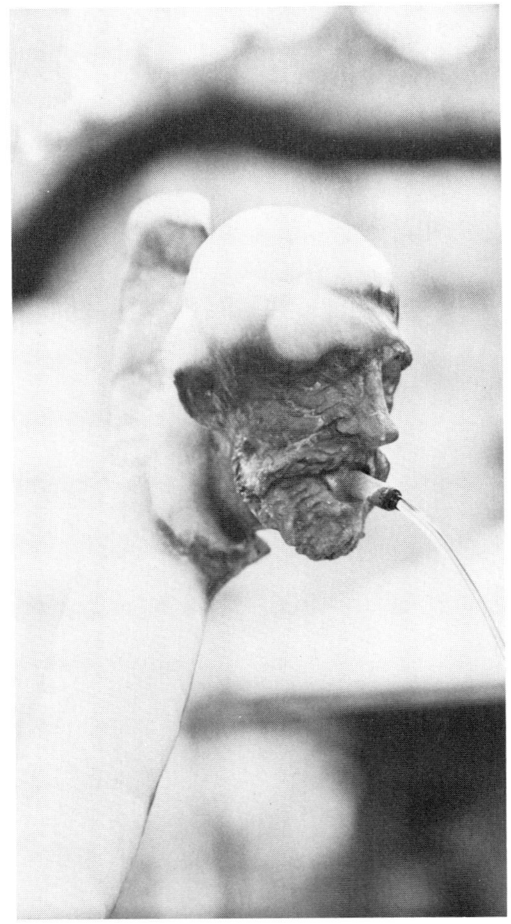

Die Figuren der Brunnen sind nicht bloß starre Denkmäler. Sie wandeln sich und werden belebt: im Frühling durch die Blumen, im Sommer durch den Regenglanz, im Herbst durch die abfallenden Blätter und im Winter durch den Schneepelz.

»Saububn, dreckate! Hörts net glei auf!« So scheint die Ratschkathl besenschwingend vom Brunnen herab zu poltern. Doch was echte Münchner Lausbuben sind, lassen sich von einer zünftigen Schneeballschlacht dadurch nicht abhalten.

len, besonders da wir sehr schöne haben. Denkens Ihnen nur, wie nobl daß sie unser Marktkaffeehaus, den Gröber, eingricht haben. Das sollen sich die Münchner anschauen. Marmorsäulen habens mit kriegerische Kapitalien und schwarze Semitensockel. Die Wänd sind mit hölzern Vertäflungen bekleidet, ich weiß nicht, ists ein Resonnanz- oder Barakenstil. Dann habens herrliche Lüster mit elektrischem Gasglühlicht, wo doch für allgemeine Erleuchtung gesorgt ist, daß man seine Zeitungsbilder anschauen kann. Ein sehr großer Vortheil ist, daß sie keine Billjard nicht haben, wo's einem alle Augenblick, wenn man nicht aufpaßt, einen Billjardstecken in Magen reinrennen oder wenn man dort sitzt und an gar nichts denkt, auf einmal ein Ball auf die Henneraugen hinaufspringt, wo's dann blos ‚Bardon' sagen und einem in schmerzlicher Entrüstung sitzen lassen. Man kann sagen, dieses Kaffeehaus ist eine neue Zierde unseres Marktes.«
Über eine Geflügelausstellung in der damaligen Schrannenhalle am Viktualienmarkt an der Blumenstraße erzählt Frau Wurzl folgendes:
»Vorläufig ist München doch die interessanteste Stadt, weil jetzt schon die großen Festlichkeiten, wo einen Fremden-Andrang verursachen, beginnen. Ich meine die Geflügelausstellung im Schrannenpapillon. Das ist etwas nobles! Wenn man hineintritt, empfängt einem der vielstimmige Gesang der Göckel, welche in den edelsten Rassen und Farben aufgestellt sind vom riesenhaften Koch in Chinagockel bis zum Zwerghahn, deren Größe entsprechend auch die Eier sind. Dann diese Gäns! Wenn man sie anschaut, hupft einem das Herz vor Freuden, insbesonders wenn man selber vom gleichen Fach ist. Enten gibts in den prachtvollsten Federn und auch alle Arten, mit Ausnahme der Zeitungsenten. Die wenn man ausstellen wollt, müßte man schon ein paar Glaspaläst haben! Dann erst die Masse Tauben! Je größer der Kropf, desto größer die Schönheit; das wär ein Trost für manche Schicksals-Genossin, die wo auch einen hat ohne eichenes Verschulden. Sehr interessant sind die ausgestehlten Brutapparat, wo man sich selbst ausbrüten kann, ohne Henne; so weit hats der Mensch schon gebracht und es ist möglich, daß nach der amerikanischen Ausstellung auch noch

»Und machans ma die Kanna fei ganz voll!« »Freili, Muattal, i tritts dir nachad no mit meine Fiaß ei!«

das Eierlegen mit Apparat erfunden wird. Für den, der ein Gefühl für die gefütterte Welt hat, ist es ein Genuß, zwischen dem gackernden und schnatternden Volk herumzuwandeln, mir haben die Finger förmlich gjuckt, so oft ich eine gsehen hab, hätt ichs abkrageln mögen! Was ist so ein Kanarievogel für eine elende Kreatur gegen eine 12 Pfund schwere Thulusergans, wenn man sie gebraten neben einander hinstellt! Und doch gibts Leute, die für einen Kanari aus Harz ein wahnsinniges Geld hinwerfen, um das sie einen Stall voll Gäns kaufen könnten. Man kann auch Geflügel gewinnen, wenn man in die damit verbundene Lotterie setzt und ein Glück hat; man muß jedoch bescheiden sein und nicht verlangen, daß man um 20 Pfennig einen Gockel mit Familie kriegt.«

Außer der Frau Wurzl hat der Viktualienmarkt noch eine weitere Reihe von originellen Standlfrauen aufzuweisen, die mit ihren »Spitznamen« richtige Marktberühmtheiten wurden:

Die »Oa-Mare«,

also Eier-Marie, war leicht erregbar und kampflustig. Jeder Streit wurde bei ihr gleich »g'richtsmaßig«, also auf gerichtlichem Wege, geklärt. Sie scheute sich nicht, wegen ein paar Mark den Kadi zu bemühen, und ging, wenn nötig, durch alle Instanzen.

Das »Christkindl«

war eine Blumenbinderin, die auch Christbäume verkaufte. Einer Kundin, die sich über den hohen Preis eines ihrer Bäumchen erregte und deshalb verlangte: »Bei dem Preis stecken Sie mir aber schon noch Kerzen drauf und hängen Lametta dran«, entgegnete das Marktfrauerl schlagfertig: »Freili, gnädige Frau, und wenn S' mi no für a Christkindl oschaugn, nacha steck i Eahna a no a Weihnachtsgans aufs Baumspitzl.«

Die »Sparglkönigin«

hieß deshalb so, weil keine andere Standlerin auf dem ganzen Markt den Spargel so schön herrichten konnte wie sie.

Menschenkennerinnen

Eine richtige Marktfrau steckt jeden Psychologen in die Tasche. Sie hat zwar keine Markt- und Verkaufspsychologie »gschtudiert«, aber kennt ihren »Pappenheimern« aus zehn Metern Entfernung an, was sie wollen. An den Augen der Kunden, an den Bewegungen, am Mienenspiel, an der Gangart diagnostiziert sie blitzschnell die Gedankengänge derselben. Sie weiß, noch bevor es der Kunde selbst erahnt, was jeder will, ob er etwas kaufen möchte oder nur zum Schauen kommt, ob es ein angenehmer Zeitgenosse ist oder ein »nörgelnder, alter Grantler«.

Die Standlerin Frau Schaffner hebt beschwörend ihre Hände, als sie erzählt: »Immer und immer wieder sag ich zu den Deandln (gemeint sind die jungen Verkäuferinnen): Schauts den Kunden in die Augen und druckts eu're Köpf nicht in' Boden rein. Nur so könnt ihr den Käufer richtig anreden und beurteilen.«

Eine »ausgekochte« Standlfrau weiß auch, was es heißt, wenn wenig Sonne scheint, wenn regnerisches Wetter heranzieht. Dann bleiben nämlich die Kunden weg, denn keine Kundin möchte sich ihre Frisur verderben. Auch graue Nebelschwaden und gar erst eisige Temperaturen legen das Marktleben lahm.

Weitere Marktweisheiten lauten: Eine gute Kundschaft kauft jedes Obst und Gemüse zu seiner Zeit. – Die meisten Kunden kaufen mit den Augen. Deshalb das schönste Sach' von der schönsten Seite ganz vorn hinlegen – Schönheit und Geschmack sind keine Geschwister, das heißt: manches, was schön ausschaut ist weniger gut, als das, was unansehnlicher ist. – Wer auf dem Viktualienmarkt überleben will, der muß mehr bieten als nur ein Sortiment für nur eine Käuferschicht. – Jedes Produkt hat seinen Toleranzpreis. Je teurer die Ware, um so weniger verkauft man. Der Preis bestimmt den Absatz und der Absatz den Preis. – Früher war der Kundenkreis kleiner, doch der sah vor allem auf die Qualität. Heute ist das umgekehrt.

Eine Marktlerin weiß auch, in welcher Reihenfolge die Kunden auf dem Markt eintreffen. Auf einer Tabelle sähe das so aus:

Der Viktualienmarkt nur ein Umschlagplatz von Waren? Nein, vielmehr ein lebensvoller Platz, auf dem sich Menschen herzlich näherkommen.

Uhrzeit	Art der Kunden	Qualität der Geschäfte
6 – 7 Uhr	Die Kenner, die Feinschmecker, Spezialisten	Teure, erstklassige Ware »geht« in mittleren Mengen
9 – 10 Uhr	Gastarbeiterfamilien, Ausländer, besonders die Italiener sind ebenfalls Kenner	Gespräche ebenso wichtig wie das Einkaufen, das gezielt abläuft
10 – 12 Uhr	Hobbyköche, Hausfrauen in marktgerechter Kleidung, zeigen oft ihrem Besuch den Markt und freuen sich, wenn sie eine Standlfrau erkennt	Wählen nach dem Aussehen, dadurch oft zweite Qualität, nach dem Motto: »Groß, bunt, teuer und geschmacksärmer statt klein, farblos, billig, aber geschmacksreich«
12 – 14 Uhr	Gemischte Kundschaft, aber weniger, da Mittagspause	Weniger Einkäufe, dafür viel Betrieb in den Imbißstuben
15 – 17 Uhr	Die meiste Kundschaft erscheint, Touristen, »der Lauf«	Einkäufe für den Abend und den nächsten Tag, mittlere Qualität
17 – 18 Uhr	Verspätete Kunden, Leute, die noch preisgünstig etwas erstehen wollen, Stadtstreicher	Abverkauf der Reste, herabgesetzte Preise, Mengenrabatt

»Geht noch was ab, oder hamma scho ois?« lockt manche Standlfrau ihre Kunden.

Das Geheimnis

Wie aber läßt sich der besondere »Charme« der alten Marktler, der »oidn Grantler« erklären? Eine Standlerin gerät bei dem Versuch, diese besondere, vielgerühmte Ausstrahlung zu deuten, ins Philosophieren:
»Wenn man fuchzg Jahr bei Wind und Wetter von aller Herrgottsfrüh bis hinein in d' Nacht aufm Markt steht und dabei hart arbeiten muß, dann wird man selbst hart und läßt sich mit jedem Jahr weniger g'falln. Es gibt nämlich Kunden, die erlauben sich so allerhand. Manche sind hochnäsig, andere aufdringlich und unverschämt, wieder andere schikanieren uns manchmal nicht wenig. Da entwickelt sich der Grant ganz von selbst, und man wird immer mehr gradheraus.
Aber es gibt auch viele nette, zuvorkommende Kunden mit Herzensbildung. Vielleicht sind das sogar die meisten. Da entwickelt man dann Freundlichkeit und Humor. Und jetzt geben S' das alles in einen Topf: Wind und Wetter, harte Arbeit, Grant, Freundlichkeit und Humor und lassen S' des fuchzg Jahr lang gut aufkochen, dann kriegen S' zuletzt eine so unverwechselbare Marktdragonerin wie mich, die net aufs Maul gfalln is. Wetterwendisch können mir alle blitzschnell von heiter auf unfreundlich umschalten, und des gfallt die Leut', weil's ausm Herzn kommt und net aufg'setzt is. Bei uns kriegen S' net bloß echte, gute Ware, sondern auch eine echte Menschlichkeit, die rauh, aber herzlich ist. Und solang des noch stimmt, stimmt auch noch der Markt.«

Geläufige Redewendungen der Standlfrauen

Die Marktfrauen des Viktualienmarktes haben seit Jahrzehnten eingeschliffene Anredeformen für die Kunden. Es gibt freundliche, aber auch eher grantige. Hier eine Auswahl aus der charmanten Abteilung: »Habe die Ehre, gnä' Herr! – Grüß Gott, gnä' Frau! – Brauch ma no wos, Gnädigste? – Hamma scho ois? – Scheene Ganserl (Hendl, Kohlrabi . . .)

Wer einem Marktler gewachsen sein will an Bauernschläue, Erfahrung und Schlitzohrigkeit, der muß so früh wie sie aufstehen, und das reicht noch nicht.

hätt ma no. – Wos derf's denn sei? – Derf's a bißl mehr sei? – Is' so recht, der Herr? – Geht no wos ab? – Hamma no wos vergessen, schöner Herr (= gutangezogener Mann)? – Fehlt nix mehr, Herr Doktor (= gutangezogener Mann mit Brille)? – Da freut sich aber d' Frau Gemahlin, wenn S' so wos Guats hoambringa. – Beehrn S' uns wieder! Habe die Ehre.«
Von den grantigen Bemerkungen sind am bekanntesten: »Dappen S' net rum, Büxlmadam, zamzupfte! – Wos host g'sagt, Rupfa, greisliga? – Eahm schaug o, den Saupreiß, den japanischen! – Gschupfte Schucksn, vo dir laß i mir mei Sach net schlechtmacha. – Nemen S' Eahnen Rüassl aus meiner War'! Sie riacha ma des ganze Aroma furt! – Wos, z'teier is Eahna des? Ja, um Sonderangebote müassn S' Eahna beim Sommerschlußverkauf im Großmarkt umschaun! – Gengan S' doch hi, wo S' herkemma san! – Nix für unguat! Auf Wiedaschaun – Pfiagood!«

Allerlei Tricks

Schon immer hatten die Standlfrauen auch Verkaufstricks auf Lager, amüsante und weniger schöne. Ein paar Beispiele:

Vor Jahren soll eine Ganslhändlerin einmal zu einer Obsthändlerin mit der Bitte gekommen sein: »Du, gib ma schnell a Zitrona, i muaß meine Gansal obreibn, die riacha nämlich aso?« Nach dem erfolgten Zitronenabrieb duftete das Geflügel wieder ganz lecker.
Eine andere, deren Kunden nur kleine Schwammal wünschten, ließ sich etwas einfallen, um auch die großen »an den Mann zu bringen«. Sie bereitete unter dem Tisch Tüten vor, in die sie jeweils einen großen Pilz versteckte. Als die Kunden kamen, füllte sie ihnen wunschgemäß die Tüte mit kleinen »Puizln«. Zu Hause wunderten sich dann die Käufer über die wunderbare Pilzvergrößerung am Grund der Tüte, hatten sie doch »eigenäugig« gesehen, wie ihnen die »Pilzprimadonna« nur kleine Häublinge in die Stranitzn gepackt hatte.
Und wie merkt sich eine tüchtige Marktfrau die Namen ihrer vielen Stammkunden, die natürlich namentlich begrüßt werden wollen? Ganz einfach: Auf einer unauffällig angebrachten Tafel notiert sie sich alle wichtigen Namen, und wenn der jeweilige Kunde auftaucht, sagt ihr ein rascher Blick auf die »Gedächtnisstütze«, wer vor ihr steht: »Ah, grüß Gott, Herr Prokowalsky, schön, daß' uns wieder beehrn.«

»Wenn der d' Gurkerl lupft, einem 's Herzerl hupft«, wird sich mancher Kunde beim Anblick der leckeren Schmankerl denken.

Die Standler

Ist vom Viktualienmarkt die Rede, werden seltsamerweise häufig nur die Marktweiber und Standlfrauen erwähnt, so, als ob es nicht auch eine große Anzahl von tüchtigen, standfesten Standlern und Marktmannsbildern gäbe, die nicht nur Ware herbeischaffen und verkaufen können, sondern manch bemerkenswertes Hobby haben. So vertritt ein Sprecher der Standlbesitzer die Interessen der Marktler.
Einer ist einst deutscher Segelmeister gewesen. Ein anderer sammelt wertvolle Gemälde. Der dritte ist ein bekannter Tennisspieler (nicht Boris Becker!), und wieder ein anderer tritt auf einer Laienbühne auf. So stecken hinter vielen Ständen kluge Frauen- und Männerköpfe, und man erfährt einiges, wenn man mit diesen Leuten ins Gespräch kommt. Manche früheren Standler wurden durch Besonderheiten so bekannt, daß man sich noch heute an sie erinnert:

Der »Gocklsepp«

brachte aus Niederbayern prächtige Hähne auf den Markt. Sein richtiger Familienname wurde nie bekannt.

Der »Hasenkönig«

hatte als Besonderheit aus Amerika importierte Hasen und Kaninchen anzubieten, die ein besonders weißes Fell und dazu »ein butterweiches Fleischerl« hatten. Wo kommt man sonst noch so schnell zu königlichen Ehren wie auf dem Viktualienmarkt?

Der »Latschenhans«

stand um 1960 auf dem Viktualienmarkt. Er verkaufte Tannenzweige, Latschen und Palmkätzchen. Er holte sie sich aus den Bergen und stapfte auch in bayerischen Mooren herum. Die Stiefel schützten ihn zwar vor den Ottern, nicht aber vor den Stechmückenschwärmen. Der »Latschenhans« meinte lakonisch: »I hob zwar die Erlaubnis von der Regierung, aber die Stechmücken könna net lesn und bearbeitn mi allweil so, daß i auf und auf voller Pinkeln hoamkomm.«

Der »Suppengrünbene«

wurde wegen seiner Schlagfertigkeit bekannt. Eine Dame, die bei ihm Suppengrün kaufte, erklärte, daß sie es nicht gleich mitnehmen könne, da sie noch mehr einkaufen müsse. Da schlug ihr der Bene vor: »Na lassen S' mir doch Eahna Adress' do, nachher werd Eahna des Suppengrün mitm Taxi hoamgfahrn.«

Der »Kapitän« Otto Holzner, der »Spatzendresseur«,

war einst bei der Marine gewesen und verkaufte auf dem Markt Samen. Er wurde mit »Kapitän« angeredet. Die Spatzen der Umgebung hatte er so abgerichtet, daß sie nicht wahllos in seinen ausgestellten Säcken herumpickten, sondern artig einen eigens für sie bestimmten Futternapf anflogen.

Der »Waldläufer« Max Schmidt

verkaufte noch 1962 im Alter von 70 Jahren von seinem Verkaufstisch neben dem Liesl-Karlstadt-Brunnen Produkte des Waldes. Er galt als Münchhausen, der »scho lüagt, wenn er bloß 's Redn ofangt«, und war vermutlich der einzige Münchner Preislügner. Diesen Titel erwarb er sich anläßlich der Uraufführung des »Münchhausen«-Films, als man einen Wettbewerb veranstaltete, in dem der größte Lügner gesucht wurde. Der Waldläufer wußte folgende Aufschneiderei: »Mei Vatta hat einen großen Bergbauernhof g'habt. Zu am Erweiterungsbau ham wir an Haufen Bretter braucht. Zu zwoat san ma dann mit der Baumsäg' ins Holz naus, ham uns den richtigen Baum rausgsucht und glei 's Schneidn angfangt. Nach drei Stund wollt ma amal nachschaun, wia weit ma scho neig'schnitt'n ham. Mir san um den Baum rumgangen und sehn dabei erst, daß auf der andern Seitn a scho zwoa Manner in den Baum neischneidn. So dick san bei uns in Bayern seinerzeit die Bäum' gwesn.«
Mit dieser »Lüag« hat der »Waldläufer« den ersten Preis gewonnen: 100 Markl und den Dreispitz vom Lügenbaron.

Der »Goaßnpeter«

war nicht ganz richtig im Oberstübchen. Als Inhaber eines Ziegenstandls pries er schon am frühen Morgen, laut und mit einem Gemecker, das von einer Ziege zu kommen schien, seine »kuahwarme Goaßmilli« zum sofortigen Genuß an. In einer Bittschrift an das Rathaus suchte er um Bestätigung nach, daß seine Ziegen gescheiter als viele Menschen seien. Den Ratsherren indes schien diese Erkenntnis keiner Bestätigung zu bedürfen.

Eier aller Größen, Sorten und Preisklassen gibt es hier. Und wenn es echte vom Osterhasen gelegte geben sollte, dann garantiert an diesem Stand.

Der »Sparglfranz«

schälte in den letzten Jahren (1981/85) jeden Freitag und Samstag während der Spargelsaison am Stand von Hans Schaffner die »Luststangerl«. Da dem Standlbesitzer aufgefallen war, wie wenige Kunden die Stangen richtig schälen und behandeln konnten, stellte er den Koch Franz ein, der vor den Augen der Leute die Schälarbeit vorführte. Dieser »Gag« kostete keinen Pfennig zusätzlich, brachte dem einfallsreichen Marktler aber etliche Zuschauer und damit wohl auch Käufer mehr an den Stand. In Windeseile bewegte der geübte Franz das Schälmesser und hatte in rund zwei Minuten ein Pfund gehäutet. Die Schalen bekam jeder Käufer zum kochfertigen Spargel miteingepackt, denn gesäubert dienen sie beim Kochen auf dem Topfboden in drei Finger hohem Wasser, nebst Salz, einer Prise Zucker und einem Stück Butter, als Unterlage für den Spargel selbst, der aber erst aufgelegt werden darf, wenn das Wasser kocht. Der Spargel gart dann auf diesem Schalenbett im Dampf.
Ähnliche Tips bekommen die Kunden an manchen Standln gratis zu hören.

Die große Viktualienmarkt-Anekdotenparade

Wer hat nicht schon den einen oder anderen berühmten Dialog zwischen einer Standlfrau und einem Kunden gehört oder gelesen? Auch manche Anekdote hat es fast zu unvergänglichem Ruhm gebracht. Aber aus dem Stegreif gelingt es den meisten Leuten höchstens, zwei bis drei derartige Episoden zu erzählen. Danach wird offen zugegeben, daß es zwar noch Dutzende ähnliche Geschichten gäbe; sie aber auch zu berichten, dazu ist kaum einer in der Lage.
Deshalb sind hier erstmals die 100 schönsten der schlagfertigen Wechselreden zusammengetragen und zu einer großen Viktualienmarkt-Anekdotenparade vereint.

KUNDE:
»Sind das da auch wirklich holländische Kartoffeln?«
STANDLFRAU:
»Warum? Wollns mit dene redn, oder wollns sas essen?«

***

KUNDE:
»Also nein, diesen Hasen möchte ich doch nicht. Der hat mir zu viele Schrotkörner im Leib.«
STANDLFRAU:
»Dann nehmans hoit den. Der hot si d' Pulsadern aufgschnittn.«

***

STANDLFRAU:
»Hilfe! Hilfe! A Dieb! Halts 'n auf!«
POLIZIST:
»Na, was ist denn hier los?«
STANDLFRAU:
»Grad hat mir a so a Gauner in d' Kassn neiglangt und ist mit dem ganzn Geld auf und davo.«
POLIZIST:
»So, und wie hat er denn ausgsehn?«
STANDLFRAU:
»Des woaß i net, er war ganz vermummt.«
POLIZIST:
»Hat er 's Bundesverdienstkreuz ghabt?«
STANDLFRAU:
»Naa, des net.«
POLIZIST:
»Ja, nachad wern ma 'n glei ham.«

***

»Ja, schau amoi dera ihre Henna o, des san ja die reinsten Mammutadler!«

KUNDE:
»Ich hab in drei Tag' mein' Hochzeitstag. Könnans mir da an bsondern Wein empfehln?«
WEINVERKÄUFER:
»Ja scho. Aba's kommt drauf an, ob Sie feiern oder vergessn wolln.«

***

MARKTFRAU:
»Brauch ma wos, gnädige Frau? Recht schöne Ganserl hätt i, net z' fett und net z' moga.«
DAME:
»Aber diese Gänse sind doch ganz blau.«
MARKTFRAU:
»Wos is? Na lengs Eahna bei dera Kältn amoi nackad an ganzn Tag her, nachad san S' aa blau, des derfans glaubn.«

***

ERSTES HUHN:
»Do schaug nüba zum Eierstandl, do liegn meine Eier, 's Stück um zwanzg Pfennig.«
ZWEITES HUHN:
»Und des do drübn san de mein. Die kostn vierazwanzg Pfennig 's Stück, san dafür aa a bißl größa.«
ERSTES HUHN:
»Ja moanst du, daß i mir wegn vier Pfennig an Arsch zreiß?!«

***

ZERSTREUTER PROFESSOR AM BROTZEITSTANDL:
»Kann ich statt der Kartoffeln auch eine Portion Eiernudeln haben?«
BEDIENUNG:
»Tuat ma leid, aba die san ausganga.«
PROFESSOR:
»So, und wann kommens wieder zurück?«

***

Im Biergarten am Viktualienmarkt.
GAST:
»Du, gemma langsam, es kummt boid zum renga.«
FREUND:
»Ja spinnst du, es is überhaupts koa Wölkerl am Himmi zum sehng.«
GAST:
»Des net, aba do schaug hi, d' Dackl laffa scho ganz tiaf.«

***

Streit zwischen zwei Marktfrauen. Die eine drückt der anderen eine weiche Tomate in den aufgerissenen Mund.
MARKTFRAU:
»Scho . . . die bleibscht drin, bisch d' Polischei kimmt, du Matz-sch!«

***

BLUMENFRAU:
»Schöne Tulpen! Ganz frische Nelken! Geht no wos ob, Fraule?«
KUNDIN:
»Ja, 's Gäid.«

***

MARKTFRAU:
»Ah, der Herr Huber, wia geht's Eahna denn so?«
HUBER:
»Dankscheen, i bi zfriedn.«
MARKTFRAU:
»Wos is, nia frong Sie mi, wia's mia geht.«
HUBER:
»Ja so, wia geht's Eahna na oiwei so?«
MARKTFRAU:
»O mei, frongs mi net.«

***

Ein Radiweib hat einem Japaner einen Rettich verkauft. Kurz darauf erscheint der Kunde wieder an ihrem Stand.
JAPANER:
»Ich nix hölen, nix gut Ladio!«
RADIWEIB:
»Ja mei, liaba Mo, den muaßt zerscht fressn, nachad hölscht scho wos.«

***

MARKTFRAU:
»Mei, de Kundn wern imma wählerischer. Sie dappn d'Henna von olle Seitn o, und na kaffans sas doch net.«
KUNDE:
»Wem songs des? Ich hob aa drei heiratsfähige Töchter.«

***

Am Schnapsstandl auf dem Viktualienmarkt.
KUNDE:
»I vasteh mi net. 's ganze Geld trog i zu eich doher, anstatt daß i's auf d' Sparkass' bringa taat. Do hätt i vui mehra davo.«
WIRT:
»Daß di fei net täuschst. Wennst bei mir an Schnaps bstellst, na kriagst vierzg Prozent, und auf deina Bank gabat's nur vier Prozent.«

***

Ein Japaner betastet an einem Obststand ausgiebig Äpfel, Birnen, und alles andere.
MARKTFRAU:
»Ja tuast net glei deine Griffen von meine Sachan weg, Saupreiß, japanischa?«

***

Eine Kundin kauft in der Fischhalle zwei Renken. Kurze Zeit später erscheint sie mit der Ware wieder bei der Verkäuferin:
»Sangs moi, was ham Sie mir do jetzt vakafft? Der Fisch stinkt aso, daß' ma d' Nosn wia an Korknzieha aufdraht.«
VERKÄUFERIN:
»Ja mei, d' Fisch riacha hoit a bißl. Oda soll i'n Eahna mit Kölnisch Wassa eireim?«

***

AMERIKANER:
»Hello, man, waren Du aug schon einmal in Amerika?«
VERKÄUFER:
»Des net, Mo, aba i kenn oan, der woitat nübafahrn.«

***

Ein Viehhändler parkt am Samstag vor dem Viktualienmarkt im Halteverbot.
POLIZIST:
»Sie parken hier falsch. Das kostet 10 Mark.«
VIEHHÄNDLER:
»Do host des Geld, und jetz leck mi am Arsch.«
POLIZIST:
»Das war Beamtenbeleidigung, das kostet 40 Mark.«
VIEHHÄNDLER:
»Do host achtzg Mark, und jetzt leckst mi nomoi am Arsch.«

***

Ein Verkäufer auf dem Viktualienmarkt hat einen Kinderwagen neben sich stehen, aus dem unaufhörlich Geschrei ertönt.
VERKÄUFER:
»Reg di net auf, Franzi? Reg di bloß net auf, Franzi!«
KUNDIN:
»Sie sind aber wirklich außerordentlich geduldig und freundlich zu ihrem Franzi.«
VERKÄUFER:
»Wieso? Des is ja d' Susi, di do schreit. Da Franzi bin i.«

***

BUB:
»Warum isn des Blaukraut eigentlich so blau?«
STANDLFRAU:
»Mei, des is a Weißkraut, des wos friert.«

***

Eine Kundin schaut sich entsetzlich lange das Angebot am Käsestandl an.
STANDLFRAU:
»Sie, Gnädigste, des is fei koa Museum net, ham Sie si jetzt boid entschiedn?«
KUNDIN:
»Also bei diesen stolzen Preisen fällt es einem nicht leicht, sich zu entscheiden.«
STANDLFRAU:
»Wos is stolz? Ja, wissen Sie denn überhaupts, wos mi der ganze Kaas kost? Wahrscheinlich net, sonst daatns net so an Kaas daherredn, Sie stolze Preißin. Gengans hoit zum Supermarkt, do lafft er Eahna umsonst noch, wenns eahm a Stückl Brot hihoitn.«

***

»Wia alt bist du jetz scho?« – »Achtasiebzge!« – »Ja, da vareck!«

KUNDE:
»Na, Frollein, sind Sie hier auf dem Viktualienmarkt schon lange?«
STANDLFRAU:
»Ja freili, der Herr, i bin in dem Menü do aufgwachsn.«

***

KUNDIN:
»Parlez-vous Français?«
MARKTFRAU:
»Oui, un peu. Aba könna Sie aa deutsch?«
KUNDIN:
»Ja, ein wenisch.«
MARKTFRAU:
»Guat, na redn ma heit deutsch. I siech nämli übahaupts net ei, warum grod i mi oiwei blamiern soi.«

***

Im Biergarten am Viktualienmarkt trinkt eine Nonne ein kleines helles Bier. Zwei Bayern sehen ihr aufmerksam zu.
DER ERSTE:
»Woaßt du, wos da Unterschied zwischn a Maß Bier und a Klostaschwesta is?«
ZWEITER:
»Na, sog scho.«
ERSTER:
»Ja, mei, koana, olle zwoa müassn 's Reinheitsgebot beachtn.«

***

Eine große Gruppe von Lehrern schlendert über den Viktualienmarkt.
STANDLFRAU:
»Ja, do schau her, wer kimmtn do? Des hob i ja no nia erlebt. I hob zwar an Markt scho volla gsehng und aa scho leera, aber no nia so volla Lehra.«

***

Ein kleines Mädchen führt einen noch kleineren Buben über den Viktualienmarkt. Der Bub heult zum Steinerweichen.
MARKTFRAU:
»Wennst net glei staad bist, na friß i di.«
MÄDCHEN:
»Den kenna Sie net fressn, der hot in d' Hosn gschissn.«

***

KUNDE:
»I hädd gern fünf große Forelln. Aba bittschön werfas mas zua, damit i dahoam song konn, daß i s' selba gfanga hob.«

***

KUNDIN:
»Jetzt habe ich mir gedacht, auf dem Viktualienmarkt gäbe es einfach alles. Gibt es hier denn keine Schuhe?«

»Sodala, jetzt hab i noch drei Mark zwanzg' Pfenning. Für a Glasl Met werd's scho reichn«.

MARKTFRAU:
»Koane Schuah gibt's do hintn an dem Standl – bei mia do hob i koane Krawattn.«

***

KUNDIN:
»Sind in Ihrer Wurst auch wirklich keine Trichinen?«
PFERDEMETZGER:
»Na na, mia ham de Würscht extra an olle zwoa Endn zuabundn, damit koane neikönna.«

***

STANDLFRAU:
»Geht no was ab? Schöne Gansal hätt ma heit!«
Kundin fingert lustlos an dem Geflügel herum.
STANDLFRAU:
»Deanans Eahnre Klubbal bittscheen weg. Für d' Fingaabdrück is d' Polizei zuaständig.«

***

Ein junger Mann betastet ausgiebig und prüfend die haarigen Kiwifrüchte.
STANDLFRAU:
»A bißl haarig sans scho, aba Sie wissn ja, wo koane Haar san, is aa koa Freid.«

***

KUNDIN:
»Sie, diese Gans ist aber nicht mehr frisch.«
STANDLFRAU:
»Gäh, gäh, bei Eahna hot der Herr Gemahl aa net so lang umanandagriffa, bis er Eahna gnomma hot.«

***

Eine Kundin fingert intensiv im Suppengrün herum, beschnüffelt es und legt es dann zurück.
STANDLFRAU:
»Deanans ma fei des Sach net welkdatschln, Gnädigste. Wenns vom Suppengrün nix vastehnga, na gengans hoit in' Lohengrin, do kennans so lang, wias woin, umanandaschnüffin und brauchan aa nix kaffa.«

***

Eine Dame mit einem winzigen Schoßhund kommt an ein Marktstandl.
STANDLFRAU:
»Ja, wos hams denn do aufm Arm?«
DAME:
»Na, das sehen Sie doch, einen Rassehund, den Sie sich wahrscheinlich nicht leisten könnten.«
STANDLFRAU:
»Woos? Des Krepierl mit seine vier Auswüchs und am Seidnschleiferl zwischen de Fledermausohrwaschl soll a Hund sei? Und teier war der windige Bachratz aa no? I sog's ja: Gschmäcka san verschiedn. Manche mögn Zwergpinscha, i mächats net amoi bratn.«

***

Nach dem Kauf von zwei Zwiebeln, einer Zitrone, einem Pfund Tomaten und einer Gurke bat eine Käuferin:
»Ach, seien Sie doch so gut und lassen Sie die Sachen bitte in meine Wohnung bringen.«
STANDLFRAU:
»Tuat ma leid, gnädige Frau, aba unsa Lastwagn is grod mit am Sträußerl Petersilie unterwegs.«

***

KUNDIN:
»Sie, diesen Hasen möchte ich nicht. In dem stecken ja noch Schrotkörner.«
STANDLFRAU:
»Na nehmans den, der hot si totglacht.«

***

Der Dackel eines Viktualienmarktbesuchers schnuppert an den Beinen einer Standlfrau und versucht, sein Bein zu heben.
BESUCHER:
»Sie braucha doch koa Angst ham, da Waldi beißt Eahna scho net.«
STANDLFRAU:
»Des glaub i scho, aba weil er sei Fuaßal ghom hot, hob i mir denkt, vielleicht wui er mi tretn.«

Auf dem Lebend-Tiermarkt.
KUNDE:
»Sie, den Hasn, den i letzte Woch bei Eahna kafft hob, der is vor zwoa Tag fei scho gstorbn.«
STANDLMO:
»Komisch, des hot er bei mir nia gmacht.«

***

Durchs Rosental fuhr ein Mann im offenen Sportwagen und hupte andauernd. Da schrie eine Standlfrau zum ihm herüber:
»Und wos hostn sonst no z' Weihnachtn kriagt, Bubi?«

***

PASSANT:
»Sie, wissen Sie, warum am Petersturm eigentlich gleich acht Uhren angebracht sind, an jeder Seite zwei übereinander?«
VALENTIN:
»Des is wegen dem vielen Fremdenverkehr, damit immer zwoa auf amoi schaung könna, wia spät daß' is.«

***

STANDLFRAU:
»Na, Frau Huber, wos hams na gestern in da Oper gsehng?«
FRAU HUBER:
»Lohengrin.«
STANDLFRAU:
»Und wia war's?«
FRAU HUBER:
»Mei, ma lacht hoit.«

***

Ein Münchner Bub kommt in eine Metzgerei am Viktualienmarkt und schaut unaufhörlich den Fleischer an.
FLEISCHER:
»Na, Buale, wos schaugst mi denn dauernd so o?«
BUB:
»D' Mama schickt mi her, i soi nochschaung, ob Sie Schweinsohrn ham.«

***

Am Brotzeitstandl auf dem Viktualienmarkt.
HERR:
»Bitte rasch eine Käsesemmel, ich muß gleich wieder weg.«
BEDIENUNG:
»Na nehmans doch liaba a Wurschtsemme, de muaß aa weg.«

***

KUNDE:
»Ich brauche ein Pfund Orangen für meine Tante. Sind die eigentlich mit irgendeinem Gift gespritzt?«

»Liaba Karpfen blau und i nüchtern wia umkehrt.«

STANDLFRAU:
»Na, aba drübn in da Apothekn, do kriangs oans.«

***

KUNDE:
»Was, des soi a Schaumwein sei? Der schäumt ja gar net.«
WIRT:
»Na und? Ham Sie schon amoi a Ochsnschwanzsuppn gsehng, die wo wedelt?«

***

Ein Kunde hat auf dem Viktualienmarkt einen Apfelaufbau zum Einsturz gebracht. Verlegen lächelnd steht er unbeholfen da.
KUNDE:
»Entschuldigen Sie, immer wenn ich eine Dummheit gemacht habe, muß ich hernach drüber lachen.«
STANDLFRAU:
»Da müassns aba a ausgesprochen lustigs Lebn führn.«

***

KUNDIN:
»Sie, Ihre Gänse hier sind aber außerordentlich teuer. Können Sie mir nicht sagen, wo ich billigere bekomme?«
STANDLFRAU:
»Freili! Gengans in a Bettnfabrik. Die brauchan nur d' Federn, und d' Gäns schmeißens weg.«

***

KUNDIN:
»Bitte genau 8⅓ Pfund Speck.«
METZGER:
»Macht's wos, es san genau 9 Pfund?«
KUNDIN:
»Ja freilich, ich sagte doch, genau 8⅓ Pfund.«
METZGER:
»So, da hams Ihr 8⅓ Pfund Speck, des macht ...«
KUNDIN:
»... das macht mich glücklich. Ich wollte nämlich nur sehen, wieviel das eigentlich ist, was ich bei meiner Hungerkur abgenommen habe.«

***

STANDLFRAU:
»Des is aba nett, Herr, daß Sie bei mir wos kaffa woin.«
MANN:
»Wie kommen Sie denn darauf, ich brauche nichts.«

»Oiso, wenn i mir des genau bedenk, d' Maßkrüag samma liaba wia d' Weltkriag.«

STANDLFRAU:
»Na gengangs aba aa schleunigst von meim Fuaß runta.«

***

PREUSSE:
»Na, Frollein, Sie wolln wohl, daß ick bei Ihnen wat koofe? Wissen Se, ick kann Jedanken lesn.«
STANDLFRAU:
»Is des wirkli wohr, daß Sie Gedankn lesen kenna?«
PREUSSE:
»Wenn ick Ihnen det doch sage.«
STANDLFRAU:
»Na entschuidigns hoit, und nehmans mas bittscheen net übi ...«

***

Auf dem Viktualienmarkt irrt ein Tourist ziellos herum.
TOURIST:
»Ach, sagen Sie mir doch rasch, wie ich am schnellsten in das naturwissenschaftliche Museum komme.«
STANDLFRAU:
»Ja, mei, wenn Sie si schnäi ausstopfa lassn.«

***

KUNDIN:
»Bitte, woran erkennt man eigentlich das Alter eines Truthahns?«
STANDLFRAU:
»An de Zähn.«
KUNDIN:
»Wieso? Der Truthahn hat doch gar keine Zähne.«
STANDLFRAU:
»Er net, aba Sie.«

***

Am Samstag stehen ein Münchner und sein Bub vor den lebenden Tieren auf dem Viktualienmarkt. Ein Hahn bespringt plötzlich eine Henne.
BUB:
»Du, Papa, warum hockt si denn der Gockl do auf de Henn?«
VATER:
»Ja mei, Bua, ... der is hoit naufgstiegn, daß er an Markt bessa übaschaung ko.«

***

BUB:
»Haben Sie ein Eisbein?«
METZGER:
»Freili hob i des.«
BUB:
»Na müassns Eahna aba an Woisocka oziang.«

***

MÄDCHEN:
»Du, Mama, konn i bittschön a Margl für den arma Mo ham, der do hintn so laut schreit.«
MUTTER:
»A Margl? Warum? Wos schreit er denn?«
MÄDCHEN:
»Frische Auszogne! Schene Kiachal! Nehmans oans mit!«

***

Ein Betrunkener stieg am Viktualienmarkt in ein Taxi.
BETRUNKENER:
»Zum – hicks – zum Viktualienmarkt bittscheen – hicks.«
TAXIFAHRER:
»Aber mir san doch scho am Viktualienmarkt.«
BETRUNKENER:
»Do hams an Fufzga – stimmt so – aba des nächste Moi fahrns net gar aso schnell.«

***

STANDLFRAU:
»Hallo, Sie, könntn Sie mir song, wia spät daß' is?«
VORÜBERGEHENDER:
»Ja.«
STANDLFRAU:
»Oh, dankscheen vuimois.«

***

KUNDIN:
»Ist dieses Hundefutter wirklich so gut, wie auf dem Plakat steht?«
STANDLFRAU:
»Ja freili, d' Hund san ganz varückt drauf. Wissens, do hama a Stückl Briafträgahosn neigschnetzlt.«

***

Am Samstag auf dem Vogelmarkt gibt es grüne Ziervögel in einem Vogelbauer.
MÄDCHEN:
»Schau, Mama, do hockan unreife Kanarienvögl drin.«
VOGELVERKÄUFER:
»Aba in zwoa Tog sans dann scho reif, Deandl.«

KUNDIN:
»Sind diese Datteln wirklich aus Afrika?«
STANDLFRAU:
»Freili, ganz frisch aa no. Warum, warn Sie scho moi in Afrika?«
KUNDIN:
»Oh nein, noch niemals«
STANDLFRAU:
»Na miaßatns eigentlich mein Bruada kenna, der war nämli aa no net dort.«

***

SPANIER:
»Buenos Dias!«
STANDLFRAU:
»Nix do, do kam jedn Tog a andara. I kaaf koane Dias.«

***

An einem Stand will sich ein alter Münchner vordrängeln.
KUNDE:
»Hallo, Sie! Stellen Sie sich gefälligst hinten an!«
MÜNCHNER:
»Des geht net, do steht scho oana.«

***

MÄDCHEN:
»Wos kostn bei Eahna a Würstl mit Senf?«
STANDLMO:
»Weilsd das du bist, a Bussl!«
MÄDCHEN:
»Guat, na gebns ma sechs Würstl. D' Oma kimmt glei vorbei und zoiht.«

***

Eine alte Münchnerin geht in eine Imbißbude auf dem Viktualienmarkt. Gemütlich packt sie ihre mitgebrachte Brotzeit aus.
BEDIENUNG:
»He, Sie, des geht fei net. Do herin müassns scho wos bstelln.«
MÜNCHNERIN:
»Ja so?! – Na bstellns hoit am Wirt an schönan Gruaß von mir.«

***

KUNDIN:
»Gehngans zua, des is doch koa Gans, des is ja die Urgroßmuatta vom Lohengrin seim Schwan. Des Viech hot ja a Gänsehaut wie a Hoizraschpe und Schdeftn wia des Naglbrett vom Fakir ausm Zirkus Humsibumsdi!«
STANDLFRAU:
»Des reibt si ois ob, wenns Katoffin für Knödl drauf raschpen. Und de Schdeftn könnans nochm Essn ois Zahnstocha hernehma.«

***

»Mensch, is heit wieda hoaß, mindestens drei Maß im Schattn!«

KUNDIN:
»Welche Kerzen brennen denn länger, die Stearinkerzen oder die Bienenwachskerzen?«
STANDLFRAU:
»Koane, die brennan olle kürza.«

***

STANDLFRAU:
»Ja, d' Frau Grün, lassns Eahna aa moi wieda sehng.«
KUNDIN:
»Braun hoaß i, net Grün.«
STANDLFRAU:
»Tschuidingns, i werd doch net scho farbnblind sei?!«

***

Soeben wurden zwei Aale von der Fischverkäuferin ins andere Leben befördert und danach in Zeitungspapier gewickelt.
KUNDIN:
»Sind die auch wirklich ganz ruhig, und bewegen sie sich nicht mehr?«
FISCHWEIB:
»Ganz sicher, so wia immer, wenns wos zum Lesn ham.«

***

JUNGER BURSCHE:
»Tschuidigns, kanntn Sie im Wurschtgschäft so jemand wia mi braucha?«
METZGER:
»Tuat ma leid, aba mir ham koa Arbat für di.«
BURSCHE:
»Des taat mir gar nix ausmacha.«

***

STANDLFRAU:
»Herr Wimmer, wo hams denn heit Ihr' Frau lassn?«
WIMMER:
»Mei, die is moi wieda auf Kur. Des machts jeds Jahr, und oiwei nimmts genau acht Kilo ab.«
STANDLFRAU:
»Ja wos, jeds Johr und oiwei acht Kilo, do werdns sas ja in a poor Johr los sei.«

***

KUNDE:
»Sie, der Knoblauch stinkt aber fürchterlich.«
STANDLFRAU:
»Ah, was! Des fallt doch bei der gschdingadn Welt gar net auf!«

***

Im Biergarten am Viktualienmarkt kaufte ein Münchner zwei Maß Bier. Eine stellte er sich und eine seinem sechsjährigen Buben hin.

TOURIST:
»Ist das Ihr Ernst, guter Mann? Sie können dem Jungen doch nicht einen ganzen Liter Bier zu trinken geben.«
MÜNCHNER:
»Mei, wos woaß denn so a Kind scho, wos a Liter is!«

***

An einem Standl klopft eine Kundin der vor ihr stehenden auf die Schulter.
ERSTE KUNDIN:
»Hallo, Sie!«
ZWEITE KUNDIN:
»Moana Sie mi?«
ERSTE KUNDIN:
»Ja, Sie?«
ZWEITE KUNDIN:
»Warum mi?«
ERSTE KUNDIN:
»Ja, Sie san doch die Frau Schreiner?!«
ZWEITE KUNDIN:
»Na, die bin i net.«
ERSTE KUNDIN:
»Gell, denkt hab i ma's!«

***

TOURIST:
»Sajen Se mal, wenn ick hier die Straße jeradeaus jehe, liecht denn dort der Viktualienmarkt?«
MÜNCHNER:
»Der liegt aa do, wenns net higenga.«

***

TOURIST:
»Also hier auf dem Viktualienmarkt gibt es köstliche weiße Würste mit feinem Mostrich und knackige Schrippen.«
MÜNCHNER:
»Sie san a Preiß, gell?«
TOURIST:
»Jawoll!«
MÜNCHNER:
»Armer Mensch.«

***

KUNDE:
»Wissns scho, d' Frau Gruber is gstorbn.«
STANDLFRAU:
»Ah, drum kimmts nimma so oft aufn Viktualienmarkt.«

***

KUNDIN:
»Ach, bitteschön, könnten Sie mir den Rechnungsbetrag anschreiben?«
STANDLFRAU:
»Wissens wos, liabe Frau, sans ma liaba glei bäs!«

***

»Ha – ha – hatschi! Helf Gott! Gsundheit! – Krankheit, geh zum Teifi, i hab für dich koa Zeit!«

Im Biergarten auf dem Viktualienmarkt setzt sich ein Münchner auf einen Stuhl.
NACHBAR:
»Sie, songs amoi, wissen Sie eigentli, daß Sie auf meim Huat hockan?«
MÜNCHNER:
»Ja, warum? Woins denn scho geh?«

***

KUNDE:
»Na, Frau Hauser, wia gehtn 's Gschäft na oiwei so?«
STANDLFRAU:
»Mei, schlecht, jedn Monat muaß i draufzoihn.«
KUNDE:
»Warum hörns na net damit auf?«
STANDLFRAU:
»Ja, sans varuckt? Von etwas muaß i doch lebn!«

***

Ein Mann kommt mit seinem Sohn an ein Standl.
BUB:
»Du, Papa, wos isn des?«
STANDLFRAU:
»Wos derfs sei, da Herr?«
VATER:
»Also ich hätte gern . . «
BUB:
»Du Papa, kriag i des do?«
VATER:
»Also geben Sie mir bitte . . .«
BUB:
»Du, Papa, schaug amoi dohi.«
VATER:
»Also, ich nehme am besten . . .«
BUB:
»Du, Papa, wia hoaßtn des do?«
STANDLFRAU:
»Ja, Bua, laß hoit dem Mo amoi a Ruah mit deim saudumman ‚Papa'.«

BUB:
»A Viertelpfund Leberwurst, aba bittscheen koa frische.«
METZGER:
»Ja, warum na koa frische?«
BUB:
»Mei Papa hot gsagt: Hoi a Viertlpfund Leberwurst. Wennst aba koa frische bringst, na konnstas alloa fressn.«

***

MARKTFRAU zu einem Polizisten, der wegen Beleidigung einer Kundin geholt wurde:
»Wos isn? Ich war doch gar net grob zu dera Henna und scho gar net beleidigend. Ich hab doch bloß gsagt, sie soll ihren schierlichen Zinken aus meine Hendl rausdoa und meine Antn net mit ihre ungwaschnen Klupperl obtappn, weils ma ja sonst neamad mehr obkafft. Und des hob i ihr ganz höflich zum versteh gebn, dera zammzupftn Bixlmadam.«

***

TOURIST zu einer grantigen Standlfrau:
»Also, Gnädigste, wenn Sie uns Preußen nicht anständiger behandeln, dann rufen wir demnächst alle Berliner ab, dann seid ihr hier in München aber über Nacht ein Dorf von 25 000 Seelen, wa!«
STANDLFRAU:
»Des is aber liab vo Eahna, daß' mi so aufheitern. Jetz geht's ma glei wieda bessa.«

***

STANDLFRAU:
»Wos kriang ma na, gnä' Frau?«
KUNDIN:
»Drängen Sie mich bitte nicht so. Ich habe mich ja noch gar nicht umgesehen.«
STANDLFRAU:
»Mei, na müssns in d' Maximilianstraß' geh, do werns net so ogredt. Do könnans stundnlang rumgruaschn.«

***

JUNGE KUNDIN am Honigstandl:
»Ich hätte gern ein Glas Honigmet.«
HONIGMO:
»Aber gern, Fräulein, do werns glei zum summa ofanga und für a dufte Biene ghoitn werdn.«

***

KUNDIN:
»Bitte ein Zehntel Landbutter. Aber ich möchte vorher ein Stück probieren.«
STANDLFRAU:
»A Zehntl Landbutter kriagats, und na möchts as zerscht noch vasuacha. I laß Eahna na des Drumm Butter mitm Rettungshubschrauba hoamfliang. A so a windige Spinatwachtl is mir na aa no net vorkomma. Ja gibt's denn sowas aa . . . !«

***

STANDLERIN zu ihrem Mann, als gerade keine Kundschaft ansteht:
»Also Vadda, laß da doch endlich amoi dein' Kropf wegoperiern.«
STANDLER:
»Sonst no wos, damit i na ausschaug wiara Preiß!«

***

Ein Kunde äußert sich zu seiner Frau abfällig über die Ware einer Standlfrau. Als er weitergeht, hört er hinter sich:
»Hast jetz scho amoi an solchen Lackl gesehng, an so an gfotzadn!«
KUNDE (sich umwendend):
»Meinen Sie etwa mich, Madam?«
STANDLERIN:
»Ja wen denn sonst, oda ham Sie an Zwillingsbruada?«

***

Ein Bub heult vor einem Standl herum.
STANDLFRAU:
»Wos hast denn, Kloana? Warum woanstn so?«
BUB:
»Weil mi mei Vata ghaut hot, der Saupreiß.«

***

STANDLFRAU:
»So, des macht dann zusammen 16 Mark 40.«
KUNDE:
»Das ist jetzt dumm. Ich habe bloß einen Fünfhundertmarkschein dabei. Können Sie mir herausgeben?«
STANDLFRAU:
»O mei, o mei, grod is mei Mo mitm Wechslgeld furtganga. – Wissn S' wos, i pack Eahna des Ganze, wos' grod kafft ham, noch amoi 29mal ei, und na gib i Eahna acht Mark raus, des geht grod no.«

***

Am Stand des 87jährigen Woidlersepp kommt eine bildhübsche junge Kundin vorbei. Da seufzt der Standler:
»Oamoi wieda siebzge möcht i sei.«

***

Eine Kundin kostet eine Erdbeere um die andere.
KUNDIN:
»Also ich weiß nicht, die Erdbeeren vor einer Woche waren viel besser.«
STANDLFRAU:
»Ja, wos wollns denn, des san ja die von vor oana Woch.«

***

KUNDE:
»Sprekan Sie aug Französisch?«
STANDLER:
»Oh yes.«
KUNDE:
»Das sein nickt Fransösisch, das sein Englisch.«
STANDLER:
»Ja vareck, Englisch konn i aa!!!«

***

Ein Sonntagsjäger erscheint nach langer Zeit wieder einmal auf dem Markt beim Wildbrethändler.
HÄNDLER:
»Habe die Ehre, Herr Doktor, jetz warns aba scho lang nimma do. Schiassns jetz öfta beim Tenglmann?«

***

Ein Kunde hält einen Standlmann mit seinem langen Gerede auf.
KUNDE:
»Also, was ich Ihnen noch sagen wollte, meine Jungens haben ihre ganze Intelligenz von mir bekommen, obs Sie's glauben oder nicht.«
STANDLER:
»Ja, des glab i scho. I hob mei Intelligenz aber selba bhoitn.«

***

Eine Kundin mit einem besonders feisten Kind auf dem Arm kommt an einem Standl an die Reihe.
STANDLFRAU:
»Wos derfsn sei, gnä Frau? – Ja, ham Sie aba a fests Kind, des ham sicha zwoa Störch bringa miassn, gäi?!«

***

TOURIST:
»Wissen Sie, warum auf dem Alten Peter die Turmuhr auf der Nordseite eine andere Zeit anzeigt als die auf der Südseite?«
MARKTBESUCHER:
»Des ist doch ganz einfach. Wenn alle zwei Uhren die gleiche Zeit anzeigen täten, dann brauchatn mir ja keine zwei Uhren.«

***

ZWEI STANDLFRAUEN zueinander:
»Hast schon ghört, Rosl, da Fröschl Sepp und sei Oide san getrennt von Tisch und Bett.«
ROSL:
»Ja woos? Essn konn er aa nimma?«

***

STANDLFRAU:
»Du, Xari, du bist mir fei no dreißg Markl schuldig. Wann kriag i des nachad amoi?«

STADTSTREICHER XARI:
*»Ja mei, des Monat is gar nixn eiganga.
I konn leida no net zoihn.«*
STANDLFRAU:
*»Du Gauna, genau des gleiche host letztn
Monat a scho gsagt.«*
XARI:
»Ja und? Hob i eppa net mei Wort ghoitn?!«

***

Eine alte Standlfrau liegt im Sterbn. Mit letzter Kraft fragt sie:
»Sepp, mei Mo, bist du da?«
SEPP:
»Ja freili, Kathi.«
KATHI:
»Rudi, mei Bua, bist du aa da?«
RUDI:
»Freili, Mama.«
KATHI:
»Susi, mei Deandl, bist du aa da?«
SUSI:
»Aba ja doch, Mama.«
KATHI:
». . . ja, es Faulenza übaranand, und wer isn heit na beim Standl?«

»Mmh, . . . saftig . . ., zerscht a Faßgurkerl, . . . und na a Faßbier! Des ist unfaßbar guat!«

Aufs G'richt

Mancher Wortwechsel zwischen Standlfrau und Kundschaft konnte, vor allem, wenn er in Tätlichkeiten ausartete, nicht so ohne weiteres beigelegt werden. Und so endete mancher Konflikt vor Gericht wie auch der folgende, von dem die »Münchener Neuesten Nachrichten« um 1900 zu berichten wußten:

»Der 52jährige angebliche Privatier Georg Y. ist ein leidenschaftlicher Besucher des Viktualienmarktes und besorgt deshalb seine Einkäufe dort ganz persönlich seit vielen Jahren. Noch niemals kam er mit den Fleischers- oder Wurzeldamen in Konflikt, bei seiner ihm angeborenen Gemütlichkeit schien ein Rencontre mit diesen vollständig ausgeschlossen; endlich erreichte auch ihn das unvermeidliche Geschick. – Richter: Sie haben gegen einen Strafbefehl Einspruch erhoben, wonach Sie wegen Unfugs am Viktualienmarkt mit zehn Mark Geldstrafe bedacht worden sind? Beharren Sie auf Verhandlung der Sache? – Angekl.: In Gottes Nama, weil i amal da bin, so verhandeln mer halt, aber wenn i gewußt hätt', daß die da herom wär' – grad' hab' ich s' drauß'n g'sehg'n –, nacher wär' i dahoam blieben. I sag' Eahna, heut sieht s' no viel fürchterlicher aus, aufdonnert, an ganzen Schüppl Gänsbleamel auf'n Huat, dazua an wahren Gockelschwoaf, eigenhändig ausg'riss'n wahrscheinlich, wia a Oesterreicher Schandarm, a G'sicht wia a alter Feldwebel vom Tilly selig und nacher die Menge Fleisch und Fett'n, i glaub', wenn s' in der Fruah aufsteht, na' thuat sie sich mit aner dreiecketen Feilen die Zähn' wetz'n! I bitt' Eahna, stellen S' wenigstens zwoa Schandarm eina, wenn s' 'reing'ruefen werden soll. – Richter: Von wem sprechen Sie denn eigentlich? Ich verstehe Sie nicht. – Angekl.: Nacher hat die draußen am End' gar nix mit mir z'thuan? In Gottes Nama, nacher geht's besser, a Stoan is mir von der linken Seiten weg. – Richter: Nun, war die Affaire am 1. Juni von Ihnen veranlaßt? Erzählen Sie. – Angekl.: Also am 1. Juni geh i wia alle Tag im Jahr auf'n Viktualienmarkt, schaug mir alles genau an und will meine Einkäuf' macha. Es war a Feiertag, und da schlagen die Metzger g'wöhnlich mit'n Fleischpreis auf – a alte G'schicht'! Deswegen denk' i mir, a jung's Ganserl und a Pfünderl Sparg'l wär' a Plan. Richtig, der Sparg'l kostet a Markl, dös hoaßt a Zwanz'gerl mehrer hat s' verlangt, aber wia die War', so san die Leut', weghandelt hab' ich's. Jetzt kimm i zu der Ganshändlerin. I beseh' mir da die raren Viecherl, wenig dran is alleweil um die Zeit, nacher flötet die Handlerin: ‚Krieg'n mer a guet's Ganserl, Herr Nachbar? Wia a Butter müassen s' sein!' I sag' Eahna, Herr Staatsanwalt, sogar wenn dös Weib freundlich ist, schaugt's grimmig aus, als Frau wenn ich sie haben müaßt', nacher finden s' am Hochzeitstag a Leich' im Nymphenburgerkessel, wo er am tiefsten is! Kurz, i steh' vorm Gansstand und sag': ‚Was verlangen S' denn für so a Krisperl?' Aus war's! Die Handlerin steht auf, steht wia a Monument vor meiner und beginnt: ‚Wer is a Krisperl, und wo san Krisperl? Momentan wenn S' net Abbitt' leisten, na' san S' dawuzzelt, dampft, kocht und einbrennt, g'stärkt und bügelt, verloren auf dieser Erd'n, Sie Dreckspatz, Sie Halbaff, Sie Murmeltier, Sie Rhinozeros, Sie Simpl und Depp, Sie Suppenboa, Sie Zuawagbröckl, Sie Aufschnitt, Sie riachater.' Momentan sag' i . . . – Richter: Und diese Titulaturen haben Sie alle im Kopf behalten? – Angekl.: Nein, Herr Staatsanwalt, aber i hab' s' Stenographieren g'lernt, und weil i an Lexikon von die Viktualienmarktausdrück' anlegen thua, deswegen hab' i die ganze Soß auf mein' linken Manschetten vorg'merkt. – Richter: Wie ging nun die Sache weiter? – Angekl.: Z'erst san no' a zwanz'g so Namen kemma, die auf mich g'spitzt waren, und nieder'gschrieben hab' i s' auch, dann schreit dös schreckliche Weib: ,I moan', derblecka will mi der Depp aa no'!!' und wirft mir a ganze Hand voll Ganslüngerl und -herzerl in d' Fassad'. I woaß net, ma sagt, wenn a Tiger Bluat riecht, na' wird er erst wild, und i bin doch sonst a ganz gueter Mensch, aber dös Gansinkreisch hat mi' wild g'macht. I pack' den ganzen Tisch und werf' di G'schicht' z'samma. Dös hat auf sie an Eindruck g'macht. – Richter: ,Wollen wir einmal die Zeugin hören!' – Die Thür ging angelweit auf, die Steuerbordseite der Panzerfregatte schob sich zuerst herein, ein Blitz aus den funkelnden Lichtern derselben gegen den Angeklagten, dann mit gewaltigem Ruck stand das Weib mit der Breitseite vor dem Richtertisch und salutierte mit einem leichten Nicken des Hauptes. – Richter: ,Sie haben den Angeklagten am 1. Juni durch Ihr Schimpfen gereizt.' – Zeugin: ,Was hab' i? G'reizt hab' i? Helfen Sie aa zu dem Zwirmer, dem Spinner, dem Notnickl, dem alten Marktgauner, dem Spintisierer, dem traurigen, dem . . .' – Richter: ,Halt, das genügt! Setzen Sie sich! Augenblicklich, oder Sie bleiben zwei Tage sitzen. Hier wird nicht weiter geschimpft, das wäre das Rechte.' – Das kurz darauf verkündete Urteil lautete auf Freisprechung des Angeklagten. Dieser verduftete lautlos, die Dame der Halle ballte die Fäuste und biß die Zähne zusammen. Ob sie wohl heute auch mit der Feile geschärft waren? Wir bezweifeln es nicht.«

Harte Arbeit ist das halbe Leben

Trotz aller Heiterkeit und Lebensfreude darf eines nie vergessen werden: Die Marktler haben es nicht leicht. Viele von ihnen stehen täglich um drei Uhr auf, manche sogar vor zwei Uhr. Ab halb vier beginnt dann die »Schufterei«. Das Einkaufen im 20 Minuten entfernten Großmarkt besorgen meist die Mannsbilder, das Herrichten und den Aufbau der Stände die Frauen. Bis zu 100 Preisschilder sind da manchmal zu schreiben. Ab 18 Uhr wird aufgeräumt, die Ware gelagert und die Abrechnung erledigt. Gegen 20 Uhr erst ist dann endlich Ruhe, wenn man nicht noch wie die Gertraud Freisinger bis 23 Uhr mit dem Kräuterbündeln für den nächsten Tag beschäftigt ist, »weil sich das«, wie die Standlfrau selbst erklärt, »während der Verkaufszeit nicht machen läßt. Erst am Abend habe ich die Ruhe. Da kann ich alle Kräutersorten nebeneinander ausbreiten und zu einem Bund zusammenlegen.«

Kassensturz nach einem beschwerlichen Leben: »O mei, Arbat und Sorgn hab i vui ghabt, dafür hab i aber net zvui verdient.«

Weihnachten steht vor der Tür. Wer wissen will, welche Jahreszeit es geschlagen hat, erfährt es auf dem Viktualienmarkt auch ohne Kalender.

Das bedeutet einen Arbeitstag von fünfzehn bis sechzehn und mehr Stunden, nicht den üblichen 8-Stunden-Tag. Bei den Marktlern mit ihrer 80-Stunden-Woche hat die moderne Arbeitszeit noch nicht Einzug gehalten.
Infolge des besonders turbulenten Verkaufs am Samstagvormittag bis in den frühen Nachmittag hinein ist sogar das Wochenende verkürzt. Am Sonntag fallen dann oft noch das Sortieren der Rechnungen und die Erledigung der Buchhaltung an.
Für das Münchner Arbeitsamt und die Lehrstellenkammer ist der Beruf des Marktlers deshalb auch eine »unzumutbare Berufstätigkeit«. Jedenfalls ist dieses »Freiluftgeschäft« so hart, daß es keinem Arbeitslosen zugemutet wird und keine Lehrlinge am Viktualienmarkt ausgebildet werden dürfen.
Wenn ein Marktler im Winter, etwa im Januar, Februar, kaum etwas zu tun hat, dann spötteln manche gleich über die zwei Monate Urlaub, den diese Leute haben, denken aber nicht daran, daß sogar während dieser Zeit die festen Aufträge der Restaurants, Hotels, Kantinen und Gasthäuser im In- und Ausland weiterlaufen. Denn diese verzichten im Winter nicht auf die gewohnten Lieferungen. Würde nicht pro Stand eine eingeschworene Arbeitsgruppe wie Pech und Schwefel zusammenhalten, könnte der einzelne überhaupt keinen Urlaub nehmen.
Also Vorsicht, wenn man ab November bei Temperaturen von 2 bis 3 Grad unter Null immer wieder geschlossene Standl auf dem Markt beobachten kann. Nicht die Bequemlichkeit der Marktler ist dafür verantwortlich, sondern die Rücksichtnahme gegenüber dem Kunden, den man bei derartiger Kälte einfach nicht Obst und Gemüse nach Hause tragen lassen kann, das dann das ganze Aroma und den wirklichen Geschmack verloren hätte. Außerdem lassen sich die Kunden bei einem solchen Wetter auch zu keinem Bummel auf dem Markt verleiten. Für den Standler bedeutet das also zwei bis drei Monate kein oder nur ein sehr schlechtes Geschäft, das lediglich an ein paar Tagen, wie an Heiligabend oder an Silvester, kurzfristig zu altem Leben erwacht. Wenig Probleme haben nur die festen Stände der Bäcker, Metzger, Wild-, Fisch-, Käse- und Weinhändler. Sie sind selbst bei sibirischer Kälte geöffnet. Nur manchmal wagen auch einige »Unverfrorene« hinter dicken Plastikplanen, die sie wenigstens etwas vor dem eisigen Wind schützen, den Verkauf von Früchten. Ein Gasofen sorgt dabei für die unentbehrliche Wärme.
Ganz Abgehärteten, die sich selbst von der größten Hundskälte nicht vom Marktbesuch abhalten lassen, bietet seit einigen Jahren Martin Schmeisser Spezialglühweine aus Kirschen, Heidelbeeren, Schlehen oder Johannisbeeren an. Er versetzt diese Säfte mit einer Alkoholwürzmischung, deren Zusammenstellung er streng geheimhält. »Diese Trankerl sind«, wie er selbst versichert, »sehr teuer; mehr als DM 40,– kostet da der Liter in der Herstellung.«
Der unfreiwillige Winterschlaf kann im November beginnen und zwei bis vier Monate dauern. Er endet etwa am Faschingsdienstag mit dem traditionellen Tanz der Marktfrauen. Ab da geht es langsam wieder aufwärts mit dem Leben auf dem Markt, und der Frühling kündigt sich in München zweifellos zuerst auf dem Viktualienmarkt an. Für die Marktler heißt es dann, wieder regelmäßig täglich rund 15 Stunden hart anzupacken.

Der »Marktadel«

Diejenigen, die dazu gehören, wären bestimmt die letzten, die sich so nennen würden. Sie wiesen dieses Lob mit der raunzenden Bemerkung zurück: »Wos hoaßt da Adl? Mia san doch nur Marktleit und sonst nix. Höchstens a eigene, bsundare Raß, des san ma scho.« Und eben dieses »Bsundare« ist es, was an ihnen »dran« ist, was sie eben doch irgendwie »adelt«, das heißt, was sie uns allen so wichtig, bedeutsam und wertvoll macht.
Zu dieser besonderen Gruppe zählen die alteingesessenen, ausdauernden Standlpächter, die über mehrere Generationen hinweg auf dem Markt stehen, ihre Stände in der Familie weitergegeben haben, die oft mehr als fünfzig Jahre zum Platz gehören, die sich als engagierte Kaufleute um das Wohl und Wehe des Marktes kümmerten und seine Ursprünglichkeit und sein unverfälschtes Gesicht zu wahren verstanden, ohne dabei in nostalgischer Gefühlsduselei den Anschluß an zeitbedingte Entwicklungen zu verpassen.
Zu dieser Gruppe gehören beispielsweise die Gemüse- und Obsthändler Hans und Ilona Schaffner. Die Laufbahn Herrn Schaffners begann mit der Lehrzeit bei dem damals berühmten Feinkosthändler Leo Bueb, setzte sich fort, als Schaffner Einkäufer wurde, zuerst bei seinem Onkel, später dann im renommierten Feinkostspezialitätengeschäft Dallmayr, und gipfelte schließlich auf dem Viktualienmarkt mit dem selbständigen und erfolgreichen Marktkaufmann. Zwanzig Jahre durchlebte er alle Höhen und Tiefen, die so ein Marktleben für den, der sich darauf einläßt, bereithält, bevor er jetzt als Gutachter tätig wurde. Ohne seine kluge, tüchtige Frau Ilona aber, die als gelernte Buchhalterin auch alle Schreibereien perfekt erledigen konnte, hätte er es jedoch nicht soweit gebracht. Nur wer wie diese beiden das Handwerk so von der Pike auf gelernt hat und praktische und theoretische Fähigkeiten miteinander zu verbinden versteht, außerdem keine Scheu vor extremer körperlicher Beanspruchung hat, der kann es auf dem Markt weit bringen.
So verwundert es auch nicht, daß Hans Schaffner 1982 zum Sprecher der Standlbesitzer am Markt, gleichsam zu deren »Schutzpatron«, gewählt wurde. In diesem Amt hatte er die unterschiedlichsten Ansichten unter einen Hut zu bringen. Inzwischen zählt der »Verein Interessengemeinschaft Viktualienmarkt« rund 100 Mitglieder. Hauptaufgabe ist der Schutz der Interessen aller Marktleute gegenüber der Stadt. Einmal geht es darum, der Erhöhung der Standmieten entgegenzuwirken, das andere Mal um die Mitsprache bei baulichen Veränderungen oder bei geplanten Veranstaltungen auf dem Platz. Einen leichten Stand haben die Marktler nicht, aber im Verein können sie zumindest etwas wirksamer den Behörden gegenüber auftreten.
Neben den Schaffners sind die Freisingers eine der bekanntesten und auch ältesten Standlfamilien, die sogar in Fremdenführern erwähnt sind. Seit 1903 stecken sie gleichsam »tief im Kraut«. Zu ihren Spezialitäten zählen seit Beginn die köstlichen »Original Münchner Salzgurkal«, unübertroffen in ihrem Geschmack und bei allen Besuchern sehr beliebt, so daß pro Saison zwischen 400 und 600 Zentner verkauft werden. Das Rezept ist vererbt und wird natürlich geheimgehalten. Die Älteste dieses »Clans«, die heute 75jährige Maria Freisinger, die seit 54 Jahren dem »Kräuter- und Gurkenimperium« vorsteht, zog sich erst in den letzten Jahren zurück, erscheint aber des öfteren bei ihrem Stand, »denn die Stammkunden fragen halt immer wieder nach mir«.
Sie erinnert sich noch gut an die Zeit, als ihr inzwischen verstorbener Mann auf dem Markt war, und meint: »Grüabiger war's früher schon, net so hektisch.« Noch heute liest man auf einem der Schilder nostalgisch »Bädasui«, was mancher Fremdling für ein neuartiges Gewürz aus Fernost hält. 300 bis 400 Bündel Petersilie werden täglich verkauft. Vor dem Krieg kaufte übrigens die Tochter der reichen Rothschilds auf dem Markt lebende Hühner zum Schächten ein. Dann bat sie immer die Freisingers, den Korb mit der Ware so lange im Stand unterstellen zu dürfen, bis sie alle übrigen Einkäufe getätigt hatte. Auch den Valentin hat Maria Freisinger oft über den Markt eilen sehen. »Dem hat's immer so pressiert. Viel gredt' hat der net mit uns.«
Bei den Freisingers hieß übrigens seit 1902 jeder männliche Nachkomme Ludwig, so der Großvater, der Vater und auch der Sohn. Bei der Geburt stand auch gleich der künftige Beruf fest: Ein Freisinger gehört als Kaufmann auf den Markt. Der Juniorchef Ludwig fand seine Frau Gertraud stilgerecht an einem Blumenstandl. Nach der Heirat brauchte sie nur von dort zum Kräuter- und Grünzeughäusl hinüberzuwechseln.
Die Tretters, schräg gegenüber den Freisingers, verkaufen bereits in der fünften Generation ihre zahlreichen, aus aller Welt importierten Kartoffelsorten und seit einigen Jahren auch »Stinkrosen«, also Knoblauchknollen. Bei dieser Familie ist des öfteren von der geheimnisvollen »schwarzen Hand« die Rede. Denn die Rechte will bei dem Ehepaar nicht mehr so recht weiß werden. »Die ist immer schmutzig wegen der Kartoffelerde, die mit nix mehr weggeht. Da kannst schrubben, so viel wiesd magst. Der Dreck ist wie eingewachsen. Wenn mir mal ausgehn, dann müssen wir unsere Rechte halt verstecken. Aber was soll's, es gibt Schlimmeres als das.«
Genau Derartiges macht letztlich auch das Kennzeichen des »Marktadels« aus: eine zerarbeitete oder »schwarze« Hand, ein von Wind und Wetter zerfurchtes Gesicht, ein von der Arbeit müder Körper, lauter »Orden«, die kein König und kein Staat verleihen können. Diese »Auszeichnungen« muß man sich in Jahrzehnten mühsamer Arbeit auf dem Viktualienmarkt verdienen.
Nicht nur über die genannten drei, sondern über derzeit insgesamt 112 Standlpächter und ihre Mitarbeiter ließen sich so manche Geschichten erzählen, das würde jedoch ein eigenes Buch füllen. Aber man kann sie ja täglich selbst erleben, die Obsthändler Hans-Jürgen Koch und die hübsche Gabi Schmoll oder den »Saftladen« der Trübswetter, die Wildhändler Ottilie Häfner und Josef Heuwieser, die Irmgard Rottler in ihrem Kräuterstand, die Sutors, den Metzger Zerle, den Körner- und Samen-Streimer, die Kaashandlerin Anna Thoma und bei Eiern, Schmalz, Butter und Geflügel die Elfriede Schmon, die »Spargelkönigin« Astrid Isemann und die »Bratgockldiva« Anni Steininger, die Schwammerlfrau Kathi Rasshofer und die »Gmiashandlerin« Zenta Kobras und . . . und . . . und . . .
Sie alle sind unterschiedlich lange auf dem Markt, haben ihren besonderen Werdegang, ihre speziellen Angebote, ihre indi-

viduellen Probleme. Alle zusammen ergeben aber so etwas wie ein eigenes Denkmal auf dem Markt, das siebente sozusagen, allerdings quicklebendig und sich ständig verändernd, wie sich bei jedem Marktbesuch neu erfahren läßt.

Hoch und Nieder, Arm und Reich . . .

»Hoch und Nieder, Arm und Reich«, so heißt es in einem alten Buch, »finden sich hier zusammen, um für des Leibes Nothdurft und Ergetzen zu sorgen, ein jeder, wie er es vermag.« Diese Beobachtung läßt sich auch noch heute machen. Vertreter der High Society, bekannte Fernsehstars, Schauspieler, Sänger, prominente Maler und Schriftsteller laufen einem ebenso über den Weg wie berühmte, mit Michelin-Sternen gezierte Köche und betuchte Besitzer von noblen Feinschmeckerlokalen, die den delikaten Überfluß dem der Pariser Märkte vorziehen. Bereits 1952 beobachtete W. F. Kloeck:
»Haben die Verkäufer die Käufer erzogen, oder umgekehrt? Man sieht viel ‚besseres' Publikum, und es benimmt sich besser als in der guten alten g'scherten Zeit. Es fällt niemandem mehr ein, das Ausgestellte zu betasten und mit dreister Zutraulichkeit zu bemerken: ‚Was? A Fuchzgerl für des Glump? Es seid's ja narrisch!' Statt dessen halten häufig elegante Autos vor den Buden, darunter nicht wenig amerikanische. ‚Yes, sir, they're quite fresh', antwortet eine helle Mädchenstimme hinter der Waage auf die Frage eines Uniformierten. Und Papa Captain übergibt Söhnchen Dick oder Töchterchen Marjorie umfangreiche Tüten zur Weiterbeförderung in den Cadillac.« Das trifft auch heute noch zu. Aus Edellimousinen steigen reichgekleidete vornehme Damen und geldgewichtige Herren, um zwischen den Ständen zu lustwandeln und sich von ihrem Chauffeur oder Butler die ausgewählten Delikatessen nachtragen zu lassen. Einkaufen wird hier zum gesellschaftlichen Ereignis hochstilisiert. Auch Politiker und Stadträte lenken gerne ihre Schritte durch den Markt, und dies nicht nur aus wahltaktischen Überlegungen.

Die »gute Stube« der Stadt hat für alle Platz, und jeder fühlt sich in ihr auf seine Weise »sauwohl«.

Jeder kommt mit jedem ins Gespräch. Soziologen nennen das ein »Kommunikationszentrum«, die Münchner sagen einfach »Viktualienmarkt« dazu.

Den Hauptteil der Besucher bildet das mittelständische Bürgertum, das sich hier für den Kochtopf zur eigenhändigen Zubereitung die Nahrungsmittel besorgt. So sieht man Hausfrauen, Rentner, Ausländer, Arbeiter und Angestellte. Daneben kreuzen den Weg auch die Randgruppen der Gesellschaft: Stadtstreicher, Obdachlose, Arme und Gammler.

Sie kommen oft am Abend kurz vor Geschäftsschluß und erstehen um ein Fufzgerl Wurstreste oder eine Weinbombe um einen Zwickel, ein Zweimarkstück. Dazu gibt es dann schon mal ein Stück Käse gratis. Und manch einer, der zu tief in den Maßkrug geschaut hat, führt um den Maibaum seinen Torkelboogie auf, ohne den Marktbetrieb ernsthaft zu stören.

Auf dem Viktualienmarkt passierte schon alles, da wurden schon – fast – Kinder geboren, ungeniert gesäugt und gewikkelt, dort wurden Leute krank, brachen zusammen, und sogar gestorben ist hier mancher. Die Einsatzgruppen von Notarztwägen könnten da viele Geschichten erzählen. Und wieder ziehen an den Augen des zurückdenkenden Beobachters Bilder aus der Vergangenheit des Viktualienmarktes vorbei, als hier noch eine Armen- und Krankenstadt war, eine eigene funktionierende Gemeinde der Stadt München, die auch viel Leid gesehen hat. Halten sich die kaufkräftigen Besucher in der Nähe der Stände auf, so finden sich die Außenseiter eher außerhalb des Marktes. Die Stadtstreicher sammeln sich am frühen Abend hinter der Freibank zwischen WC und Fischbuberlbrunnen, um ihre neuesten Erlebnisse auszutauschen. Nicht zu Unrecht nennen sie die niedrige Mauer, die an der Treppe hochragt, »Klagemauer«. Mutige durchsuchen tagsüber mehr oder weniger auffällig die Papierkörbe nach brauchbaren Inhalten. Nach Geschäftsschluß gegen 18 Uhr und später treibt es manche von ihnen auf den stillen Markt, um auf den blechbeschlagenen Ablagen einzelner Stände zu nächtigen. Dann wird der Markt zu ihrem Wohn- und Schlafzimmer. Dies gelingt nur dann ohne Störungen, wenn nicht übermütige Jugendliche oder pflichtbewußte Polizeibeamte ihren Schlaf oft recht unsanft stören.

Bei der Heiliggeistkirche zum Tal hin am Haupteingang lösen sich untertags die

Jeder hält nach etwas anderem Ausschau. Und worauf spekuliert der Waldi? »Gibt's heut' Kutteln gesotten, Kopffleisch und Gurgeln oder gekochtes Euter?«

Stadtstreicher bei ihren Sitzbetteleien ab, jeder in einer anderen Erbarmenshaltung. Im Grunde genommen haben sie für ihre wenig aufwendige, alkoholgetränkte Lebensführung diese Einkünfte meist auch nötig. Dies scheinen auch manche gefühlsmäßig einzusehen, obgleich ihr Verstand gegen solche Lebensweise rebelliert.

Neben diesen harmlosen Wermutbrüdern haben aber auch schon kriminelle Elemente auf dem Markt ihr Unwesen getrieben, und dies, wie es häufig ihre Art ist, des Nachts. So wurden schon ein paarmal Stände angezündet, sei es, indem das »Kistlholz« ausrangierter Steigen in Brand gesteckt wurde, oder auch, indem der Täter Benzin an die Buden gegossen hat. Vielleicht aber ist es auch nur ein Pyromane gewesen. Auch Einbrüche in die Standl wurden schon verübt. Geld war allerdings nicht zu erbeuten, höchstens eine Steige mit schönen Äpfeln oder ein Strauß angewelkter Blumen.

Artur Troppmann

Münchner »Stadtstreicher«

Am Viktualienmarkt, gleich hinter der Freibank, zwischen Parkplatz und Pissoir treffen sich Münchner Gammler. »Klagemauer« nennen sie die niedrige Mauer, auf der sie sitzen, reden, vor sich hin dösen und ab und zu einen Schluck aus der Weinbombe oder einer Bierflasche nehmen.

Von offizieller Seite werden sie »Stadtstreicher« genannt.

Die »Stadtstreicher« wiederum kennen vom offiziellen München am besten die Polizisten der Lederer-Wache, denn von denen werden sie jeden Tag mindestens viermal kontrolliert. Jedesmal müssen die »Stadtstreicher« ihre Ausweise abgeben, dann wird über Funk abgefragt, ob gegen sie eine Strafanzeige vorliegt. Nach einer Weile werden sie namentlich aufgerufen und bekommen ihre Ausweise zurück. Jeder »Stadtstreicher« weiß, daß er von den Polizisten keine Unterkunft zu erwarten hat, sondern eben nur seinen Ausweis, was bedeutet, daß keine Strafanzeige gegen den »Stadtstreicher« vorliegt – wohl aber eine gegen den Staat, denn der Seppe fragt den ausweisverteilenden Polizisten: »Sie, sagen S' einmal, warum gehts jetzt ihr zum Ausweiskontrolliern immer zu uns und nie in bestimmte Hotels, da sitzen doch oft reiche Wirtschaftskriminelle drin, die Milliarden verschieben – was wolln S' denn immer von uns Gammler, wir tun doch niemand nix, wir schädigen doch niemand.«

Der Beamte winkt ab: »Halt 's Maul«, sagt er streng, aber denken tut er doch: Mein Gott, in diesen Hotels kontrollieren, da müßt man ja das Zittern kriegen, wennst da einen, der wo da im Abendanzug rumhockt, nach dem Ausweis fragen tätst, da wüßte man ja gar nicht, ob das nicht ein Spezi vom Polizeipräsidenten ist oder ein noch Höherer von der Regierung. Das wär gefährlich, da könnt man sich einen sauberen Haß zuziehn.

Laut sagt er: »Flaschenverschlüsse zusammenklauben?«

Seppe meinte: »Wir halten ja so alles immer ganz sauber. Stopsel und Flaschen werfen wir jeden Tag in die Tonne. Gell, Vera, du räumst jeden Tag auf.«

Die alte Frau nickte: »Auf Ehr und Dreifaltigkeit, Herr Wachtmeister, bei uns bleibt nix liegen.«

Neben Vera sitzt einer, dem das ganze Gesicht verpflastert ist, weil er die Hinfaller-Krankheit hat, plötzlich und ohne jeder Vorwarnung fällt er hin und schlägt sich dabei das Gesicht auf. Daneben sitzt der Gelegenheitsarbeiter Stopse, der zwar manchmal eine Arbeit hat, aber keine Wohnung, sondern nur einen geblümten Schlafsack, den er ganz geheim unter einem Gebüsch versteckt hält.

Neben dem Stopse sitzt der alte Hermann und trinkt gerade einen Schluck Schnaps aus seinem Flachmann. Danach schnupft er eine Prise und schaut gutmütig und abwesend aus seinem grauen Vollbart heraus ins Leere. Hermann ist 74 Jahre alt, kriegt eine kleine Rente und ist nun schon zum drittenmal aus einem kasernenartigen, dunklen Altersheim davongelaufen. Hermann findet sich immer wieder bei den »Stadtstreichern« ein und ist meist der erste, der zwei Mark an die Klagemauer legt. Die anderen kramen in ihren Taschen, und jeder legt, was er sich gerade leisten kann, dazu, bis schließlich eine Weinbombe oder ein Karton Flaschenbier gekauft werden kann. Da dürfen dann alle mittrinken.

Neben Hermann sitzt ein 22jähriges, schwarzhaariges Mädchen. Sie hat eine große Zahnlücke und eine kleine Handtasche, sonst nichts, keine Eltern, keine Verwandten, keine Unterkunft. Ihre Stelle als Küchenmädchen hat sie verloren, weil sie ein Ekzem bekam vom Tellerwaschen. Jetzt geht sie abends ab und zu auf den Strich, und tagsüber sitzt sie bei den »Stadtstreichern«. Unter denen fand sie einen festen Freund, um den sie sich fürsorglich kümmert, weil der einen kleinen Sprachfehler hat, ein sehr zurückgezogener, stiller »Stadtstreicher« ist und Benni heißt. Benni ist der bestangezogene »Stadtstreicher« Münchens; außerdem fährt er jeden Tag zum Waschen und Rasieren in den Hauptbahnhof.

Neben Benni sitzt der Bettler-Lenz. Lenz ist erst 54 Jahre alt, schaut aber viel älter aus, weil er keine Zähne hat. Außer seinem langen, warmen Mantel besitzt er noch eine echte Schafwolldecke und zur Zeit gerade fünfzehn Mark. Lenz ist ein sehr ausdauernder Bettler. Er kann eine »Sitzung« stundenlang hinziehen, nur eine Zigarette muß er sich ab und zu dabei drehen. Lenz hat geschickte Finger. Die wuzeln den Tabak, der so schwarz ist wie seine Fingernägel, schnell zu einer schönen, runden, weißen Zigarette zusammen. Lenz ist ein guter Kamerad, er gibt immer Geld für die »Klagemauer«, hilft mit Tabak aus und läßt brotzeitmäßig den jungen Willi mitkommen, der gerade neben ihm sitzt und mit seinem langen, dürren Hals frierend aus seinem Jeansanzug herausschaut.

Willi ist als Arbeitsloser Alkoholiker geworden, hat die Wohnung verloren und zittert jeden Tag in der Frühe fürchterlich, bis er endlich ein paar Flaschen Bier oder ein paar Schluck Wein bekommt, die ihn beruhigen und ihn wieder an ein besseres Leben glauben lassen. Zweimal ist Willi schon in ein neues Leben gestartet: einmal wurde er von einer kleinen Unterschlagung gebremst, weil er doch Geld für ein Zimmer brauchte; und das zweite Mal wurde ihm in der Probezeit gekündigt, obwohl er keinen Tropfen getrunken hatte.

Manchmal sitzen auch Leute unter den Gammlern, die keine »Stadtstreicher«, sondern nur einsam sind, die sich nur ein bißchen unterhalten wollen und dafür Geld an die »Klagemauer« legen. Da kommt oft ein alter Straßenkehrer, der sich in seiner orangenen Arbeitskleidung zu den »Stadtstreichern« setzt und ein

bißchen mitredet und mittrinkt, das ist für ihn viel unterhaltsamer und billiger, als in irgendeinem Wirtshaus zu hocken.
Ab und zu kommt auch der Joschi. Er ist der einzige, dem eine kleine Sozialwohnung zugestanden wurde, weil er einen Blutkrebs hat. Sein Blut wird in der Woche zweimal in einer Klinik ausgetauscht oder gereinigt. Joschi hat einen beinamputierten »Stadtstreicher« als Untermieter aufgenommen, weil er die Wohnung von seiner winzigen Rente nicht bezahlen könnte und weil er nicht allein sein will.
Wenn Joschi kommt, freuen sich die »Stadtstreicher«, denn sie wissen, heute dürfen sie alle mit Joschi in seine kleine Sozialwohnung hinter dem Ostbahnhof fahren und sich bei Joschi waschen und brausen und eine Nacht in der kleinen Wohnung schlafen. Oft schleichen sich zehn »Stadtstreicher« auf Zehenspitzen hinter Joschi das Treppenhaus hinauf und huschen dann leise in Joschis Wohnung. Dort bietet Joschi an, was er gerade hat: ein bißchen Wein, ein Stück Wurst. Einmal hat Joschis beinamputierter Untermieter sogar ein paar Koteletts gebraten. Nach dem Essen durfte sich dann jeder in Joschis winzigem Bad brausen und waschen. Später schliefen sie auf dem Boden, nur Joschi und der Beinamputierte hatten ein Bett.
Joschi wird nie mehr zur »Klagemauer« kommen und die Stadtstreicher zum Waschen und Brausen mit nach Hause nehmen, denn er ist kürzlich gestorben.

Besondere Kundschaft

Außer interessierten, neugierigen Touristen, die halt auch einmal auf dem Viktualienmarkt gewesen sein wollen, weil sich das bei einem München-Besuch so gehört, gibt es die Laufkundschaft, die unregelmäßig einen Bummel durch die Budenstraßen macht, sich Zeit läßt und dabei ein bißchen herumschnüffelt und die Angebote in Ruhe vergleicht. Schauen, Anpreisen, Diskutieren, Feilschen, Kritisieren, Abwägen, Handeln und Zahlen geschehen neben- und durcheinander. Nicht nur Frauen mit Einkaufstaschen, Netzen und geflochtenen Körben kann man sehen, auch Männer kaufen hier gerne ein, vom einfachen Rentner bis zum geldschweren Playboy, vom Studenten bis hin zum Bankdirektor, der Mitglied eines Kochclubs ist. Hellmut von Cube beschreibt seine Beobachtungen treffend so:
»Da schleichen und trippeln zusammengeschnurrte Weiblein herum, immer die schmale Rente, das karge Witwengehalt im Sinn, und begutachten erinnerungsfreudig die Fülle, auch wenn es diesmal nur für eine Tüte Vogelfutter, ein Blumenstöckchen und Milzwurst zum Abbräunen reicht. Da zweckentfremden wortgewaltige Landtagsabgeordnete und gesuchte Anwälte ihre Aktentaschen, weil sie dem Schwarzgeräucherten oder den würzigbitteren grünen Spargeln nicht widerstehen können. Da lavieren Damen mit langen Namen, in geschneidertem Trachtenkostüm und Salzburger Bluse, durch das Gewühl, stolz und glücklich, daß sie ein Käse- oder Kräutersortiment nach Hause tragen, welches kein Feinkostgeschäft ihnen hätte bieten können. Da sitzen Pensionisten auf den Bänken, den verwitterten Hut auf, die quadratischen Hände im Schoß, und schaun stundenlang ins Getriebe, als seien sie die Besitzer des Marktes und hätten ihn verpachtet. Da schleppen sich Hausfrauen aller Art mit Körben und Taschen voll Einmachobst. Da schreiten federnd und in zeitenthobener Kleidung Sonnen-Naturen durch die Menschen, selig über den Erwerb von Hirse und Sonnenblumenöl, Dörrzwetschgen und Leinsamen, Radieschen und Sauerampfer. Da begegnen die Musiker ihrem Dirigenten, die Theaternarren ihren Schauspielern, die stolzen Bogenhausener den trutzigen Giesingern, die SPD der CSU, die Bedienung dem Stammgast. Und wenn es nicht gerade regnet, fühlen sich alle wohlig eingebettet in das Viktualische und das Münchnerische und sagen schweigend Herr und Frau Nachbar zueinander.«

Eine Besonderheit stellen die Stammkunden dar, die ihre Standler kennen, von ihnen mit Namen und Handschlag begrüßt werden, die mit ihnen ratschen und ihnen über Jahre hinweg die Treue halten. Manchmal vererbt sich diese Treuehaltung in der Familie auf die Kinder und Enkelkinder. Diese Kunden kaufen bestimmte Nahrungsmittel in ihren Stammstandln und wollen auch ganz persönlich von ihrer Standlfrau beraten und bedient werden. Früher wurden sie sogar zum gemeinsamen Kaffeetrinken der Marktfrauen eingeladen. Dabei kam es dann leicht zur Fachsimpelei. Fragte beispielsweise ein Kunde, woran man bei einer gerupften Gans erkennen kann, daß sie jung ist, so konnte ihm seine Ganslfrau genau erklären:
»Bei ana junga Gans müassns des Schlußboa, wo d' Oar außakumma, eidrucka kenna, daß's kracht, und mitm Daumanogl muaß ma d' Haut vo de Fiaßl wegrucka kenna.«
Die treuen Kunden bringen manchmal recht lange Lobesverserl mit über den Viktualienmarkt und ihr Lieblingsstandl, wie z. B. dieses:

»Auf den Viktualienmarkt
gehe ich tagtäglich.
Könnte ich das einmal nicht,
litt' ich ganz unsäglich:
Kaufe Obst bei Gabi Schmoll,
das ist nämlich fein,
dort fühl' ich mich pudelwohl,
drum schau ich täglich rein.
In alter Treue
der Hansi Schrader«

»Eine Kundin« so erzählte Ilona Schaffner, »kam lange Zeit täglich aus Freising in aller Herrgottsfrüh auf den Markt, um ganz bestimmte Sachen einzukaufen. Danach fuhr sie rasch wieder heim, denn ihre Angehörigen sollten beim Aufstehen am Frühstückstisch die frischen Schmankerl vorfinden.«
Den Stammkunden sieht man auch schon einmal eine Unart nach. So drückt eine Standlerin ein Auge zu, wenn beispielsweise ein Spargelfreak bei jedem Besuch in eine Stange beißt, und dies vor den Augen aller Kunden. Wenn der »Spargelbeißer« treu und gut einkauft, darf er sich das halt leisten, aber nur dann. Sonst wird er mit einem »Ja, was fallt denn Eahna net ei'. Schauns, daß' weiterkommen!« verscheucht.
Die alteingesessenen Händler beliefern seit Jahrzehnten eine besonders noble Stammkundschaft, nämlich die großen Münchner Hotels und Feinschmeckerlokale. Die kaufen zum Glück nicht nur nach der Farbe. Denn manches, was nicht schön herschaut, ist trotzdem bessere Ware als verlogen »Herpoliertes«. Weil die Münchner Hausfrau meist schöne gelbe Zitronen wünscht, werden diese bereits von manchen Italienern,

Moment, wo sind wir hier? In Italien? Ach wo, im Heiliggeist-Gaßl am Markt.

Meister Petz ist so etwas wie ein heimliches Wappentier des Marktes geworden.

welche die Wiederverkäufer sind, in den Backofen gelegt, wo sie zwar gackerlgelb, aber innen strohtrocken werden. Als grüne, saftige Zitronen jedoch »kommen« sie nicht »an«.
Aber nicht jeder ist eben ein »Witzigmann«, der auch zur Stammkundschaft zählt und am Viktualienmarkt Obst, Gemüse, Wild, Käse und erlesene Gewürze kauft, um für seine Gäste daraus die feinsten Gerichte zuzubereiten.
Als das amerikanische Fernsehen 1986 einen Film über europäische Küche drehte, war als einzige deutsche Stadt München vertreten. Im Mittelpunkt der Aufmerksamkeit stand natürlich der Viktualienmarkt. Fasziniert war das Drehteam nicht nur von der Vielfalt des Angebotes, sondern auch von der Größe des Gemüses, zum Beispiel von den überdimensionalen Artischocken und den riesigen Rettichen. Und da konnte man sogar englische Töne vernehmen, wie »O yeah, they're really marvellous!«
Sogar Bertolt Brecht soll sich lieber auf dem Viktualienmarkt aufgehalten haben als in der Alten Pinakothek. Beim Bummel durch die Marktstände sammelte er wohl Anregungen für seine Stücke, denn auch er konnte sich der Faszination dieses Freilichttheaters nicht entziehen. Einkaufen auf dem Viktualienmarkt bedeutet eben nicht nur: sich einen Augenblick Zeit nehmen für die rasche Beschaffung von Lebensmitteln, sondern stellt ein kerniges Stück Lebensfreude und Lebensqualität dar.

Artur Troppmann

Valentins Freunde

Weit über 30 000 Sozialhilfeempfänger gehören zu den Ärmsten Münchens, und die werden immer mehr. Die Armut in der »Weltstadt mit Herz« nimmt unaufhörlich zu. Dabei tauchen viele arme Münchner in der Statistik überhaupt nicht auf.
Einer von denen, die als Arme gar nicht mitgezählt werden, ist Hermann Bleichermantel. Der 53jährige Schleifer wurde vor fünf Jahren krank. Bis zu seiner Gesundschreibung vor ein paar Monaten bekam er Erwerbsunfähigkeitsrente.

Jetzt, nachdem ihn seine Firma entlassen hat, bekommt er gar nichts mehr. Arbeitslosengeld bekommt er nicht, weil er vorher krank war; und Sozialhilfe bekommt er nicht, weil seine Frau ein bißchen was verdient. So bleiben dem Ehepaar knapp 900 Mark zum Leben.
Manchmal spaziert Hermann Bleichermantel vom Gärtnerplatz zum Viktualienmarkt. Dort geht er dann von Stand zu Stand und schaut, was es alles gibt auf der Welt, und was die Sachen kosten. Pfifferlinge werden da angeboten für »nur 36 Mark pro Kilo«. Hermann überlegt, ob sich das rentieren tät, wenn er mit seiner Frau zum Schwammerlsuchen fahren würde. Aber da müßten sie ja schon über 10 Mark für die S-Bahn zahlen, und in der näheren Umgebung Münchens würden sie überhaupt keine Schwammerl finden. Hermann bleibt vor dem Suppenstand stehen. Da gäbe es sogar eine Kartoffelsuppe, die er besonders gern mag; aber die Tasse Kartoffelsuppe kostet Dreifünfzig, das ist ihm zu teuer. Hermann schlendert zum Valentindenkmal rüber und trinkt dort einen Schluck Wasser. Leise plätschert der dünne Wasserstrahl in das Becken. Hermann schaut zum erzenen Valentin hinauf, betrachtet das Gesicht, den Hut und den Schirm dieses Münchner Originals. Hermanns Magen knurrt ein wenig. Er zählt die Knöpfe der Weste, die Valentin über seinem dürren Leib trägt. Sechs Knöpfe sind es. Was würde dieser Münchner Volkssänger und Linksdenker wohl sagen, wenn er noch leben tät?
Vielleicht würde er sagen:
Laß dich doch zum Künstler ausbilden, Hermann. Da nennst dich einfach Pliventrans und laßt dich zum Künstler ausbilden, und zwar als Hungerkünstler. Und wenn s' dich fragen, als Künstler, verstehst, ob du gleich mit längeren Hungertouren begonnen hättest, dann sagst: nein – auch in diesem Beruf fängt man im Kleinen an. Eines Tages, als Arbeitsloser, hättst angefangen zu trainieren, hättst dich vor dem Suppenstand auf den Viktualienmarkt hingestellt und hättst mitgeschluckt, unsichtbar, wenn die anderen löffelten.
So ähnlich würde der Valentin vielleicht sagen. Hermann wäscht sich die Hände im Brunnenbecken, als hätte er eben eine fette Gans mit Blaukraut und Kartoffelknödel verspeist. Dann geht er rüber zum

Ach, es ist doch schrecklich gwiß,
Wenn der Mensch recht mager ist;
Ich bin mager, welche Pein,
Mager wie ein Suppenbein.
Karl Valentin

Biergarten, um ein wenig auszuruhen. Im Biergarten auf dem Viktualienmarkt muß man sich das Bier selber holen, deshalb braucht Hermann nichts zu bestellen und kann sich ohne Bier ein bißchen ausrasten, auf einem der grünen Gartenstühle.
Hermann schluckt jedesmal mit, wenn sein Tischnachbar, ein dickbäuchiger Herr, trinkt. Der Dicke steht auf und holt sich noch eine Maß. Wenn der so weiter sauft, denkt Hermann, dann werd ich bald einen Rausch haben. Die Sonne wärmt Hermanns Rücken, und der Schatten des riesigen Maibaumes wandert langsam über den gepflasterten Biergarten. Der Dicke schaut auf die Uhr. Er macht noch einen Schluck, steht eilig auf, nickt dem Hermann zu, und verschwindet. Sicher ist dem Dicken irgendein Termin eingefallen, weil er es plötzlich so pressant hatte. Der Maßkrug des Dicken ist noch halb voll. Ein paar Fliegen kreisen um den Tisch, und Hermann Bleichermantel kämpft mit sich selbst. Zuerst blickt er die anderen Tische ab, ob da niemand sitzt, der ihn kennt. Dann schaut er wieder den Maßkrug an; das Bier ist noch frisch, weißer Schaum steht noch in dem halbvollen Krug. Hermann hustet, beugt sich nach vorn. Er kann es einfach nicht verhindern, daß sich seine rechte Hand auf den Maßkrughenkel zuschiebt. Wie die Greifer eines Roboters umspannen seine Finger den Henkel. Hermann kann nichts dafür, seine Hand arbeitet automatisch, aus einer alten Gewohnheit heraus, die noch immer in ihm drin ist. Hermann sieht, wo der Dicke getrunken hat, er dreht den Krug und trinkt auf der anderen Seite. Er schämt sich nicht. Niemand hat gemerkt, daß er jetzt zum »Noagerltrinker« geworden ist – ist er schon ein »Noagerltrinker«, wenn er einmal einen fremden Maßkrug austrinkt?
Er ertappt sich dabei, daß er die Tische abschaut, ob nicht noch irgendwo ein größeres frisches Noagerl stehen gelassen wurde. Dicht an der Schenke stehen auf einem Gartentisch gleich mehrere »Noagerlmaßkrüge«, die eine Tischgesellschaft zurückgelassen hat. Hermann trinkt seinen Maßkrug leer, steht auf, spaziert zum Noagerltisch und setzt sich. Das hätte er sich im Leben nie gedacht, daß er, im gesetzten Alter, von Tisch zu Tisch schleicht und Noagerl trinkt. Früher hat er selber manchmal ein Noagerl stehen lassen, denn ihm fehlt es ein bißl im Magen. Wenn er Magenschmerzen kriegte, dann ließ er sein Bier einfach stehen. Hermann sitzt jetzt ganz ruhig da, blickt zur Nordseefischhalle hinüber und trinkt langsam ein Noagerl um das andere. Er hat Glück, daß niemand den Tisch abräumt und daß sich niemand zu ihm hinsetzt. Nach dem dritten Noagerl trinkt er nicht mehr so hastig, ganz langsam läßt er das Bier in sich hineinrinnen. Er schaut auch nicht mehr, an welcher Seite des Kruges die Leute getrunken haben, das ist ihm jetzt wurscht. Ganz ruhig zieht er einen Maßkrug um den anderen zu sich her und trinkt ihn leer.

Was scheiß ich mir um die Leute, die scheißen sich doch auch nichts um mich. Hermann muß lachen. Heute früh hat er in einer Zeitung, die er auf einer Anlagenbank gefunden hatte, gelesen, daß 1 500 Bundeswehroffiziere mit 42 Jahren in Pension gehen können; daß sie 70 % ihres Nettogehalts bekommen, das wären durchschnittlich 3 000 Mark; daß jeder ca. 40 000 Mark Abfindung erhält und daß sie dazuverdienen dürfen, soviel sie können. Hermann lacht. Er muß mit 53 Jahren Noagerl trinken, und die Bundeswehroffiziere gehen mit 42 Jahren in

einen komfortablen Ruhestand. Was würde jetzt wohl dazu der Valentin sagen, wenn er noch leben tät? . . .
Hermann schaut über den Viktualienmarkt in den weißblauen Himmel. Nach dem sechsten Noagerl ist er jetzt selber ein bißchen im Himmel. Leicht wie ein Engel sitzt er auf dem Gartenstuhl. Sein Hunger ist verschwunden. Alle seine kleinen und großen Sorgen und Leiden haben sich in nichts aufgelöst, und – Lotto spielen tut er schließlich immer noch.
Da kann ganz leicht ein Sechser dabei sein, Hermann, würde der Valentin sagen. Bei dene paar Zahlen, die man da ankreuzen muß, da sind ja, laut Rübezahl, sechs richtige fast unvermeidlich. Da muß man schon sehr blöd sein, wenn man immer die falschen Zahlen ankreuzt.
Hermann steht auf und geht, leicht schwankend, zur Freibank rüber. Auf dem Weg bleibt er vor den Pfifferlingen stehen, die »nur 36 Mark« kosten pro Kilo.
»Sie, Frau Nachbar«, sagt Hermann zu der dicken Marktfrau, die wie ein Wachposten hinter ihren Schwammerln steht.
»Sie, Frau Nachbar, wenn von dene Pfifferlinge das Kilo 36 Mark kostet, was würde jetzt da ein Schwammerl kosten? Vielleicht kann ich mir einen Pfifferling leisten. Den eß ich dann auf zweimal, den Pfifferling, denn auf einmal werd ich ihn ja gar nicht zwingen, den Pfifferling, wenn das Kilo 36 Mark kost.«
»Schau, daß d' weiter kommst, bsoffenes Mannsbild, bsoffenes«, sagt die Marktfrau grob und laut.
»Entschuldigen S'«, meint Hermann, »das war ja nur eine Frage.« Er nimmt einen ganz kleinen Pfifferling von dem Haufen. »Bittschön, Frau Viktualie, bittschön, darf ich diesen kleinen, winzigen Pfifferling mitnehmen, für das Valentinsdenkmal. So ein Münchner Original braucht doch auch einmal ein originelles Blümchen, so ein kleiner Pfifferling, so eine Blume des Waldes, die würde ihn ganz bestimmt freuen. Geh, bitte, geben S' doch dem Valentin einen Pfifferling, einen Pfifferling ist er doch wert, wenn das ganze Kilo nur 36 Mark kostet.«
Die Marktfrau sagte noch einmal: »Schau, daß d' dich schleichst, bsoffenes Mannsbild, bsoffenes!«
Hermann trägt den winzigen Schwammerl zum Valentindenkmal rüber und legt den Pilz auf den Brunnenrand. »So, Valentin«, sagt er dabei, »da siehst ja ganz deutlich, daß du mir schon noch einen Pfifferling wert bist.«
Danach geht Hermann leicht schwankend in die Freibank und kauft sich 100 Gramm Pferde-Streichwurst, die billig ist, und die er heute abend verspeisen wird, zur Feier des Tages, zu seinem Einstand als Noagerltrinker gewissermaßen.
Und zu dem Roßmetzger sagt er: »Wissen S', was der Valentin zu der Roßstreichwurst sagen würd? Der würd sagen: ‚Diese hufeisenförmige Wurst schmeckt ausgezeichnet iihaha, hundert Gramm iihaha aufs Brot, und du leidest keine Not.'«
Hermann lacht und meint zum Abschied: »Sind wir froh, daß wir froh sind, denn wenn wir nicht froh wären, wären wir ja auch nicht froh.«

Mitten im Schlaraffenland liegt der Biergarten wie eine Oase der Stille.

Kontaktinsel

Schlendert man durch die Budenstraßen und zeigt durch bedächtige Bewegungen an, daß man Zeit hat, und signalisiert durch eine freundlich Miene, daß man Gott und der Welt wohlgesonnen ist, dann kann es geschehen, daß man von »wildfremden Leuten« angesprochen wird. Man kommt schnell ins Gespräch miteinander, redet vom Markt, von besonderen Angeboten, erfährt vom Gegenüber einiges aus dessen Leben, berichtet von sich und geht dann wieder weiter: »Pfia Good, Herr Nachbar, und an scheena Doog no.«
Hat man Glück, wird man von seinem Ansprechpartner auf ein Glas Bier, Wein oder Sekt eingeladen, oder zu einer Tasse Kaffee.
Eine junge hübsche Dame, die einmal alleine auf einer der Blechablagen eines Standls in der Sonne verschnaufte, wurde von einem Weinseligen mit Komplimenten überhäuft und mit einem Handkuß in Ehren umschmeichelt. Als der Ehemann aufkreuzte, sagte der Weinkavalier: »Aso! Nix für unguat!« und strebte mit weich wankendem Schritt wieder seinem Weinstall entgegen.
Ein anderer Marktbesucher wurde zum Seelentröster für einen flott gekleideten Herrn, der am Samstagnachmittag erregt aus einem Taxi stieg und ausrief: »Sie, jetzt hab' ich in Riem grad mein Flugzeug versäumt. Das ist vielleicht ein Schlag für mich. Jetzt sitz ich hier fest. Zum Glück bin ich auf dem Viktualienmarkt. Kommens, trinken wir einen zusammen. Ich lade Sie ein. Gemeinsam läßt sich mein Kummer leichter hinunterspülen.«
Auch die Stadtstreicher haben keine Scheu vor freundlichgesichtigen Marktschlenderern. »Entschuldigens. Ich hätte eine besondere Frage. Aber Sie dürfen mir nicht bös sein. Versprechen Sie mir das?« Nickt der Angesprochene gutmütig, fährt der Wermutbruder fort: »Haben Sie vielleicht eine Mark, wenn's erlaubt ist?« Zieht man den Geldbeutel, schwenkt der Bittsteller seine Fahne noch weiter heraus: ». . . oder vielleicht auch zwei. Das wär zu gütigst.« Und hat er dann seine zwei Mark, kommt der Segensspruch: »'gelt's Gott tausendmal! Gott segne Sie, ehrlich.«
Schaut man dem forttappenden Penner

Eine kühle Maß und ein Ratsch mit dem Nachbarn –, dazu lädt er allemal ein, der Markt-Biergarten.

schmunzelnd nach, tönt einem schon »Darf's noch was sein, der Herr? Ganz frische Eier hätt ma no« im Ohr. Und das herzige Lächeln einer rotbackigen Marktfrau schmeichelt einem werbend um die Wangen.
Kaum läßt man sich im Biergarten mit einer frisch gezapften Maß an einem Tisch nieder, heißt es gleich: »Prost, Herr Nachbar! Gell, a Durscht is was Scheens.« Und schon prallen die Dickglaswände der Krüge aneinander. Einer gemütlichen Plauderei mit dem Gegenüber steht nichts mehr im Wege. Kommen noch ein Dritter und Vierter an den Tisch, bahnt sich oft ein Viererwatt an, der einen für längere Zeit am Tisch festnagelt. Nachdem sich die Partner »zusammengeschmissen«, also ihren Mitspieler ermittelt haben, beginnt das Spiel. Mit kartenschlagenden Fäusten und in erregender Anspannung hervorgestoßenen Worten wie: »Soacher! Belle! Maler! Max! Wegschlecken! Trumpf! oder Kritisch!« vergeht die Zeit im Nu.
Mittlerweile ist es bereits zu einem Münchner Sprichwort geworden, jemandem, der klagt, daß er so allein und einsam sei, zu raten: »Na geh halt aufn Viktualienmarkt, do vageht dir 's Alloasei scho.« Und dieser Rat scheint wirklich Goldes wert zu sein, denn so viel nette Ansprache hat man sonst nirgendwo wie gerade auf dieser Kontaktinsel.
Dort erfährt man auch von einem Hobbyfotografen, daß sich das klassische Foto von Münchens Skyline, also vom Alten Peter, der Frauenkirche, vom Neuen und Alten Rathaus und von der Heiliggeistkirche von der Aussichtsterrasse im 6. Stock des Deutschen Museums aufnehmen läßt – vorausgesetzt, man besitzt ein starkes Teleobjektiv.

Der Viktualienmarkt, wie er leibt und lebt

Wo einst ein Hauch von Armseligkeit lag, befindet sich heute als eine Mischung von Bauernhandel und exklusivem Feinkostgeschäft ein Handelszentrum mit weitreichenden internationalen Verbindungen – der Viktualienmarkt, der wie kaum ein anderer Markt alle Sinne der Besucher anzusprechen vermag. Wie ein schmackhaftes Herzl in einer frischen Staude Kopfsalat liegt das grüne Fleckerl inmitten der Stadt.
Da sind einmal die Augen, die auf ihre Kosten kommen. Eine Augenweide sind die mit Grünspan überzogenen Kupferdächer der Stände, das bunte Karussell von weiß-blau und weiß-rot gestreiften Schirmen, die Farbenpracht der Blumen, der Gemüse, der Früchte und der anderen Delikatessen, die Buntheit der Kleider, des Maibaumes, der Menschen und der Denkmäler, dazu die silbern blitzenden Fischleiber, der grüne Helm des Alten Peter und das Grün der Bäume.
Auch die Ohren kommen nicht zu kurz. Ihnen wird geboten: die witzigen und schlagfertigen Bemerkungen der Marktfrauen, das Gemurmel und Lachen der Menschen, das Schlagen der Glocken, das Bellen der Hunde, das Gurren der Tauben und vieles andere mehr. Dazu ist der Viktualienmarkt auch noch eine öffentliche Schule für bayrische Mundart.
An die Nase und an den Geruchssinn wenden sich der Duft von Kräutern, Blumen, Gemüse, Käse, Fischen, Bratwürsten und des Sammelsuriums von Biergartengenüssen.
Die Betätigung des Tastsinns sehen die Standlfrauen zwar nicht ganz so gern, aber manche Köstlichkeiten sind eben zu verlockend. So prüft man mit den Fingern halt doch die Beschaffenheit des Gemüses, den Reifegrad des Obstes, streichelt auch gerne die Küken, Ziegen und Hasen, genießt die erfrischende Kühle des Brunnenwassers.
Der Geschmackssinn kann schon ab 5 Uhr früh im Café Frischhut getestet werden, wo es um diese Zeit bereits warme ausgezogene Kücherl gibt. Bei jeder Brotzeit mit Leberkäs, Weißwürsten, Radi und Bier wird den Geschmacksnerven tagsüber so manche Wohltat erwiesen.
Wie man erkennt, erfreut der Viktualienmarkt als Park mit Brunnen und Bäumen, als Einkaufsparadies und als Imbißbuden-Mekka das Herz und die Sinne der Menschen. Als Volksbühne mit herrlicher Besetzung und lustigen Szenen bietet er darüber hinaus dem Humor reichlich Nahrung und Anregung. Wie man weiß, geht die Liebe durch den Magen. Wer also München so richtig lieben will, der muß erst in den Bauch dieser Stadt, in dieses Paradies, wo es nach Radi und Rosen riecht.
Wenn um 11 Uhr vormittags täglich drüben auf dem Marienplatz das Glocken-

spiel ertönt, dringt mancher Ton davon auch auf den Viktualienmarkt herüber. Zum Schluß kräht jedesmal der Gockel sein letztes Kikeriki zum Markt hin, und es klingt so, als hielte es auch der Vogel auf dem Rathausturm nicht mehr länger aus, als wolle er zum Mittelpunkt der Stadt hinüberfliegen, zur grünen Insel.

»Die süßesten Früchte fressen nur die großen Tiere . . .«, so heißt es in einem alten Schlager. Das trifft aber nicht auf den Viktualienmarkt zu. Dieses Paradies ist für alle geöffnet und bietet jedem das Gewünschte. In alter Zeit kamen auch Zugpferde nicht zu kurz.

Die Ruhmes-Litanei

Der Viktualienmarkt hat übrigens viele Scherz- und Kosenamen. Die vierzig bekanntesten seien hier genannt:

1 Bauch Münchens
2 Budenstadt oder Standlstadt
3 Speisekammer Münchens
4 Magen Münchens
5 Bauernmarkt, Freiluftmarkt
6 grüne Insel der Stadt
7 Münchens Lebensmittel-Kosmetiksalon
8 grüner Markt (wegen der Gemüse- und Standlfarben)
9 Streifenschirmdorf (wegen der Standlschirme)
10 die Konsumfreilichtspiele Münchens
11 Brennpunkt Münchens, Kernstück der Stadt
12 Fußabstreifer von St. Peter
13 Freilichtkramerladen
14 Startbahn des Heiligen Geistes (wegen der Heiliggeistkirche am Platz)
15 Vitaminkammerl der Stadt
16 grünes Herz, Münchens Herzstück
17 Randl vom Paradies
18 Kräuteroase
19 Schmankerl-Eldorado
20 Dorfplatz der Millionenstadt – Münchens größtes Volkstheater mit riesiger Besetzung
21 Bauernstube Münchens
22 Schlaraffenplatz der Stadt
23 Suppengrüninsel
24 Gemüsepiazza
25 Münchens Trumpfkarte für den Fremdenverkehr
26 Seelenkurpark für Städter
27 beliebtestes Freigartenrestaurant Münchens
28 gute Stube der Stadt
29 »Kleines Stück Menschlichkeit« der Stadt
30 das bekannteste verborgenste Fleckerl der Stadt
31 Ehrenhain der Volkssänger
32 Walhalla bayerischer Erzkomödianten
33 Hochschule für Münchnerisch
34 Kohlrabipark und Gemüsebazar
35 Aushängeschild der Stadt München für Besucher
36 der nahrhafteste Fleck Münchens
37 Tausend-Schmankerl-Kammer
38 Geheimtip Nr. 1 für Münchner
39 Mekka der Wohlgerüche
40 Münchens Hauptschlagader und Europas schönster Markt

Gerne wird München mit einem quicklebendigen menschlichen Körper verglichen, dessen wichtige Teile bestimmten Stadtbereichen zugeordnet werden:
So ist das Rathaus mit dem Oberbürgermeister und dem Stadtrat der »Kopf Münchens«. Die »Lunge« ist der Englische Garten und auch der Tierpark Hellabrunn. Das Olympiastadion ist das »Muskelpaket« der Stadt. Die Volkssängerbühne am Platzl nennt man die »Stimme Münchens« und die Frauenkirche die »Seele«. Der Fernsehturm ist der »Zeigefinger« und Schwabing der »Kußmund«. Der Stachus ist der »Nabel«, das Hofbräuhaus die »Gurgel«, und Großlappen, die Mülldeponie, wird als »Niere der Stadt« bezeichnet.
Der Viktualienmarkt aber gilt heute neben dem Marienplatz wahlweise als das »Herz Münchens«, als der »Magen« oder der »Bauch der Stadt«. Zu diesem »Körperteil« zählt auch die Großmarkthalle, aber charmanter ist natürlich der Viktualienmarkt. Bauernmarkt und Lieferant der Dreisterneköche, Biergarten und Walhalla der Volkssänger, Akademie der unverwüstlich echten Münchener Sprache, das alles ist der Platz zwischen Altem Peter und Blumenstraße seit fast zwei Jahrhunderten.

Alles im Überfluß

Der Viktualienmarkt präsentiert die Lebensmittel nicht nur nach Gesichtspunkten der Qualität, sondern auch der Quantität. Sie kommen aus rund 60 Ländern aller Kontinente. Über einem Stand prangt als Überschrift auf gut münchnerisch: »Obst und Gmüas aus der ganzen Weld.« Tatsächlich gibt es Gemüsestände mit bis zu siebzig Gemüsesorten. Man kann unter 200 Brotsorten, 250 Wurstarten, 30 verschiedenen Schinken, etwa 300 Käse- und ebensovielen Weinsorten wählen. Zwölf verschiedene Olivenarten, 25 Kräuter, Dutzende von frischen Gewürzen, 100 Marmelade-, Fruchtmark- und Sauerkonserven warten als »Selbereingelegtes« auf den Käufer. 52 Getreidesorten und vielerlei Körnerarten in karierten Leinensäckchen sind aufgelegt. 25 Honigsorten gibt es im »Honighäusl«, und wer sein eigenes Glas mitbringt, spart 50 Pfennige. Zwischen 15 verschiedenen Kartoffelarten kann man wählen, und zur Spargelzeit im Mai findet man viele Spargelsorten aus zwölf Ländern.

Einheimische Fische und Delikatessen des Meeres liegen auf Eis und locken mit ihrer Frische Fischliebhaber an: Forellen, Karpfen, Steinbutt, Brassen, Tintenfisch, Zander, Blaufelchen, Renken, Riesengarnelen, Makrelen, Kieler Sprotten, Kabeljau, Schellfisch, Heilbutt, Rotzungenfilet, Speisemuscheln, Austern, Heringe, Schollen, Lachs, Rotbarsch, Dorsch, Bückling, Aal, dazu Schillerlocken, Thunfischsteak und Steak vom schwarzen Heilbutt, sogar Knurrhahn und Hai- oder Schwertfischsteak, aber auch (1986) Seeteufel, 100 Gramm zu DM 3,95, oder

Seezungenfilet, 100 Gramm zu DM 6,65.
Naturcocktails aus Sellerie, Rüben, Rettich, in der Saftzentrifuge gepreßt, laben die Saftapostel, und mancher von ihnen hört vor lauter Vitaminen gleich seine Haare wachsen, wenn er im »größten Saftladen Münchens« bedient wird.
An guten Tagen werden von einem »gewieften« Händler durchaus 2 bis 5 Tonnen Obst und Gemüse verkauft, natürlich nicht alleine an die Marktkunden, sondern vor allem an die auswärtigen Großabnehmer.
Mitten im Winter gibt es frischen Spargel und rotleuchtende Erdbeeren. Eine beliebte Spezialität des Marktes sind auch Freisingers Salzgurken. Pro Saison werden an die Kunden mehr als 450 Zentner dieser köstlichen Schmankerl verkauft. Dazu kommen ebenso viele süßsaure Gurken. Meist verschnabulieren sie die Käufer gleich an Ort und Stelle, und an jeder Ecke stehen Menschen mit essigtropfenden Fingern.
1 800 Rehe sind bis Silvester beim Wildhändler im Angebot. Er liefert sogar Ausgefallenes wie Rehleber, die normalerweise, wie der ganze »Aufbruch«, also die Innereien, dem Jäger zusteht. Der Wildhändler »schlägt die Rehe« eigenhändig »aus der Decke«, das heißt, er zieht ihnen selbst das Fell ab, wenn sie frisch aus Niederbayern eintreffen.
Im Käsestandl gibt es Winter- und Sommerkäse, ja, sogar Modekäse. Damit sind Käsesorten gemeint, die besonders im Winter oder Sommer schmecken oder gerade in Feinschmeckerlokalen »in« sind.

Manch einer soll schon fast ertrunken sein, weil ihm bei diesem Anblick zu viel Wasser im Mund zusammengelaufen ist.

»Is' so recht, gnädiga Herr, oder derfs a bißl mehra sei?« – »'s derf ruhig mehra sei!«

Ein Leben wie Gott in Frankreich, denn »Gott in Frankreich«, so sagt man, verbringt seinen Urlaub auf dem Viktualienmarkt.

Was ist schon so ein unansehnlicher Geldschein im Vergleich zu den Köstlichkeiten des Marktes. Gerne tauscht man ihn dagegen ein.

Ein Professor der Münchner Kunstakademie soll angeblich seine Studenten zum Studium der Farblehre auf den Viktualienmarkt schicken. Diese »Vorlesungen« werden besonders gerne besucht.

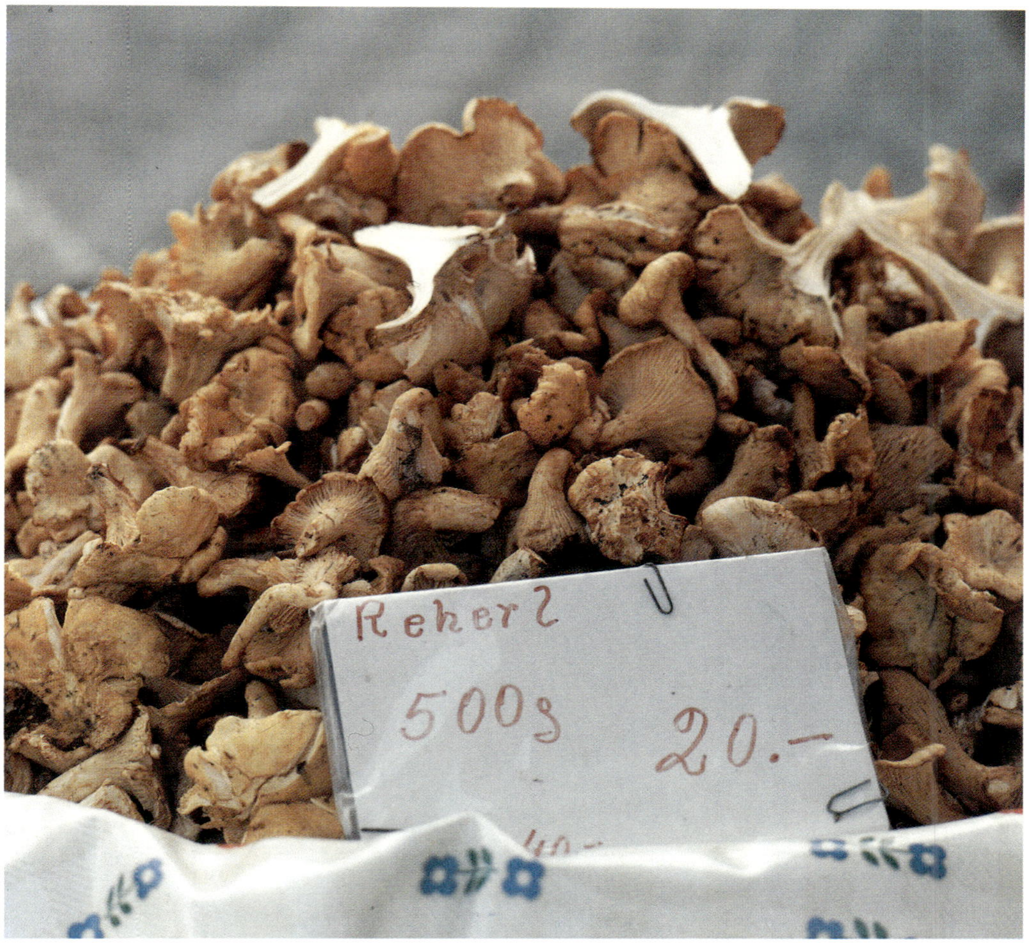

Wer bayrische Gebirgsketten und Höhenzüge sehen will, muß dazu nicht in die Alpen fahren.

Das »Dreigestirn« des Marktes: Verkäufer, Kunden und Ware beginnt im Morgengrauen zu funkeln, um ganztägig den Kern der Stadt zu überstrahlen.

Poesie der Viktualien

Die Namen der auf dem Viktualienmarkt angebotenen Naturalien zergehen einem bereits beim Sprechen ohne jegliche Zubereitung förmlich auf der Zunge. Kosten Sie selbst, indem Sie folgende Namen halblaut vor sich hinmurmeln: Brasil-Melonen, Mangos aus Haiti, Papayas aus Brasilien, Palmenherzen, chilenische Linsen, Cherimoyas, Uglys, String Radish, Kumquats, grüne Limetta, Mangold, Champusgelee, Ingwer in Calvados, Okra, Sternanis, Önotherra Suponaria, Tamarillos, duftende Pimpinelle, frische Ochsenherzen, türkischer Porree, Red Delicious, grüner Pfeffer in Gin, Ananas aus Afrika, Birnen aus Italien, Petersilie aus Trudering, Kirschen aus Südafrika, Krautköpf' aus Ismaning, schöner Andifi, die ersten Erbaar, extragroße Dotschn, feinster Karfioi, köstliche Kriachal, leckere Luststangerl, rote Ranna, gschmackige Regerl, Ringlo, pralle Taubaar, feinstes Bries, zarte Kiadagansal, Curry und Koreander, Ysop, Salbei, Basilikum, kapverdische Frühkartoffeln, bulgarischer Schafskäse, marokkanische Aprikosen, italienische Zucchini, gemahlener Ingwer, Prinzeßbohnen aus Kenia, Südtiroler Kaminwurzen, frischer Loup de Mer, scharfe Gagumerer, gschmackige Griachal, feines Hätschibätsch, aphrosidiakische Nespole-Äpfelchen, stachelige Litschi, rotschwarze Tomarillos, kräftige Saubohnen und Kapuzinererbsen, Meraner Goldtrauben, duftender Kaminkas (Geräuchertes), Khaki, Auberginen, Avocados und Finocchi, bittergrüne Limes, Feijoa, sattrote Paradeiser, . . . aufhören . . . aufhören . . . nicht daß dem Viktualienmarkt durch das inzwischen in den Mündern der Leser zusammengelaufene Wasser eine neue Überschwemmungskatastrophe droht!

Der Viktualienmarkt scheint direkt am Meer zu liegen. Woher sonst kämen all die frischgefischten Fische?

Wo läßt sich die Vorfreude auf die Feste des Jahres, wie zum Beispiel auf Ostern, noch am natürlichsten erleben? Die Antwort liegt auf dem Markt.

Beim »Boimkatzlbindn« scheint manche Standlfrau mit gemurmelten Beschwörungsformeln den Frühling endgültig in die Stadt zu holen.

In den Ästen der Bäume treffen sich die Blicke der vom Markt Aufschauenden mit denen, die vom Alten Peter auf das Schmankerl-Eldorado geworfen werden.

Schon der Fußgängerbereich vor dem Alten Rathausturm liegt als einladende blumengeschmückte Diele vor dem nahrhaftesten Fleck Münchens.

Gemüse, Grünzeug, Kakteen – alles zeigt sich auf dem Markt von seiner schönsten Seite. Sogar Gamsbärte scheinen hier besonders üppig zu wuchern.

Die Gemüsestände können sich mit ihrem farbenfrohen Angebot durchaus mit dem der Blumenverkäufer messen. Auf dieser »Augenweide« wird sich niemand so schnell sattsehen können. Wer durch die Budenstraßen lustwandelt, versteht auch das Gerücht, das besagt, daß alle Regenbogen dieser Welt ihre Farbskala einmal jährlich auf dem Viktualienmarkt auffrischen.

»Fehlt uns no was, Herr Professa? A paar schöne Tomatn oder zarte Gelbe Rüabal? . . . Ein Pfund von jedem derfs sei? Des is recht . . . Da schaun S' her. Bis zum nächsten Mal, Herr Professa.«

»Gnädige Frau, da hätt i no an bsonders schönen Strauß . . . Was? . . . Ja, freilich, halten die guat. Die san ja so dankbar, da ham S' lang a Freud damit.«

Sogar den Spatzen wird es im Geviert zwischen Heiliggeistkirche und Altem Peter nie langweilig. Bald gibt es ein Prominentenaufwiegen, bald eine andere Attraktion.

Werner Schlierf

Äpfe und Ewege

Äpfe,
grasgrea,
greagrasert mit rote Baackerl
und am gschmaachign Gschmaackerl
vo drunt aus Italien –
vakaafas am Viktualien-
markt inmittn vo Minga.
Da kon a eich stinga!

Und d Buam luurn,
daß soo oa dawischn.
Und na siehgt ma s scho
wia vergift zum Jakobsplatz
zischn.
Denn dort verteilns na
an d Spezln eahna Beute.
Grüaß Gott, Leute!

Und da siehgt ma wieder
ganz klar –
und dees is schee –,
daß trotz da Ewege –
und dees könnts, wias wollts,
draahn –
de gstoina Äpfe
de allerbestn san!

Fritz Fenzl

Ein Wort wie ein Schmankerl

Da schweben Vokale wie Düfte.
Vik-tu-a-li-en-markt . . .
i ua ie a
Das klingt: Sechs Selbstlaute aneinandergereiht wie, wie Luftballons,
grün, blau, rot, grün, weiß, rot –
das hörte sich beinahe italienisch an.
Aber nein, dazwischen doch neun harte, deutsche Konsonanten, wie es sich gehört bei uns.
Der erste geht. Den kann man fast genießen wie einen Vokal. Man formt dieses Vau verschieden zwischen den Lippen, je nachdem, von wo man her ist, ein Weh, wie »Wia woin Sie's denn, Weiwi?«
ein Vau, wie Veilchen, Violetta, Valuta oder ein Eff, wie es die Münchner aussprechen, liebevoll, aber klar: Fiktualienmarkt, mit ff am Wortanfang, wie foll, Freilein, fornehm . . .
Und so weich eingebettet wie die sechs Vokale zwischen den neun Konsonanten ist auch er mitten im Herzen der Stadt mit Herz und so bunt, so farbenfroh, so klingend! Man darf, will man über ihn korrekt berichten, nicht in ihn verliebt sein. Schwärmereien Verliebter leuchten rosarot.
Also betrachten wir ihn uns nüchtern, nach seinen Lauten und nach seinen Leuten, so, wie er ist.
Das Vau, Weh, Phi, Eff, das stimmt immer, wie man es halt nimmt. Aber »kt«, »nm« oder gar »rkt« ist schon hart auch auszusprechen, wenn man nicht von hier ist.
So hart wie der Fischhändler an den Fischstandln oder in der Nordseehalle, der mit dem liebenswürdigsten Lächeln dem von dir gewünschten Schuppenschwimm auf den Kopf haut und ihn dir mit Grandezza darreicht: »A scheens Karpferl, Freilein!«
Weniger Härte traust du schon dem rotgesichtigen Metzger in einem der appetitlichen Fleischläden gegenüber der Heiliggeistkirche zu: »A scheens Kalbsherzerl hätt' i für Sie, Fraule!«
Der Metzger, der Fischhändler, die Würstlverkäuferin in der Holzbude neben der Kirche, bei der du die besten Rauchzipfel dieser Welt bekommst, und alle freundlichen Marktweiberl an den Obst-, Gemüse-, Blumen-, Käse-, Eier-, Honig-, Kräuter- und weiß was noch-Standln, sie wollen, sie müssen halt auch verdienen. Da sind sie nicht anders als woanders auch. So hart wie alle Konsonanten bis zum »rkt«. Aber wie sie das halt machen!
Das sind die Vokale dazwischen. Und zusammen sind sie der Münchner Viktualienmarkt. Wie sie dir die harte Ware weich anbieten.
Du mußt nur beispielsweise an das Gewürze-Gurken-Sauerkraut-Eckerl gehen, wo feine Damen in Seide oder Nerz – je nach Jahreszeit – aus dem Pergamentpapierl Salzgurken oder frisches Sauerkraut aus dem Holzfassl zuzeln, daß es tropft. Der fröhliche Verkäufer und seine stets lächelnden zwei Gehilfinnen sagen gar nichts. Hier werben die Düfte allein. Aber wenn du dich entschlossen hast, eine Salzgurke, hundert Gramm Sauerkraut oder ein Fünftel eingelegte Zwieferl zu erstehen, dann fühlst du, dann riechst du, dann schmeckst du die Vokale.
Nirgendswoanders findest du eine so liebliche, liebenswerte, liebenswürdige, lachende Belohnung deines Kaufwillens.
Du kannst dich auch mit geblähten Nasenflügeln, begehrlich gierigen Augen und lüsternen Blickes vorbeiwuseln an – je nach Jahreszeit – leuchtendroten Erdbeeren, verführerisch rundprallen Kirschen, jungfräulich rotwangigen Äpfeln, kanzlergleichen Birnen, aber auch an Exoten wie Kiwis, Mangos, Limonen und – gleich, wie sie alle heißen – hunderterlei fremdländischen Dingsda-Früchten. Nur vor einem, verehrter Gast aus der Fremde und lieber Münchner Spezi, vor einem warne ich dich ernsthaft und wohlwollend zugleich: Betaste nie einen Apfel, ein Gockerl, einen Kopfsalat oder was auch immer, vor allem aber keinen »echten Münchner Gärtner-Radi«!
Was du armer Freund dann an weichen und harten Vokalen und Konsonanten, an unverfälschter O-Ton-sicherer Münchner Viktualienmarktstandlfrauaussprache zu hören bekommst, das, lieber Leser, haben berühmte und kundige Originale wie der Weiß Ferdl und die Ratschkathl Ida Schumacher trotz fundamentaler Kenntnisse der Urgewalt des Urbairischen und trotz allen liebevollen Studiums dieser herrlichen Sprache nur sehr unzureichend beschrieben.

Billiges und Teures, Seltsames und Rares . . .

Nicht nur die obligatorische Essiggurke kann sich der Marktbesucher mit schmalem Geldbeutel leisten. An den meisten Ständen lassen sich für Beträge unter einer Mark Kostproben von besonderen Schmankerln erstehen. So kosten 2 Stück der süßen, lediglich 8 bis 10 Zentimeter langen Mini-Apfelbananen (1986) nur 90 Pfennige. Kernlose, griechische Mini-Weintrauben »Sultana« werden auch in kleinen Portionen abgegeben. Und jeder kann sich Honigpollen gegen Heuschnupfen leisten.
Ein Standler formulierte poetisch, was es auf dem Viktualienmarkt gibt: »Billiges und Teures, Seltsames und Rares, aber immer Heuriges, erstklassig Wunderbares.«

Natürlich wird auch Sündteures angeboten, und das nicht erst in unserer Zeit. So kostete bereits einmal 1979 1 kg Trauben DM 18,–. Und Schwammerl, besonders die »Stoapuizl«, sind auch nicht gerade billig. Ihr billigstes Pfund Butter verkaufte eine Standlerin um 1902 für 1 Mark 20, das teuerste 1923 um 35 Millionen Mark.
Auch die Viecherl sind nicht vergessen. So gibt es das »Schmankerl für den Zamperl«, das so lecker aussieht, daß man es gleich für sich selber als Leckerbissen zubereiten möchte. Zu diesem Metzger finden die Münchner Dackel blind hin.
Das Mäusefett, das es früher einmal gab, sollte bei der Jagd auf die Nager im Haus behilflich sein. Genau wie dies gehört – leider – das Regenwurmgeschäft von Ernst Micheli der Vergangenheit an. Ein Isarfischer kaufte bei ihm jährlich für 50 Mark von diesen Gartenspaghetti. Er fing damit allerdings nur ein einziges Mal einen kleinen Fisch für 40 Pfennige.
Da meinte Ernst Micheli anerkennend: »So oana hat halt no an Sportsgeist.«
Früher traf man auch Händler mit Vogelsand und Kienspan. Heute existieren noch immer die Krenweiberl, die frischen Kren, also Meerrettich, anbieten.
Übrigens gibt es täglich kurz vor Marktschluß besonders leicht verderbliche Ware, wie Obst, Blumen und Gemüse, stark verbilligt. So lohnt sich bisweilen das Warten. Die Preise von Lebensmitteln, die nicht »übersonntagen« können, werden am Samstagmittag gesenkt. An Heiligabend kurz »vor Torschluß« konnte auch schon mancher noch ein günstiges Christbäumchen erstehen.
Daß es auf dem Markt sonst nicht immer billig zugeht, liegt zuweilen auch an der Kundschaft. Vor Jahren kostete einmal ein herrlicher Kopfsalat nur 25 Pfennige. Aber das Geschäft ging schlecht. Da seufzte die Standlfrau: »Jetzt hilft nur noch eins, ich setz den Preis auf 45 Pfennig nauf.« Und siehe da, im Nu war der Salat verkauft.
Interessant ist, die heutigen Preise mit denen im 13. Jahrhundert zu vergleichen. Da gab es für einen Pfennig noch vier Brezen oder zwei Roggenbrote, ein Semmelbrot oder auch zehn Eier. Und für 2 Pfennige bekam man 2 Pfund des besten Rindfleischs oder ½ Pfund Kalbfleisch oder auch ½ Maß besten welschen Weines. Auch ein »bestes junges Huhn« war nicht teurer.
Bereits in alter Zeit lesen sich die jährlichen Verkaufszahlen geradezu astronomisch.
1858 wurden folgende Viktualienberge verkauft:
1 653 331 Pfund Schmalz zu 28½ Kreuzer je Pfund; 388 940 Pfund Butter zu 27½ Kreuzer je Pfund; 19 903 000 Eier zu 11¾ Kreuzer je 12 Stück; 25 527 alte Hennen zu 26 Kreuzer pro Stück; 67 761 junge Hühner zu 24 Kreuzer pro Stück; 77 286 Gänse zu je einem Gulden 22 Kreuzer; 2 863 Indiane zu 2 Gulden je Stück; 9 462 Kapaune zu 53 Kreuzer je Stück; 1861/62 betrug der Gesamtumsatz stolze 1 815 962 Gulden.
Und wie liest sich der Börsenbericht vom Viktualienmarkt rund 100 Jahre später, an einem 27./28. Februar 1954? Hier ein Ausschnitt:
»Beim Gemüsehandel liegt besonders viel Blumenkohl auf den Verkaufstischen, die billigsten Köpfe gibt es ab 10 Pfennige. Einzelne Geschäfte bieten frische Treibhausgurken an, das Stück um 3,30 DM. Auch Tomaten kommen mehr auf den Markt. Kleiner wird das Angebot an Äpfeln, die Preise haben sich erhöht. Beim Fischhandel gibt es wieder den beliebten Stockfisch. Bei den Eierkisten ist die Notierung durchwegs um einen Pfennig zurückgegangen.

Butterschmalz	2,90 DM	bis	3,20 DM
Eier (je nach Gr.)	0,15 DM	bis	0,23 DM
Suppenhühner	2,00 DM	bis	2,60 DM
Brathühner	2,50 DM	bis	3,30 DM
Gänse	2,20 DM	bis	3,60 DM
Enten	2,40 DM	bis	3,00 DM
Kopfsalat	0,50 DM	bis	0,60 DM
Wildschwein	1,30 DM	bis	2,50 DM.«

Gastlichkeit auch rundherum

Den Markt umrahmten von altersher Gasthäuser, Kneipen, Cafés, Weinhäuser, Stehausschänke, Einkehrstätten und Imbißstuben.
Von den alten Cafés rund um den Viktualienmarkt verschwanden mit der Zeit immer mehr. Das Café Gröber, das, am Fischerturm angebaut, seit 1800 bekannt war, wurde 1891 beim Abbruch dieses Turmes, der immerhin zur zweiten Stadtmauer gehörte, ebenfalls mitabgebrochen und an die Ecke Reichenbach-/Frauenstraße verlegt. Dort blieb es bis 1983, dann wurde es auch dort abgerissen.
Das Café Neumayr am Petersplatz 8, früher das »Kaffeehaus zum Haarpuderwaberl«, bestand von 1806 bis 1969. Den Gästen standen Billardtische und Zeitungen zur Verfügung. Das Café befand sich im gleichen Haus, in dem es noch heute das Spezialitätenlokal gleichen Namens gibt.
Die Gastwirtschaft »Zum Fischmarkt« wird erstmals 1529 genannt und existiert noch heute am Viktualienmarkt.
Das »Bratwurstherzl« war in den fünfziger Jahren noch ein bekanntes Frühstückslokal, auch für Feinschmecker, ebenso der »Markthof«.
Auch das Lokal »Stadt Kempten« liegt am Markt. Diese alte Wirtschaft gibt es seit 1831 als Kaffeeausschank und seit 1852 als Lokal.
Das Gewölbe der »Weinschänke am Markt« stammt aus dem 14. Jahrhundert.
Auch das »Gasthaus zum Markt« am Dreifaltigkeitsberg lockt die Kunden heute noch an.
Manche kennen ferner die Namen der »Tiroler Weinstube« an der Frauenstraße und der Gaststätte »Zum Süß«, daneben der Münchner Wurstküchen, so etwa des Meisinger und des Pfadenbauer vom »Bratwurstglöckerl«. Die original Münchner Küchelbäckerei von Anton Alsheimer an der Heiliggeiststraße 1 und die Altmünchner Leberknödel- und Kronfleischküche an der Heiliggeistkirche zählen zu den besonderen Marktattraktionen, ebenso das Prominentenlokal »Kays Bistro«, die Weinstube Holzbauer und der Straubinger Hof.
Der Biergarten des Valentinstüberls wurde 1986 abgerissen. An seiner Stelle entstanden sechs Eigentumswohnungen, zwei Läden und ein Büro. Das Valentinstüberl war ein Treffpunkt für Musiker und Marktmenschen, Maler und Volksschauspieler. Mit dem Biergarten ging auch wieder ein kleines Stück altes München verloren.
Manche nehmen derartige Vorkommnisse gelassener hin und halten das Verschwinden bestimmter Lokale sogar für einen Segen, denn in etlichen dieser Kneipen, so zum Beispiel in der Westenrieder- oder

Idyllische Gaststätten rund um den Markt, mit uralten Litfaßsäulen davor oder . . .

. . . mit allerlei Seltsamkeiten im Schaufenster, wie im Heiliggeist-Stüberl den ausgestopften Schwan und die Büste vom Märchenkönig.

in der Heiliggeiststraße, versammeln sich mitunter den ganzen Tag hindurch sogenannte zwielichtige Typen, heruntergekommene Gestalten, Außenseiter der Gesellschaft, zweifelhafte Damen vor einem Glas Bier oder einem Klaren, zigarettenrauchende Gunstgewerblerinnen, protzige Zuhälter, tätowierte Zocker, alte »Schabracken« mit Damenbart.
Mancher war zwei Jahre »furt«, womöglich auf »Urlaub in St. Adelheim«. Aus vielen sprudeln in lauten Gesprächen Probleme heraus, die nicht mehr zurückzuhalten sind, brechen verkrustete Seelenwunden auf, deren Schmerzen sich nur mit ein paar Obstlern etwas lindern lassen. Der Rest der Gedanken, der unausgesprochen im Herzen zurückbleibt, wird in einigen Halben Bier ertränkt. Manche sitzen auch stumm vor der Musicbox und lassen sich von den laut dröhnenden schmalzigen Schnulzenklängen ihre psychischen Narben zukleistern.
Aber erst nach Mitternacht bricht der Untergrund in seiner Vielfalt so richtig auf, und herauf aus den »Gewölben« steigen die aus einer bürgerlichen Existenz Gekippten, die vom Schicksal Gebeutelten, die vom Leben Gezeichneten und vom Pech Verfolgten, die Haltlosen und Labilen, denen übel mitgespielt wurde, die Außenseiter, die ihr Los zum Teil selbst gewählt haben, die jetzt im Dunkeln erst zu leben wagen, die in der Nacht nicht allein sein können oder die zu dieser Zeit nicht schlafen wollen.
Unbescholtene Bürger trauen sich jetzt nicht mehr über eine solche Schwelle, denn sie fielen zu dieser Stunde als ungebetene und aufdringliche Außenseiter unangenehm auf.
Mancher mag sich fragen, ob diese »Boazn« nicht dem Flair des Viktualienmarktes schaden. Wären nicht ausschließlich anständige, gutbürgerliche Restaurants die rechten moralischen »Grenzpfosten« der »grünen Insel«?
Natürlich existieren genügend unbescholtene Wirtschaften mit gutem Ruf. Aber es hat schon seine Richtigkeit, wenn der Lokal-Sektor gut »durchwachsen« und auch auf diesem Gebiet für die Bedürfnisse von »Hoch und Nieder, Arm und Reich . . .« gesorgt ist. Das garantiert dem Markt die Lebensnähe und den Wirklichkeitsbezug, die schließlich von allen Seiten so positiv hervorgehoben werden.

Drei Meter tief im Boden verankert, gehört der rund 35 m hohe Marktmaibaum zu den Wahrzeichen des Schmankerlparks.

»Schön, daß S' mir's recht machen können. I hoff, daß i's Eahna aa recht gmacht hab!«

Günter Goepfert

Viktualienmarkt

Stände wie die Schwammerlinge,
und darunter tausend Dinge:
Runde Marktfraun und Madamen.
»Scheene Radi – 'ß Good beisammen!«

Gänse, Hühner, Schmalz und Butter.
»Braucht der Herr koa Vogelfutter?«
Obst in Körben und in Steigen.
»Nüss' wärn billig heut und Feigen!«

Aal und Barsch im hölzern' Zuber.
»Darf's aa mehra sei, Frau Huber?«
Brunnen mit den Münchner Gwachsen.
»Schau, Bua, des san frische Daxen!«

Pflanzen für Balkon und Garten.
»Frauerl, tuan S' net zlang mehr warten!«
Heiliggeist und Alter Peter.
»Taubeern, Muatterl, gibt's erst später!«

Maibaum voll mit bunten Sachen.
»Nachbarin, du kannst leicht lachen!«
Duft von Äpfeln, Kraut und Flieder.
»Gnädge Frau, beehrn S' mich wieder!«

In den fünfziger Jahren dachte man daran, berühmten Volkskünstlern aus Bayern Denkmäler aufzustellen. Von Anfang an war klar, daß man sie nicht in einer dunklen Ruhmeshalle »kaltstellen« durfte. Es mußte ein öffentlicher, beliebter Platz des Volkes sein: der Viktualienmarkt. Und da fühlen sie sich jetzt wohl, z. B. die Karlstadt, die Schumacher und die Aulinger (von links nach rechts).

Besondere Einrichtungen auf dem Markt

Die Freibank

Das Gebäude der Freibank, das sich südwestlich hinter dem Valentinbrunnen erhebt, ist das nördlichste Eckgebäude der ehemaligen Schrannenhalle.
Die Schranne, so nannte man früher den Getreidemarkt, fand ursprünglich auf dem Marienplatz statt, der deshalb auch lange Zeit Schrannenmarkt hieß. Vor fast 700 Jahren, 1296, fand dort der erste Korn- und Getreidemarkt statt. Erst 1659 gab es eine Schrannenordnung, die älteste ihrer Art.
Die Schranne entwickelte sich zwischen 1771 und 1845 zu einem der wichtigsten Märkte Deutschlands. Schrannentage waren der Dienstag und Samstag, wobei vom April bis September der Beginn um 5 Uhr früh, vom Oktober bis März 7 Uhr am Morgen war. Als der Marienplatz für die Schranne zu klein geworden war und der Viktualienmarkt auf dem Hof des Heiliggeistspitals seinen Platz gefunden hatte, reifte 1842 der erste Plan zum Bau einer Schrannenhalle. Von 1851 bis 1853 wurde schließlich die von Karl Muffat entworfene Maximiliansgetreidehalle, wie die Schrannenhalle offiziell hieß, in einer Länge von 442,5 m, in einer Breite von 31 m und Höhe von 25 m, die Blumenstraße entlang vom Angertor bis zum Viktualienmarkt, an der ehemaligen Stadtmauer liegend, errichtet.
Der Ingenieur Ludwig Werder setzte damals bereits Kräne und Bauwägen ein, die auf Eisenbahnschienen rollten. Ein derartiger, 165 m langer Teil wurde so in der Rekordzeit von nur 14 Tagen zusammengefügt. Der Münchner Glaspalast und der Wintergarten in der Residenz sowie die Großhesseloher Brücke standen in dieser Bautradition. Die Schrannenhalle bestand aus einem Mittelteil und zwei Flügelbauten aus Stein, zwischen denen sich zwei 165 m lange offene Eisenhallen erstreckten. Die Münchner hatten zu dieser Halle, obwohl sie damals mit fast einem halben Kilometer Länge als technisches Weltwunder aus Glas und Eisen galt, nie ein besonderes Verhältnis. Zum Ärger vieler Münchnerinnen durften die Früchtehändler Obst dort »nicht unter 25 Pfund abgeben«. Bis 1878 war ein Rückgang der Schrannenblüte zu verzeichnen. 1914–1927 wurde die Schranne aufgehoben und stand zum Abriß an.

So sah die Schrannenhalle um 1855 aus. Da ihre wesentlichen Bestandteile inzwischen wiedergefunden wurden, ließe sie sich ohne weiteres an ihrem historischen Standort an der Blumenstraße neu errichten.

1932 zerstörte ein Großfeuer, wie es München seit dem Brand des Glaspalastes nicht mehr gesehen hatte, den Großteil dieses Bauwerkes. Der rätselhafte Brand brach in der Nacht zum 8. April 1932 um 2.10 Uhr aus. Ein Reporter berichtete damals: »Da plötzlich, ist es Traum, färbt sich der Himmel glutrot. Aus Südwesten jagen dichte, Gefahr kündende Rauchschwaden daher. Funkenregen geht nieder, als hätte sich der Vesuv aufgetan. Ich bin gerade auf der Höhe des Zwingerecks, kaum zehn Schritte darüber hinaus. Jäh schießt es durch den Kopf: Feuer, Großfeuer! Sofort denke ich an den Glaspalast. Das ging auch unge-

Bald würde in ihr wieder ähnlich reges Leben pulsieren wie vor fast 150 Jahren.

fähr so an. Das war auch um eine ähnliche Zeit. Schon sieht man im Hintergrund hohe Feuergarben zum rauchgeschwärzten Himmel durchstoßen. Man spürt förmlich die Glut und Hitze.« . . . Nach den Löscharbeiten war »die Schrannenhalle nur mehr ein Gerippe von Eisenpfosten und wild verbogenem Gestänge«. Es waren außerdem 82 Verletzte zu versorgen. Die Münchner hatten sofort einen »narrischen Brandstifter« in Verdacht. Es blieb nur der Nordpavillon bestehen, wo die heutige Freibank untergebracht ist. Vor ihm fand dereinst der Ziegenmilchmarkt statt. Der Schrannenhalle weinte kaum ein Münchner nach. Im Gegenteil, man witzelte, der Brandstifter sei ein Schuster gewesen, der seine Brandsohle dort liegengelassen habe. Hinter der Freibank, mit dem Gesicht zur Blumenstraße, wurden, gleichsam als Symbol dafür, was die Münchner von dieser Halle hielten, die Toiletten für Männer und Frauen eingerichtet, und ein Schild warnt: »Nächste WC-Anlage« erst »Jakobsplatz«. Aber auch dorthin ist es nicht besonders weit.
1978 wurde allerdings zufällig auf dem Gaswerksgelände in Moosach in der Dachauer Straße 148 eine Lagerhalle entdeckt, die sich als ein 125 Meter langes wiedermontiertes Fragment der Schrannenhalle entpuppte. Seither gibt es ernsthafte Bestrebungen, die Schrannenhalle wieder an ihrem alten Standort an der Blumenstraße zu errichten. Man will sie kulturell als Theater- und Ausstellungsfläche nutzen, wobei ein Kaffeehaus und ein Biergarten dem leiblichen Wohl dienen sollen. Augenblicklich läßt sich aber dort, wo einstmals die zugige Wartehalle neben der Freibank stand, die inzwischen abgerissen wurde, etwas recht Nettes entdecken. Am ehemaligen Bauernmarkt steht nämlich das drollige »Fischbuberl«-Denkmal. Bei dem kleinen Nackedei mit Fischermütze handelt es sich um ein Bronzekindl von Ignaz Taschner, einem der besten Freunde Ludwig Thomas, das zwei Jahre nach dem Schrannenbrand aufgestellt wurde. In beiden Armen hält es zwei stattliche Fische, und zwischen die Beine hat es sich auch noch einen geklemmt. Das Buberl steht auf einer Kupferkugel, aus der aus einem Rohr ein Wasserstrahl herausplätschert, und scheint direkt zum Café Frischhut unterwegs zu sein.

Was wird in der Freibank verkauft?

Bereits um 1570 wurden in der damaligen Freibank zur Freude der armen Leute Gratstücke und Rosen preiswerter verkauft. In der heutigen Freibank wird Fleisch angeboten, das als »minderwertig« oder bedingt tauglich beurteilt wird. Die Direktion des städtischen Veterinärwesens leitet und verwaltet diese öffentliche Einrichtung. Die Verkaufstage, -zeiten und -preise werden von der Direktion festgesetzt und durch Anschlag an der Freibankhauptstelle und den Freibanknebenstellen bekanntgegeben. Ferner wird dort darauf hingewiesen, daß das Fleisch zu ermäßigten Preisen nur an Endverbraucher abgegeben wird und nur begrenzt haltbar ist. Das Fleisch wird vor Verkauf von der Sanitätsanstalt des Schlacht- und Viehhofes untersucht. Unbrauchbares und unverkäufliches Fleisch geht auch dorthin zurück. Es soll nicht roh verzehrt werden. An den Verkaufsständen ist jeweils der Eigentümer namentlich angegeben. Es werden pro Tag nur geringfügige Mengen Fleisch an jeden Kunden verkauft, es sei denn, es ist übermäßig viel vorhanden. Dann kann die Gesamtmenge heraufgesetzt werden. Die Fleischpreise liegen etwa bei 80 % derer von Normalfleisch.
Um einen Eindruck zu geben, wieviel Fleisch jährlich in der Freibank und auf dem Viktualienmarkt verkauft wird, sei eine imponierende Zahl genannt: 1970 wurde ein Fleischberg von rund 1,3 Millionen kg Rind- und Schweinefleisch abgesetzt.

Die Roßschwemme

An der Südwestecke des Viktualienmarktes, etwa dort, wo heute der Valentinbrunnen plätschert, rauschte vor Jahrhunderten das Wasser in der Roßschwemme. Diese wurde auch als Bäckerschnelle benutzt. Verkaufte ein Bäcker im Mittelalter nämlich schlechtes, zum Beispiel schwarzes oder zu leichtgewichtiges Brot, dann mußte er große Angst vor der Entdeckung seiner Betrügerei haben. Wenn die Schandtat aufkam, wurde er aus seiner Backstube geholt und von zwei Schergen unter Trommelwirbeln zur Roßschwemme gebracht. Schnell waren Schaulustige zur Stelle, und auch die betrogenen Kunden ließen sich das folgende Schauspiel nicht entgehen: Der Bäcker wurde in einen zwischen zwei Balken angebrachten Holzkäfig gesperrt und dann von den Bütteln mittels des auf der Brücke aufgestellten Schnellgalgens, an dem der Käfig befestigt war, in den Bach getaucht, also unter Wasser geschnellt, daß ihm die Luft wegblieb. Meist geschah das nur dreimal recht kräftig. In besonders schweren Fällen durfte die Befeuchtungsprozedur einige Male wiederholt und der Delinquent so lange unter Wasser gehalten werden, »bis er ainigermaßen Wasser geschluckt habe und etzlichen blau geworden wäre von Angesicht«. Das heißt, er wurde manchmal bis kurz vor dem Ersaufen unter Wasser gedrückt. Dies geschah unter dem schadenfrohen Gelächter und dem Spott der Zuschauer, die den so Gedemütigten nach der Prozedur auch noch nach Hause hetzten und nicht selten mit Schlägen malträtierten. Diesen Brauch pflegte man in München noch 1810. Karl Valentin auf seinem Brunnen mag vielleicht folgendes

Dieses Aquarell von 1837 zeigt die Roßschwemme als malerischen Flecken. Die Bäcker früher dachten wohl anders darüber.

denken: Würden heute alle nicht ganz ehrlichen Handwerker noch ebenso bestraft werden, dann müßte man das Wasserbecken seines Brunnens auf den Umfang des gesamten Viktualienmarkts ausdehnen. Dort wäre dann ganzjährig Hochbetrieb.

Brunnen auf dem Viktualienmarkt

Außer ein paar Kustermann-Hydranten stehen auf dem Viktualienmarkt sechs unübersehbare Brunnendenkmäler.
Das Wasser hat auf diesem Platz schon immer eine Rolle gespielt. Früher flossen, einem weitmaschigen Strickmuster nicht unähnlich, sieben Bäche kreuz und quer als Rinnsale über den Markt. In München gab es damals übrigens an die 90 Bäche und Seitenarme des Isarkanals. Auf dem Viktualienmarkt mündete der Fischerbach ins Münzbachl, das seinerseits unter der Heiliggeistkirche durchschlüpfte. Das Strohhammerbachl vereinigte sich mit dem Katzenbach, der das Tal überquerte. Der östliche Stadtgrabenbach kreuzte sich mit dem Roßschwemmbach, der sich wiederum in den Pfisterbach (beim Geschäft Kustermann) ergoß. Im Roßschwemmbach wurden ja die betrügerischen Loabeschmiede (Bäcker) untergetaucht. Heute sind alle diese Bäche längst verschwunden. 1907 beabsichtigte man, hier einen gewöhnlichen Brunnen »in ganz einfacher Ausführung« zu errichten, der zusammen mit neu geplanten Verkaufsständen der Stadt »zur Zierde gereichen« sollte.
Die Brunnen auf dem Viktualienmarkt stehen also durchaus in der Tradition. Nicht Könige fanden auf dem Denkmalspodest Platz, sondern Volkssänger. Der Textilkaufmann und Vorsitzende des »Freundeskreises Münchner Volkssänger und Volksschauspieler«, Gustl Feldmeier, ergriff die Initiative zur Errichtung der ersten drei Brunnen für Karl Valentin, Weiß Ferdl und Liesl Karlstadt auf dem Viktualienmarkt, denn, so begründete er: »Hier schlägt das Herz Münchens am stärksten.«

Der Karl-Valentin-Brunnen

Valentins Name war eigentlich Valentin Ludwig Fey. So jedenfalls hieß er, nachdem er am 4. Juni 1882 in München das Licht der Welt erblickt hatte. Nach seiner Volksschul- und Bürgerschulzeit begann er mit 14 Jahren eine dreijährige Schreinerlehre. Aber den Zwanzigjährigen zog es zu einem ersten kurzen komödiantischen Engagement nach Nürnberg. Nach dem Tode seines Vaters versuchte er mit seiner Mutter vier Jahre das väterliche Möbeltransportgeschäft zu leiten. Das ging nicht lange gut, und er war pleite. Sein Sinn stand ihm eben mehr nach Komödiespielen. Es zog ihn mit aller Gewalt auf die Bretter, die die Welt bedeuten. Als alter Bastler baute er einen Apparat aus 20 Musikinstrumenten, die er mit Händen und Füßen allesamt gleichzeitig spielen konnte. Da ihm mit diesem Orchestrion kein Erfolg beschieden war, zertrümmerte er es wieder. Mit 21 Jahren lernte er seine Schauspielpartnerin Liesl Karlstadt kennen, mit der er in den folgenden rund vierzig Jahren fast ständig auftrat. Wer kennt sie nicht, die noch heute berühmten Sketche und Stücke: »Der Firmling« – »Der Buchbinder Wanninger« – »Die Raubritter vor München« und »Die Orchesterprobe«? Bereits als Dreiunddreißigjähriger gab der spindeldürre, privat immer etwas schwermütige Komiker an allen Münchner Kabaretts Gastspiele. Daraufhin wurde er auch in andere Städte eingeladen. Er drehte nebenher zahlreiche komische Filme. Sowohl die kurzzeitige Eröffnung eines eigenen Theaters wie auch der Betrieb eines Panoptikums (von dem wesentliche Teile ins heutige »Valentin-Musäum« eingingen) samt einer »Ritterspelunke«, brachten ihm nicht den gewünschten Erfolg. 1941 wurde ihm durch die Nazis jede Filmarbeit untersagt. Vereinsamt, unterernährt und fast vergessen, starb Valentin am Rosenmontag, dem 9. Februar 1948, im Alter von 66 Jahren in seinem kleinen Häuserl in Planegg an einer Lungenentzündung oder einem gewöhnlichen Katarrh. Fünf Jahre später, 1953, errichtete man dem hintergründigen bayerischen Humoristen und Erzkomiker auf dem Viktualienmarkt das von Ernst Andreas Rauch gestaltete Brunnendenkmal, das von Agostino Zuppa aus München gegossen wurde. Das Material dazu stammt übrigens aus dem zerschossenen Bauch eines bayrischen Löwen, der vor dem Krieg auf dem Siegestor gestanden hatte. Der damalige Oberbürgermeister Thomas Wimmer und ein paar Helfer sollen die bei einem Bombenangriff stark beschädigte bayrische Raubkatze auf einem städtischen Lagerplatz entdeckt haben. Sogar das Material gereicht also dem Komiker zur Ehre.
Liesl Karlstadt war bei der Einweihung am 18. 10. 1953 höchstpersönlich dabei. Auf dem Denkmal steht: »Münchner Bürger ihrem Valentin«. Valentin selbst liegt auf dem Waldfriedhof in Planegg begraben.
Wer vor das Denkmal des volkstümlichen Links- und Querdenkers hintritt, sieht die spindeldürre Figur auf einer Art abgebrochenem Fragezeichen stehen, das wiederum recht labil auf einer Kugel balanciert. Die Fragwürdigkeit der Welt und die Fragwürdigkeit der Fragen an sie unterstreichen auch die vier kleinen Masken auf dem Bogen. Zwei davon stellen Valentins berühmte Rollen dar, als Mixtum compositum aus dem Radfahrer »Wrdlbrmpfd«, dem bärtigen Vater aus dem »Firmling« und dem Gendarm aus den »Raubrittern vor München«. Von der Spitze des Fragezeichens strahlt dem Betrachter eine Sonne entgegen, auf der Rückseite, etwas weiter unten grimassiert eine Teufelsfratze. Sonniger Humor und teuflische Hinterfotzigkeit waren Karl Valentin zweifellos in höchstem Maße eigen. Die Denkmalsfigur selbst steht fragezeichengebogen auf der Weltkugel und hat über den rechten Arm einen geschlossenen Regenschirm gehängt. So befindet sich Valentin trotz des Parapluies immer im Nassen, wenn es regnet. Warum hat er dann überhaupt einen Schirm? Valentin würde sagen: »Die Hauptsache ist doch, daß man einen hat.« 1959 wurde im Isartorturm das Valentin-Musäum gegründet, das man unbedingt gesehen haben muß, nicht bloß wegen der beiden zusammengelegten Regenschirme, eines großen und eines kleinen, mit der Erklärung: »Vater und Sohn«. Ernst Hoferichter erzählt eine Episode mit Valentin, die sich auf dem Viktualienmarkt zutrug: »Oft ging ich mit Karl Valentin in Zeiten schwerster Not über diesen Markt. Wir hatten nicht die Pfen-

Karl Valentin, der »Um-acht-Ecken-Denker« und geniale Volkskomiker mit dem schwarzen Goks auf dem Kopf.

Der Gstanzlsänger Roider Jackl.

Der »Vale« als spuckender Gendarm.

Die Ratschkathl Ida Schumacher.

Der Valentin mit Blumenstrauß: »So müaßat man riechen, dann wär man beliebt!«

Der »Platzl«-König Weiß Ferdl.

Valentins beliebte Partnerin Liesl Karlstadt.

Der Rindermarkt-Brunnen unweit vom Markt erinnert an den Verkaufsplatz der Rindviecher vor rund 750 Jahren.

nige, um uns im nahegelegenen Café Gröber eine Tasse Kaffee oder gar eine Schmalznudel kaufen zu können. Und wer dachte von uns daran, daß er (Valentin) einmal zehn Schritte gegenüber als Denkmal stehen würde?«
Die Fleischbank in seinem Rücken verleiht dem Zwetschgenmanndl seit vielen Jahren etwas mehr Standfestigkeit, denn sonst würde der steckerldürre Komiker recht verloren wirken.

Karl Valentin und sein Marktbummel mit Liesl Karlstadt

Einmal kaufte sich meine Partnerin Liesl Karlstadt am Viktualienmarkt ein Pfund Zwetschgen. Wir stiegen dann zusammen in die Straßenbahn, taten aber so, als ob wir uns nicht kennten. Auf einmal sprach sie mich an: »Da schauen S' her, Herr Nachbar, da habe ich mir auf dem Markt soeben Birnen kaufen wollen. Nun hat sich die Obstfrau geirrt und hat mir statt Birnen Äpfel geben.«
»O mei, Fräulein«, habe ich gesagt, »des sind doch keine Äpfel, des sind so eine Art Aprikosen.« – »Ach woher«, sagt sie, »Aprikosen habe ich ja gar nicht verlangt.« – »Wissen S'«, meinte ich darauf, »ich bin zwar a schlechter Obstkenner, vielleicht san's Ananas oder Bananen, aber dazu san sie mir wieder zu kurz.« Sie darauf: »Ach was, Bananen sind's auf keinen Fall; jetzt weiß ich's, Stachelbeeren sind's.« – »Na«, entgegnete ich, »Stachelbeeren haben doch Stacheln, und das, was Sie da in der Tüte drinnen haben, ist ja ganz glatt.« – »Ja, die Stacheln sind halt durch das viele Umladen abgebrochen.« Und so ging der absichtlich saudumm geführte Diskurs immer weiter. Auf einmal erhob sich eine ältere Frau, bestimmt eine Münchener Händlerin, welche einen großen Marktkorb vor sich auf dem Schoße hatte, von ihrem Platz und sprach: »Naa, jetzt muß i geh, jetzt halt i's nimmer aus, de kenna net amal Zwetschgn.« Sie stieg aus, murmelte noch vor sich hin, ich rannte ihr sofort nach und rief ihr von der Plattform aus nach: »Sie Frau, jetzt wissen wir's, was es ist – a Kartoffesalat.« Sie wurde starr, sie hat mir einen Blick zugeworfen, der mir noch heute unvergeßlich ist.

Der Ida-Schumacher-Brunnen

Die 1894 in Arnstorf (Niederbayern) geborene Komödiantin Ida Schumacher ist besser unter ihrem Namen »Ratschkathl« bekannt. Sie kam mit zwei Jahren nach München. Im Alter von 13 Jahren trat sie in den Chor des Münchner Künstlertheaters ein. Mit 15 Jahren wurde sie von Ralph Benatzky für das Kabarett entdeckt. Nach zwei Jahren im Kabarett Benz ging sie zum Tegernseer Bauerntheater, wo sie achtzehn Jahre lang auftrat. Danach gründete ihr Mann in München ein eigenes Volkssängerensemble, das in den verschiedensten Lokalen in Erscheinung trat. Im Krieg verlor Ida Schumacher ihren Mann, ihre Wohnung und ihren Arbeitsplatz und auch ihre Gesangsstimme. Erst in den Jahren 1950 bis 1956 machte sie eine beispiellose Spätkarriere als »Ratschkathl«. Dies verdankte sie, wie jemand spöttelte, vor allem einer Halskrankheit.
In der Maske dieser originellen Figur verkörperte sie am Platzl besonders gerne Besucherinnen des Viktualienmarktes oder deren Marktfrauen, die flinkzüngige »Oatandlerin« (Eierverkäuferin) und die »Trambahnschienenritzenreinigungsdame«. Wenn sie einmal mit ihrer heiseren, verquetschten Stimme eine ihrer derben, wasserfallartigen Schimpfkanonaden über die Bühne fegen ließ, blieb im Zuschauerraum kein Auge trocken. Auch im Rundfunk war sie häufig zu hören. Am 6. April 1956 starb die Humoristin Ida Schumacher.
Erst 21 Jahre nach ihrem Tod, 1977, fand sie als Brunnenfigur, die von Marlene Neubauer-Woerner gestaltet und von Werner Braun gegossen worden war, unter den Standlfrauen des Viktualienmarktes, von drei Bäumen flankiert, ihren Ehrenplatz. Fortwährend sprudelt ihr zu Füßen seither aus dem aufgerissenen Schnatterschnabel einer Ente (oder ist es eine Gans?) ein nie versiegender Wasserstrahl, als wäre es ein Wasserfallwortschwall der Ratschkathl höchstpersönlich. Ida Schumacher ist beim »Ratsch im Treppenhaus« dargestellt. Mit der Linken umklammert sie, wie eine Siegerstandarte, ihren Schrubber, und in der Rechten hält sie den Putzkübel und es scheint, als warte sie darauf, sich beim Großreinemachen des Platzes beteiligen zu dürfen, um dabei gleich die brisantesten Neuigkeiten herumzutratschen. Dazwischen glaubt man fast den Schlüsselbund, der am Schürzenband baumelt, klirren zu hören. Den anderen weiblichen Brunnenfiguren der Liesl Karlstadt und Elise Aulinger kehrt sie den Rücken, und man erinnert sich unwillkürlich an den Satz der »Trambahnschienenritzenreinigungsdame«: »Mia san uns drei Damen, soweit ma vo de andern von Damen red'n ko . . .«
Enthüllt wurde der Brunnen am 23. 9. 1977 und wie es heißt, »war's ein Sauwetter«, als sehnte sich die Schumacher damals schon nach einem Eimer voll Wasser.

Am Eierstandl

Lassen wir aber jetzt die Ratschkathl selbst zu Wort kommen und hören ihr zu, was sie bei einem Marktbesuch erlebt hat:

»Ja heit is scho guat oganga, gäi. Am Viktualienmarkt war i, do war's scho zünfti. Ja, stelln S' Eahna vor, gäi, kumm i do vom Gmiasmarkt, und wia i do nübageh, dawei kommt mir eine Stimme entgegen: ‚Gnädige Frau, geht vielleicht noch was ab?' – Sie, i werd Eahna wos song, mir is da Schnaufara ausganga. Sog i: ‚Stimmt des, Sie, das Ei 26 Pfenning? Ihr seids ja unter d' Raubritter ganga! Vorige Woch hams 21 Pfenning kost.' Sogt die protzad Handlarin zu mir: ‚Des stimmt scho, brauchans Eahna nix denga. Und wenn S' 's nächstmoi net gscheit sehng, na nehman S' ein Lorgnett mit. Es stimmt scho, und wenn S' a bißl a Hirn hättn, na miaßtns wissn, daß bei dera Köitn d' Henna net leng.' Sog i: ‚Ja freili, es habts aba raffinierte Henna beinand. Mit 21 Pfenning, do is eahna z' koit, und mit 26, do leint eahna da Hintan wieda auf.' ‚Ja freili', hots gsogt, ‚na derfas Eahna schlei-

Noch heute könnte die Ratschkathl Originale auf dem Markt beobachten,

wie diese beiden beeindruckenden Porträts von Eierverkäuferinnen beweisen.

cha, Sie Bixlmadam, sie windige, weil wegn dem einen Ei, wos Sie mir vielleicht obkaffa, do werd i aa net reicha.' ,Wos', hob i gsogt, ,ein Ei? – Gor koans! Weil i möcht ja Oar und koane Schussa, und jetz bleib i extra steh, weil i sehng möcht, ob si net do oane findt, so a bläde Gans, die wo des Glump kafft.'
In dem Moment is hinta die Eiakistn a Mordslacklmannsbuid aufgstandn. Sie, der hot mi vielleicht oghaucht: ,Du werst jetz glei vaschwundn sei, du gschlampats Christkindl, do paß auf! Bei dir brauch i bloß oamoi niasn, na flaggst scho drüm auf da andan Straßnseitn!' ,Ja', sog i, ,das is ja weiters keine Kunst mit dem Löschhorn, wosd du in deina Lädschn host, do brauchst bloß einmal niasn, na host scho den schönstn Zimmabrand glöscht!' Aba, glam Sie, auf das war ich nicht gfaßt, daß der rausglangt und taat mi beim Krong packa.
Die Rettung is komma, weil hinter mir schon ein ganza Volksauflauf war, gäi, do is eine Stimme rausgruafa kumma, und die hot gschrian: ,Du, paß auf, du tuast jetz augenblicklich deine Griffe weg von dem Weibal do, sonst heb i di raus aus deim persern Klüfterl, du armseliga Eiertandla!' ,Ja', schreit da Handla, ,den kenn i doch, freili, des is ja da Alisi, da Schenkkellna von da Lilienstraß, geh weida', hot er gsogt, 'kümma di liaba um dei sauers Bier und führ den schialichn Bochratzn spaziern, wosd an deim Arm drohänga host.'
Sie, der Schenkkellna hot eine Ruhe ghabt. Sogt er: ,Kathi, hostas ghört, der hat dich beleidigt, hoit ma mei Joppn, weil den werd i mir jetzt rauskitzln do hintn. Und du, gwampata Dultstampf, hot er gsogt zu der Handlerin, ,schaugst deinem Geliebten noch einmal ins Antlitz, weilsdn danach wahrscheinlich nicht mehr kennst.' Mi hots direkt gfrorn, aba glams, des war wieder ein Zufoi, weil in dem Moment hot a Frau gschrian: ,D' Schutzleit kemma! D' Schutzleit!' Ob sas glam oda net, do sans ausananda, d' Leit, da Eierhandla is hinta die Kistn vaschwundn, da Alisi hot seine Dulcinea packt und is obghaut, und i bin allein dogstandn vor dera, gäi. Glaums, in meina Valegnheit hob ich nicht gwußt, wos i doa soi, in meina Vazwei . . . hob i dem frechn Frauenzimma buchstäblich zwoa Eia obkafft.

Wie ein Schutzgeist wacht die Karlstadt vom Brunnen herab über den reibungslosen Ablauf der Einkäufe.

Und wia na d' Schutzleit herkemma san, nacha schreit mir die scheinheilige Mistamsl no noch: ‚Auf Wiedersehn, gnädige Frau, beehrn S' mich fei recht bald wieda!'«

Der Liesl-Karlstadt-Brunnen

Auch ihr hatte der Münchner Textilkaufmann Gustl Feldmeier einen Brunnen auf dem Viktualienmarkt versprochen. Als sie ihn einmal daran erinnerte, meinte der Gustl: »Richtig, aba zerscht stirbst.«
Das tat die Karlstadt auch, aber erst 68 Jahre, nachdem sie sich unter dem Namen Elisabeth Wellano von ihrer Mutter am 12. Dezember 1892 in München-Schwabing zur Welt hatte bringen lassen. Neun Kinder waren es in der Familie Wellano.
Neben ihrer Ausbildung zur Verkäuferin arbeitete sie gleichzeitig bei den Münchner Volkssängern im Frankfurter Hof. Aber erst durch die Begegnung mit Karl Valentin im Jahre 1911 wurde ihre humoristische und musikalische Begabung wirkungsvoll gefördert. 1913 trat sie erstmals mit Valentin auf. Sie wurde nicht nur seine engste Partnerin, sondern verfaßte mit ihm zusammen auch viele Dialoge und Sketche und wirkte neben ihm in zahlreichen Filmen mit. 1934 erlitt sie einen Nervenkollaps und mußte die Zusammenarbeit mit Valentin beenden. Mitverantwortlich für den Kollaps war Valentin, der sie finanziell und arbeitsmäßig überfordert hatte. Auch nach Valentins Tod blieb die Karlstadt weiter populär und spielte an vielen Bühnen. Im Rundfunk und Fernsehen war sie gleichfalls zu hören und zu sehen. In der Reihe »Familie Brandl« stellte sie eine schlagfertige und herzensgute Frau dar. Als bodenständiger und realitätsnaher bayrischer Volksschauspielerin wurde ihr nach ihrem Tode am 27. Juli 1960 in Garmisch-Partenkirchen das von Hans Osel geschaffene Brunnendenkmal auf dem Viktualienmarkt errichtet. Der Bronzeguß wurde in der Werkstatt Hans Mayr angefertigt, der Brunnen von Karl Hilbinger aus München gestaltet. Viele Münchner hatten gewünscht, daß sie neben den Valentin zu stehen käme. Aber so eng aufeinander wollte man die beiden auch nicht setzen. Da

sollte schon jeder einen eigenen Brunnen haben. Das versteht auch die Liesl. Verschmitzt lächelnd steht sie da, die rechte Hand in die Hüfte gestemmt und die linke zu einer Geste erhoben, als wollte sie sagen: »Also das gfreit mi jetzt scho ganz narrisch, daß i aa an Brunnen hab.« Oder winkt sie gar ihrem weiter entfernten, durch Stände verdeckten Valentin zu? Jedenfalls strahlt sie eine naive Mütterlichkeit aus, daß manchem bei ihrem Anblick warm ums Herz wird. Zu Recht steht auf dem Brunnen: »Münchner Bürger der Volkssängerin Liesl Karlstadt«. Bei der Einweihung am 28. 7. 1961 waren jedenfalls viele ihrer Verehrer zugegen. Die sterbliche Hülle liegt auf dem Bogenhausener Prominentenfriedhof bei St. Georg, aber ihr Herz scheint auf dem Markt zu schlagen »zwischen dem Don Quichotte Karl Valentin und dem Sancho Pansa Weiß Ferdl!«

Liesl Karlstadt als Standlfrau

I bin a Standlfrau vom Viktualienmarkt. Jetzt schauns Eahna o, wie ma oft in a bluatige Tratscherei neikemma ko: Mach i gestern in da Fruah um siemi d' Haustür auf und wui an Millikübl einitoa, den wo mir da Millibua alle Tag vorn Aufstenga bringt – wer aber gestern net vor der Tür drauß gstand is, des war da Millikübi. I, no net gescheit ozogn, no net frisiert, wui glei zu da Hofarin, unsera Millifrau ummibretschn, dawei kimmt da Millibua schö pomadi über d' Stiagn aufakrabet.
»Tua de fei wia a Güterzug daherschleicha, schäbiger Millibankert«, hab i gsagt, »wost woaßt, daß ma auf d' Milli wartn«, und hab an Buam oane gwischt, daß eahm glei da Millikübi auskemma is. »Dös sag i meiner Mutter«, hat er blärrt und is davo wie da Teifi.
»Ja, sag's ihr nur, deiner Muatter«, hab ich gesagt, »Bankert, unzeitiger, und laß de nimma dablicka, sonst reiß i dir deine Senflöffln raus aus dein rotharatn Kommißloabikopf.«
Dauert gar net lang, kimmt scho sei saubane Muatter daher. »Wer hat denn mein Gusti a Schelln gebn?« sagt sie zu mir. »Tua di fei du no oamal an meine Kinder vergreifa, du alter Brotbrocka, na dakrei i dir dei Fassad, daß d' moanst, da Blitz hat di gstroaft.« – »Ja, du unappetitliche Millitandlerin, du hoaßt mi an altn Brotbrocka«, hab i gsagt, »natürli hab i dein schäbigen Buam a Watschn gebn, und dös reut mi aa net, bloß grausen tut's mir, daß e'n ogrührt hab, den Rotzer, und wennst'n 's nächste Mal wieder zum Miliaustragn schickst, na tuast eahm zerst schneitzn, sunst dafallt er sich noch amal über sei eigene Rotzglockn.«
»I bin Gott sei Dank a reinliche Person, und über meine Kinda und über mei reells Geschäft sagst mir nixen, du Hausmoastaschuxn, du z'sammagschneckelte«, sagte sie zu mir.
»Ja«, sag i, »dir gib i nacha a Hausmoastaschuxn, über dei reelles Gschäft sollst aa no renommieren, du bist ja wega deiner Gipswasserhandlung länger in Stadelheim* drauß als wia in deiner Milliburg, und wennst in deiner Wohnung koa Wasserleitung hättst, dann wärst ja scho lang auf da Gant, denn dei dappiga Mo«, hab i gsagt, »ko de mitn Zahnstochaschnitzln net dahaltn!« – »Mein Mo«, hat sie gsagt, »tuast ma ausn Spui lassn, du rinnaugade Hausmoastadreckdrossel, zum Poussieren waar er dir scho recht gwen, wiast man damals auf der Münchnerkindlkellerredoutn ausspanna häst wolln, aber der hat dir was ghuast«, schauns a solche Gemeinheit an. – »Und dei gichtbrüchiger Milliwaglhengst«, hab i zu ihr gsagt,« is ja aa scho auf mi geflogn und hat mich am Peter- und Paultag in' russischen Teesalon gführt, aber i hab mi gleich dünngmacht und habn sitzn lassn, weil i mit koan solchen Straßenkletze, wia dei Mo is, koa schmutziges Verhältnis okuppel.« – »Mei Mo«, hat sie gsagt, »is auf di no net gflogn, das machst mir net weis, auf dei 15-Zentimeter-Mai gibt dir mei Mo koan Kuß, und wenn er dir scho oan gebn hat, dann woaß i ja jetzt, wo er sein letzt Rufaschmarrn her hat.« – »Aber du kost aa koan Mann nimmer reizen mit dein blatterngesteppten Rosenteint und mit deiner rosaroten Warzen am Kinn, du zahnlickate Salonruafa, und jetzt schaugst, daß d' aus unsern Haus außikimmst, sunst schmeiß i di' über d' Stiegn obi, daß d' drei Tag von Teifi trammst, auf dei Millilieferung is von heut ab ghuast«, hab i zu ihr gsagt, hab mei Haustür zuaghaut und hab des gemeine Frauenzimmer ignoriert, denn mit einem so ordinären Menschen mag i nichts zu tun haben. Hab i net recht?

*) = Münchner Strafanstalt

Der Weiß-Ferdl-Brunnen

Eigentlich hieß er ja Ferdinand Weißheitinger, als er am 28. 6. 1883 in Altötting geboren wurde. Als Kind war er Sängerknabe in Altötting und Salzburg. Er absolvierte eine Lehre als Buchdrucker, bevor er zum ersten Mal in Regensburg als Komiker auftrat. Dann schob er seine Himmelfahrtsnase auch in das Münchner Volkssängergeschehen und wurde mit 23 Jahren am dortigen Platzl engagiert. Dort wirkte er dann über drei Jahrzehnte lang und wurde mit 38 neben Sepp Eringer zum Platzl-Direktor. Er spielte auch in vielen Heimatfilmen mit, und zahlreiche Tondokumente zeugen von seinem reichen Schaffen. Dazu verfaßte er etliche Bauernstücke und Bücher.
Am 19. 6. 1949 starb er im Alter von 66 Jahren in München, ein Jahr nach Valentin. Begraben liegt er auf dem Sollner Waldfriedhof. Bereits vier Jahre später, 1953, errichtete man, im gleichen Jahr wie dem Valentin, auch dem Weiß Ferdl, dem beliebten Volkssänger und Humoristen, am Viktualienmarkt ein Brunnendenkmal. Er ist, im Dachauer Bauerngwand, von dem Bildhauer Josef Erber gestaltet. Den Guß besorgte Hans Mayr aus München. Der Brunnenpfeiler ist aus Marchinger Kalkstein. Die Enthüllung des Brunnens fand zusammen mit der des Valentinbrunnens am 18. 10. 1953 statt, was ausgerechnet ein Kirchweihsonntag war. Die Aufschrift »Münchner Bürger ihrem Volkssänger« schmeichelt dem Weiß Ferdl sichtlich.
Klein und gedrungen steht er auf dem Sockel. Spitzbübisch reckt sich unter dem flachrunden Hütchen seine Himmelfahrtsnase aus dem runden Kopf zum Alten Peter hoch, und über seine geschürzten Lippen scheinen die Töne seiner Lieder »Ein Wagen von der Linie 8 . . .« oder das Lied »Vom Wunder der Münchner Weißwurst« in das Wasserbecken zu sprudeln. Etwas geniert, mit verlegen verschränkten Armen zeigt er sich seinen Bewunderern, die ihm frech in seine beiden Nasenlöcher gucken.

Selbstgestrickte Liebeserklärung

Vor einigen Jahren hat eine Marktfrau ihrem geliebten Weiß Ferdl auf seinem Postamentel ein selbstgestricktes Rockerl um seine fülligen Lenden gegürtet. Es war zur Winterszeit und das Marktweiberl hatte wohl Mitleid mit dem – wie sie glaubte – frierenden Weiß Ferdl. Und ein rosa Brieferl mit folgendem Wortlaut legte sie noch dazu:

Lieber Ferdl!
Wenn um mei Standl visavis
Der kalte Schneewind waaht,
Hats mir schon oft, denk i an di,
As Herz im Leib umdraht:
Du werst uns doch am Postament
um Gottswilln net derfriern!

Drum hab i dir mit eigne Händ
Was gstrickt für deine Niern.
Dees Rockerl tuat dir, hab i denkt,
Recht guat zur Winterszeit
Und mir, daß i dir hab was gschenkt,
Was aa dein Hintern gfreit.
Deine Rosa.

Mitgeteilt von Werner Schlierf

Der Roider-Jackl-Brunnen

Der am 17. Juni 1906 in Weihmichl bei Landshut geborene Roider Jackl stammt aus Niederbayern. Von Beruf war er eigentlich Förster. Er schaffte es, das Gstanzlsingen von Wirtshausbühnen in das Licht der Scheinwerfer zu heben, indem er mit überdurchschnittlicher Könnerschaft diese Form des kurzen Spottliedes darbot. Er nahm sowohl aktuelle politische Geschehnisse aufs Korn wie auch allgemein menschliche Schwächen. Er war Mittelpunkt in der »Weißblauen Drehorgel« oder auch beim Salvatoranstich auf dem Nockherberg. Zwei Jahre nach seinem Tod am 8. Mai 1975 in Freising, wo er bei St. Georg begraben liegt, kam er auf dem Viktualienmarkt in dem von Hans Osel gestalteten Brunnendenkmal zu Ehren. Der Bronzeguß wurde von der Kunstgießerei Werner Braun aus-

Früher war Weiß Ferdl Direktor am Platzl, heute ist er direkt ein Platzdirektor mitten im Markt-Biergarten und scheint auf den »Wagen der Linie 8« zu warten.

geführt, der Brunnenaufbau aus Marchinger Muschelkalk durch den Münchner Steinmetz Hans Rehm gestaltet. Die eingravierte Inschrift gibt bekannt: »Roider Jackl, Förster, Gstanzlsänger, Levitenleser«. Die Brunnensäule hat sechs Ausläufe, die wie kleine Kanonen auch nach Roider Jackls Tod auf Politiker, Großkopferte, Siebengscheite, Protzerte, Großmäulige, Gwapplte und Bazis zielen. Die Brunnenenthüllung fand am 23. September 1977 statt, am gleichen Tag wie für die ebenfalls aus Niederbayern stammende Ida Schumacher und für die Elise Aulinger.
Der Gstanzlsänger und Politiker-Derblecker ist mit geöffnetem Mund dargestellt und scheint mit dem Singen gar nicht mehr aufhören zu wollen. Er hält seine Klampfen in der linken Hand, als wolle er gerade a capella die Pointe eines hinterfotzigen Gstanzls ins Publikum schleuzen, vielleicht dieses:

»Jetzt muaß i aufhörn zum singa,
sonst werd i no berühmt
und kriag aa so a Denkmal,
wos Wassa rausrinnt.«

Doch alle Vorsätze sind buchstäblich ins Wasser gefallen. Singen hört man ihn noch heute auf den vielen Platten, die es von ihm gibt, und ein Denkmal hat er auch gekriegt, und berühmt und beliebt ist er allemal, der Roider Jackl, nicht bloß bei Viktualienmarkt-Besuchern.

Der Elise-Aulinger-Brunnen

Die beliebte bayrische Volksschauspielerin wurde am 11. Dezember 1881 in der Münchner Blumenstraße, also in unmittelbarer Nähe des Viktualienmarktes, geboren. Ihr erstes Engagement bekam sie 1903 mit 22 Jahren am Münchner Volkstheater. Die Aulinger darf als Rundfunkpionierin angesehen werden, da sie 1924 als erste »Die Heilige Nacht« von Ludwig Thoma im Radio vortrug. Auch auf der Bühne charakterisierte sie besonders einfühlsam Figuren aus Thoma-Stücken.
Elise Aulinger erfand sogar die »Ratschkathl«, eine Rolle, in der später Ida Schumacher als wohl treffendste Interpretin brillierte.
Nach dem Krieg war jeden zweiten Samstagnachmittag 15 Minuten lang eine Sendung mit der Aulinger im Rundfunk.
Nicht nur in Volksstücken trat die Schauspielerin auf, sie verkörperte auch klassische Hauptrollen in Goethe- und Ibsen-Stücken. Die Münchner Kammerspiele waren ihr künstlerisches Zuhause.
Interessant ist, daß die Aulinger mit Max Sommer verheiratet war, der unter dem Pseudonym »Max Ferner« etliche bayrische Schwänke schrieb. Als Tante von Sigi Sommer ist sie daher mit einem noch lebenden Münchner Original, mit »Blasius, dem Spaziergänger«, verwandt.
Als Elise Aulinger 1965 im Alter von 84 Jahren in der Ganghoferstraße starb, hatte sich die schlichte, bescheidene Dame längst die herzliche Zuneigung der bayrischen Bevölkerung erworben. Es war daher nichts selbstverständlicher, als daß sie endlich zwölf Jahre nach ihrem Tod, 1977, mit einem von Anton Rückel gestalteten Brunnendenkmal auf dem Viktualienmarkt geehrt wurde. Der Bronzeguß stammt von Hans Mayr und der Brunnenaufbau aus Kirchheimer Muschelkalk von Martin Feicht aus München.
Elise Aulinger ist sitzend, mit einem Buch in der Hand, dargestellt, und wer genau hinhört, glaubt zu vernehmen, wie die Aulinger Ludwig Thomas »Heilige Nacht« vorträgt:

»Jetzt, Leuteln, jetzt loost's amal zua!
Mei Gsangl is wohl a weng alt,
Es is aba dennascht schö gnua.
I moan, daß 's enk allesamt gfallt.

Es war selm in Nazareth hint
A Mo, der si Joseph hat gnennt;
So brav, wia ma net oft oan findt
Und wia ma's net glei a so kennt.
...«

Die Entstehung verdankt das Brünnerl übrigens einem 91jährigen Lokomotivführer a. D. namens Eugen Kiesel. Dieser Münchner Bürger war ein Leben lang von der meisterhaften Vortragskunst der Aulinger begeistert.

Der siebente Brunnen

Der Viktualienmarkt besäße sogar einen Brunnen mehr, wenn nicht 1896 ein paar Voreilige dafür eingetreten wären, daß der Fischmarktbrunnen am Ruedererplatz aufgestellt worden wäre. An dieser Stelle, an der sich Dachauer und Sandstraße kreuzen, war nämlich nie ein Fischmarkt. Seit 1835 befand sich dieser Brunnen am Viktualienmarkt, und deshalb wartet er, als siebter im Bunde, vorerst noch unsichtbar, seit Jahr und Tag auf seine Rückkehr auf seinen alten Standplatz.

Wer ist der Nächste?

Warum aber befinden sich gerade diese sechs Brunnendenkmäler auf dem Viktualienmarkt? Warum stehen hier keine anderen und warum nicht mehr?
Die gewählten sechs Persönlichkeiten ließen sich nicht leicht durch andere ersetzen, denn jeder von ihnen steht stellvertretend für bestimmte künstlerische und menschliche Qualitäten, die zum Viktualienmarkt passen.
So vertritt Valentin bestens alle Links- und Querdenker, alle kabarettistisch Angehauchten, alle Clowns und Erzkomödianten, Weiß Ferdl alle Leute, die einfachen, schlichten, geradlinigen Humor besitzen und verstehen.
Liesl Karlstadt erinnert an warmherzige Frauen mit Witz und an lebensfrohe Komödiantinnen, Elise Aulinger an die Stillen im Land und an die zahlreichen Münchener Volksschauspieler.
Die Ida Schumacher gereicht Menschen, die geradeheraus und manchmal vielleicht zu direkt sind, aber auch wortstarken Unterhaltungskünstlern zur Ehre und der Roider Jackl allen Gstanzlsängern und denen, die sich und andere gerne herzlich derblecken.
Alle zusammen aber gründen mit ihrem Wesen und künstlerischen Schaffen in der Volksseele, aus der sie zeit ihres Lebens ihre vielen Einfälle schöpften. Deshalb stehen sie auf einem Platz des Volkes, auf dem Viktualienmarkt, stellvertretend für die vielen anderen liebenswerten und kauzigen Originale.

Nicht selten werden übrigens Volkssänger, Humoristen und Schauspieler noch heute zum fahrenden, armen Volk gerechnet, gelten also als leicht »verrückt«. Welcher Platz paßt deshalb besser für sie als der Viktualienmarkt, auf dem fast 600 Jahre lang »Verrückte«, Kranke und Arme lebten.
Warum sind es aber nicht mehr Denkmalsbrunnen? Ganz einfach, weil vorerst noch niemand sonst verdientermaßen dafür ausersehen wurde. Bis zum nächsten Brunnen kann es noch eine Zeit dauern, es kann aber auch schon morgen eine neue Figur geben. Wer wird wohl der Nächste sein?
Täglich werden von Unbekannten, meist von freundlichen Marktbesuchern oder von Standlfrauen die Brunnenfiguren mit bunten, kleinen oder großen Blumensträußen geschmückt, aber auch mit einem Radibündel oder einem Kräuterlbund. Man legt sie ihnen zu Füßen, schiebt sie ihnen in die Hände, steckt sie ihnen unter den Arm, legt ihnen ein Kränzchen auf den Kopf oder um den Hut. Und je nach Art und Plazierung der Gebinde sehen die Geschmückten lustig, würdig, ermüdet, gerührt oder verlegen aus, jedenfalls aber immer anders, und dadurch fast so, als ob sie lebendig wären.
Und noch eines: Wo sollten die Besucher ihr Obst waschen, ihre Hände reinigen, sich an heißen Tagen Kühlung verschaffen, die Hunde und die Vögel trinken, Lausbuben planschen und herumspritzen, und wo sollten Stadtstreicher ein Fußbad nehmen, wenn nicht in dem erfrischenden Wasser der Viktualienmarktbrunnen? Es ist schön, daß es sie gibt.

Der Biergarten

Er befindet sich genau dort, wo früher das Bräuhaus des Spitals zum Hl. Geist stand, und ist damit ein traditionsreicher Platz. Das etwas an den südlichen Rand gerückte Zentrum bildet der Maibaum. Um ihn herum gruppieren sich blaue Tische und Stühle. Ein jeder holt sich beim Stand »Münchner Schmankerl« seine Brotzeit selbst, wenn er nicht lieber eine mitgebrachte auspapierlt. Am Schankhäusl bekommt man nach dem

Hier ein Ausschnitt einer »Röntgenaufnahme« des Münchner Herzmuskels im Rücken vom »Alten Peter«.

Leib und Seele, kein Platz sonst hält sie so eng zusammen wie der Viktualienmarkt.

Frisch geräucherte Renken, kürzlich erbeutete Wolpertinger, junge und alte Hasen und . . .

. . . frisches Hasenjung – es gibt nichts, was es nicht gibt auf diesem Drei-Sterne-Markt im Geviert zwischen Altem Peter und Heilig-Geist.

Anstellen eine frische Maß vom Faß gezapft oder wahlweise auch eine Radlermaß. Bei schönem Wetter muß man danach schon eine Weile mit seinem Bierkrügel herumlaufen und versuchen, einen der immer wieder frei werdenden Plätze zu ergattern. Viele setzen sich auch auf den Betonring des Maibaums oder stellen sich seitwärts an einen Bierfaßtisch. Liesl Karlstadt und der Weiß Ferdl stehen schließlich als Biergarten-Brunnenfiguren auch den ganzen Tag. Kommt man schließlich an einem Tisch zum Sitzen, kann man rasch mit dem Nachbarn in ein Gespräch über Gott und die Welt kommen oder auch stumm seinen Gedanken nachhängen und das Treiben an den Ständen verfolgen. Mitten in dem Trubel, der ringsherum herrscht, stellt der Biergarten eine wahre Oase der Ruhe und des Friedens dar, wenn's nicht grad fürchterlich zugeht.

Der einzige Stadtmaibaum der Welt

Besonders imposant steht auf dem Viktualienmarkt der Maibaum da, vorausgesetzt, er steht da. Dies kann nämlich manchmal auch nicht sein, und zwar dann, wenn er beseitigt werden muß, so wie Ende des Jahres 1986. Das hat laut TÜV, wie bei jedem Maibaum, alle fünf Jahre zu geschehen. Maibäume können somit also ein Jahr länger als Bundesregierungen residieren.
Zum anderen existiert in Bayern auch der uralte Brauch des Maibaumstehlens. Das darf aber nur sein, solange der neu aufzustellende Maibaum noch liegt. Er wird gerne von Burschen entwendet, wenn die Eigentümer nicht aufpassen, und die Beute wird nur gegen reichlich Bier (bis zu 500 l) und eine zünftige Brotzeit wieder herausgegeben. Gewalt wird bei diesem Raubzug nach einem alten Ehrenkodex nie angewendet. Von Wachposten entdeckte Diebe müssen unverrichteter Dinge wieder heimziehen.
Der Maibaum wird von altersher als Frühlingsbaum oder auch Hochzeitsbaum angesehen und erlebt am 1. Mai seine Auferstehung, manchmal auch am 4. Mai, am Sonntag/Montag nach St. Florian. Der erste Viktualienmarkt-Maibaum allerdings wurde 1962 am Festtag der Brauer errichtet. Seither weist bis heute stets die Inschrift auf die edlen Stifter hin:

Den Münchner Bürgern
von den Münchner Brauereien
Mai . . . Brauerei-Verein

Als 1970 der am Fuß morsche Baum durch den Sturm umgeknickt wurde, stifteten die Brauereien sofort einen neuen weiß-blau geringelten mit mehr Schmalz im Fichtenmark und 140 Jahren »auf dem Buckel«, dem Naturgewalten nichts mehr anzuhaben vermochten. Freundlicherweise war der lange Lulatsch übrigens genau zwischen die Standl gestürzt, ohne eines von ihnen auch nur zu beschädigen. Der Viktualienmarkt-Maibaum gilt als Prachtexemplar und ist der einzige Stadtmaibaum der Welt. Er steht auch das ganze Jahr über, und Spötter behaupten, das geschehe deshalb, damit er nicht gestohlen werden könne. Auf die Frage eines Touristen, wie hoch denn dieser Baum sei, meinte ein Kind, das die Frage gehört hatte: »Der ist so hoch, der geht bis hinter den Himmel nauf.« Ganz so weit geht er nicht, aber er ist immerhin stattliche 35 m hoch und 90 Zentner schwer. Sein Taillenumfang beträgt schlichte 2,20 m. In drei Meter Tiefe ist er verankert. Der Stamm ist weiß-blau gestreift und an seinem Fuße gerautet. Am Gipfel flattern zwei Stadtfahnen Münchens in den Farben schwarz-gelb. Dies waren einst die Reichsfarben, die Kaiser Ludwig der Bayer München verlieh, als er es zur Reichsstadt erhob. Am Gipfel schaukelt auch ein immergrüner Maikranz. In der Mitte des Baumes wehen zwei schwarz-gelb gerautete Stadtfahnen und am unteren Ende ebenso. Auf dem Stiftungswappen prangen im Triumvirat das bayrische Rauten-Wappen, das Münchner Kindl und das Zunftzeichen der Münchner Brauereien. Die Figuren, die allesamt mit dem Brauereiwesen oder dem Viktualienmarkt zu tun haben, sind in sechs Etagen übereinander angeordnet: Im Erdgeschoß wird ein Bräuzug mit sieben Fässern, die mit den Emblemen der Münchner Brauereien gekennzeichnet sind, von zwei Braurössern gezogen. Im ersten Stock steht ein Biergarten mit Besuchern einem Karussell mit Ballonverkäuferin gegenüber. Darüber im zweiten Stockwerk findet eine Daueraufführung des Schäfflertanzes statt. In der dritten Etage erinnern ein Trompeter und ein Bombardonspieler an Bierzeltatmosphäre und die Standlfrau an den Markt. Schließlich stehen unter der Spitze die beiden Schutzheiligen der Biersieder: St. Florian, der an das Aufstellungsdatum nach seinem Fest denken läßt, und ein Bischof mit einer Weizengarbe, der heilige Bonifaz.
Einige der Embleme ändern sich alle fünf Jahre und nehmen auf aktuelle Themen Bezug. So galten zur Zeit der Olympischen Spiele zwei Motive diesem Ereignis: der Läufer mit der olympischen Flamme und zwei Sportler im Wettkampf. Die Figuren haben allerdings nach Ansicht der Münchner auch noch eine andere, recht hinterfotzige Bedeutung. Immer dann, so geht die Rede, wenn ein Preuße, der auf den Viktualienmarkt oder nach München kam, auch wirklich wieder heimfährt, wird eine neue Figur aufgesetzt. Wie die Anzahl der Embleme beweist, kommt das recht selten vor.

Als 1936 über München zwei Flugzeuge der Luftwaffe zusammenstießen, hatten die mit dem Fallschirm auf dem Markt landenden Piloten wohl einen ähnlichen Tiefblick.

Der Rindermarkt-Brunnen unweit des Marktes lädt zur Erholung ein. Besonders die Kinder erproben auf den Rücken der Tiere gern ihre Kletterkünste.

Rundgang um den Viktualienmarkt

Das gemütliche Drumherum

Im Kreis um den Marktplatz und in den von ihm ausstrahlenden Straßen liegen zahlreiche Geschäfte, die allesamt einen guten Ruf und eine große Vielfalt von Angeboten aufzuweisen haben. Zwischen diesen behäbig breiten, nicht allzu hohen münchnerischen Häusern, die im Erdgeschoß in geräumigen Läden, manche sogar noch im zweiten Stock, lang ansässige Geschäfte und Firmen beherbergen, liegt wie in einem Nest geborgen der Marktplatz.

Hellmut von Cube fragt sich: »Was wäre der Markt ohne das gemütliche praktische Drumherum, die Peripherie aus Gassen, Gaststätten und Geschäften, welche den Markt einfaßt wie Silber die Isarperle? Dort gibt es saure Leber mit gerösteten Kartoffeln, gediente Petroleumlampen und goldbeschriftete Kaffeebecher, Gartenzwerge von drei Mark fünfzig bis achtzig Mark, Schmalzgebackenes im winzigen Kellercafé, Stoffreste zum Ausbessern, Leihbibliotheken und gotische Dachgauben, Samen und Eisenwaren, Bürsten und Hemden, Lacke und Futtermittel, Wellensittiche und Schildkröten, kühles Bier und sauberen Wein und die zwar nicht mehr königlich bayerische, aber immer noch bayerische Ruh. Und von dem . . . Rathausturm schaut das . . . liebenswerte Münchner Kindl herüber – auch des Viktualienmarktes wahrer genius loci.«

So kann der Marktbesucher in seinen Einkaufsbummel über die Viktualien hinaus zahllose andere Waren und Dienstleistungsunternehmen miteinbeziehen.

Ein alteingesessenes Nähmaschinenfachgeschäft stellt beispielsweise die jeweils neuesten Entwicklungen auf diesem wieder mehr Beachtung findenden Gebiet vor und führt auch Beratungen durch.

Tradition hat ebenso die Samenhandlung am Platz mit einer zoologischen Abteilung. Gartengeräte, Blumenkästen, Saatgut und Vogelhäuser kann man dort gleichfalls kaufen.

Einer Kaffeerösterei entströmt duftender Kaffeegeruch, und im Schaufenster läßt sich die Röstmaschine bei der Arbeit beobachten. Hier werden auch Wein, Spirituosen, Pralinen und Schokolade angeboten.

Ein seit 1885 bestehendes Uhrenfachgeschäft zeigt alle Arten von Chronometern, sogar Taucher- und Segeluhren.

Braucht man einen neuen Trachtenanzug, eine Bundhose aus Hirsch- oder Gamsleder mit echter Handstickerei oder eine Steyrer Joppe, so lassen zwei Trachtengeschäfte keinen Wunsch unerfüllt.

Wie in einer Litanei reihen sich die Namen der übrigen Läden aneinander, die ein umfangreiches Angebot vorweisen können, so zum Beispiel: modische Leder- und Lammfellbekleidung, Filz, Zinn, Speziallampen, Musikalien, Hörgeräte, Bücher, Braut- und Abendmoden, Teppiche, Fotozubehör, Perücken, Kosmetik, Parfümerie- und Schönheitspflegeartikel, Mittel aus Apotheken und Drogerien, Utensilien fürs Bad, Wachsartikel und Kerzen, Schuhe, Betten, Oberbekleidung, Pelze, Autozubehör, Stoffe, Wolle, Holz, Schreibwaren, Bürobedarf, Möbel, Farben, Lacke, Tapeten, Druckereierzeugnisse. Auch Boutiquen, Reisebüros, Lehrinstitute und Parkhäuser sind zu finden.

Scheut man nicht die wenigen Schritte zum Marienplatz und schlendert die Fußgängerzone in Richtung Stachus hoch, bleibt kein noch so ausgefallener Kaufwunsch unerfüllbar.

Besonders aber wirkt sich die gemütliche Atmosphäre des Viktualienmarktes unmittelbar auf die um den Platz liegenden Geschäftshäuser positiv aus, und die rückwirkende Ausstrahlung manch alter Häuserfassaden auf den Markt stabilisiert das besondere Flair dieses Stadtteils und verleiht diesem einen gleichbleibenden Charme, der allen negativen Einflüssen gewachsen ist.

Entsprechend schwärmt Rolf Flügel: »Auch die Kunstmaler schmökern gern mit visierenden Blicken an den Viktualien vorbei und hinauf zu dem Zierat der Giebel, zu den barocken Mulden, den gotischen Spitzen und den welschen Hauben, deren Patina mehr und mehr den Farben eines zerschlissenen Jägerhütls sich annähert.«

Ist der Viktualienmarkt das Herz Münchens, so sind die Straßen um ihn herum gleichsam die »Herzkranzadern«.

Wie edelste Perlen zieren Regentropfen die Stühle, die vor einer Kneipe auf neue Kunden warten, die nie lange ausbleiben. Leicht denkt man bei diesem Anblick an folgenden Spruch:

»München ist die goldene Fassung
mit dem Viktualienmarkt als Diamant.
Dieses kostbare Schmuckstück aus Bayern
ist weltweit beliebt und bekannt.«

Straßenzeilen erzählen

Vor Jahrhunderten waren es noch bescheidene Gäßchen, die den Markt umgaben oder direkt in das urmünchnerische »Schlaraffenland« einmündeten. Heute sind moderne, dichtbevölkerte Straßenzüge daraus geworden, die historische Besonderheiten aufweisen oder an bedeutende Frauen und Männer erinnern, welche zum Ruhm der bayrischen Landeshauptstadt beitrugen. Es ist hochinteressant, von denkwürdigen Begebenheiten und von der Entstehung der Straßennamen zu hören.

Die Blumenstraße

Sie geht am südlichen Ende des Marktes aus der Frauenstraße in der Abknickung hervor. 1874 wurde sie so benannt, da in ihrer Nähe zu dieser Zeit der Blumenmarkt abgehalten wurde. Dies geschah jährlich von März (Josephi) bis Oktober (Therese) am östlichen Ende des Rosentals. Bemerkenswert ist, daß man die unheimliche »Macht« der Elektrizität in München hier erstmals bei der Straßenbeleuchtung erprobte. 1888 erstrahlte diese Straße im Schein der Bogenlampen. An ihrer Westseite erstand vor etwa 130 Jahren die Schrannenhalle, von der es heute nur noch die Freibank gibt. An ihrem südlichen Ende steht noch jetzt das Marionettentheater, wo die Kinder einst während des Einaufsbummels der Erwachsenen gut aufgehoben waren.

Die Frauenstraße

Um 1820 entstand diese Straße. Der Grund, warum sie zwischen 1812 und 1888 so genannt wurde, ist nicht mehr feststellbar. Die Frauenstraße läßt sich als Gegenstück zur Herrnstraße denken. Sie paßt aber gut zum Viktualienmarkt und seinen Marktfrauen, die das Bild des Marktes immer noch beherrschen. Ihnen zu Ehren eine Straße zu benennen, wäre ohnehin längst fällig.

Die Reichenbachstraße

Außer dieser Straße gibt es auch noch einen Reichenbachplatz und eine Reichenbachbrücke. Die Reichenbachstraße mündet an der Mitte der Südseite des Viktualienmarktes in die Frauenstraße. Sie wurde 1862 nach dem Mechaniker, Optiker und Generaldirektor des königlichen Ministerialbaubüros Georg von Reichenbach benannt. Vorher hieß sie »verlängerte« Utzschneiderstraße. Reichenbach lebte von 1772 bis 1826. Er war Mitglied der Bayerischen Akademie der Wissenschaften. 1804 gründete er in Zusammenarbeit mit Liebherr eine mechanisch-mathematische Anstalt und fünf Jahre später, 1809, mit Utzschneider, Ertel und Frauenhofer ein optisches Institut. Damit leistete er einen wesentlichen Beitrag zum Weltruhm Münchens in der Frühzeit der optischen Industrie. Schließlich oblag ihm als Oberberg- und Salinenrat auch noch die Baubetreuung der Soleleitung Berchtesgaden–Rosenheim. Georg von Reichenbach wurde deshalb, außer mit dieser Straße, einem Platz und

»Sie, können Sie mir sagen, gute Frau, wie ich zum Hauptbahnhof komme?« – »O je, mei Liabe, da kommen Sie ja schon ganz falsch daher!«

einer Brücke, noch dadurch geehrt, daß man seine Büste in die Ruhmeshalle bei der Bavaria aufnahm. Blickt man vom Viktualienmarkt mit seinen vielen tüchtigen Standlfrauen und Standlern in die Reichenbachstraße, kann man, wenn man will, eine gewisse Verbindung zwischen dem rührigen Reichenbach und dem rührigen Leben und Treiben auf dem Markt herstellen.

Die Westenriederstraße

Am östlichen Ende des Viktualienmarktes läuft die Westenriederstraße auf den Markt zu, macht dann eine Biegung nach links und mündet in die Frauenstraße. In der vermutlich 1826 so benannten Straße reihen sich Antiquitäten- und Tandlerläden aneinander.
Benannt ist die Straße nach dem Professor, Geistlichen Rat, Domkapitular und Schriftsteller Lorenz von Westenrieder, der von 1748 bis 1829 lebte. Nahe beim Markt ist an einem Gebäude der Straße eine Gedenktafel angebracht, auf der es heißt:

> In diesem Hause wurde
> Bayerns Geschichtschreiber
> Lorenz Westenrieder
> am 12. August 1748 geboren.

Nach Aventin errang sich dieser Mann als erster »moderner Historiker Bayerns« großes Ansehen und gilt seither als ein um Bayerns Geschichte und Landeskunde hochverdienter Mann. Es erscheint sinnvoll, daß gerade diese Straße in der Nähe des Dreifaltigkeitsplatzes und der Heiliggeistkirche in einem der ältesten Bereiche Münchens nach dem wichtigen »Geschichtsschreiber Bayerns« benannt wurde.

Der Dreifaltigkeitsplatz

Er erhielt 1904 seinen Namen und ist nach der früheren Spitalfriedhofskapelle, der Dreifaltigkeitskapelle, so benannt, die bis 1802 bestand. Der frühere St.-Pauls-Friedhof, der sich bei den heutigen Zwölfapostelläden befunden hatte, war später auf den Dreifaltigkeitsplatz verlegt worden.
Im Haus Nr. 1 wohnte hier damals der Friedhofskaplan. Ein ewiges Licht an der Außenmauer verströmte Jahrhunderte lang seinen gespenstisch flackernden Schein. Während des Zweiten Weltkrieges wurde es abgenommen. Der Eisenhaken dazu ragte längere Zeit aus der Mauer heraus. Darüber ist noch immer ein Fresko aus der Mitte des 18. Jahrhunderts zu sehen: »Maria kniet vor der Hl. Dreifaltigkeit«.
Heute wird dieses Bild von einer Gaststätte und einem Friseurladen flankiert, und um den ehemaligen Friedhof liegen im Kreis Gaststätten. Wo einst die Verstorbenen zur letzten Ruhe gebettet wurden, ruhen sich heute bei einer Brotzeit müde Viktualienmarktbesucher auf dem Dreifaltigkeitsplatz aus. Es wurde bei der Verschönerung 1972 angestrebt, sowohl auf diesem Platz wie in dem ganzen Bereich südlich der Heiliggeistkirche die gleiche netzartige Pflasterstruktur zu erhalten, die nach Ausgrabungen in der wiederhergestellten Kirche zum Vorschein kam. Eben diese Oberflächengestaltung hatte sich vor Jahrhunderten dem ehemaligen mittelalterlichen Stadtbild angepaßt und fügt sich auch noch heute geschmackvoll in das Zentrum Münchens.

Die Heiliggeiststraße

Geht man vom Biergarten in Richtung Heiliggeistkirche, dann kann man sich rechterhand hinter die Häuserfront begeben und kommt am Hotel am Markt vorbei, das für Touristen ein Geheimtip ist: Wer will nicht wenigstens für ein paar Tage direkt am Viktualienmarkt wohnen! Die Heiliggeiststraße, um 1820 so benannt, die man hinunterwandert, versetzt den Spaziergänger in südliche Gefilde und scheint aus einem Spitzweg-Bild entnommen und hierher verpflanzt worden zu sein. Die Gasse hat ihren Namen nach dem Ziel, nach der Heiliggeistkirche, erhalten. Vernimmt man zur vollen Stunde den Glockenschlag von St. Peter, der schneller und dunkler tönt als der langsamere und hellere von Heiliggeist, hört sich das fast wie ein gemütlicher Wettstreit zweier uralter Graubärte an, die nicht mehr auf Sieg setzen, sondern eben nur Spaß an der Freud haben. Durch die Heiliggeiststraße lief bis 1810 der Fischbach an den Fischverkaufsständen vorbei. An den im Fischbach angebrachten Kufen befestigten damals die Fischer an Ketten ihre Kaltern, das heißt: ihre Holzkästen, welche die Fische enthielten, so blieb ihre Ware frisch.

Die Heiliggeistkirche im Tal

Im Norden zum Tal hin grenzt die Heiliggeistkirche den Viktualienmarkt ab. Sie gehört neben dem Alten Peter zu den ältesten Kirchen Münchens. Es ist sogar möglich, daß sie die älteste Kirche ist. Ihre Biographie liest sich interessant. Zunächst befand sich an ihrer Stelle das auf ein Gewölbe gestellte und dadurch vor Überflutungen der Isar geschützte Katharinenkirchlein nebst einer Klause. 1204 weitete sich diese Hütte zu einem Pilgerhaus für Wanderer, Pilgergruppen und besonders auch für Alte und Kranke, denen man es nicht zumuten wollte, im Freien zu kampieren.
1251 wuchs das Gebäude zu einem großen Spitalbau, der so ausgedehnt war, daß sich die Katharinenkapelle plötzlich in dessen ersten Stock eingebaut wiederfand. Sie lag so versteckt, daß nur mehr zweimal jährlich, am Fest der Kreuzauffindung und Kreuzerhöhung, ein Gottesdienst in ihr abgehalten wurde, dem lediglich der regierende Bürgermeister beiwohnte.
Den anderen Bürgern stand die größere, soeben neu errichtete Heiliggeistkirche zur Verfügung.
Von Papst Urban IV. wurde die gesamte Einrichtung am 30. März 1263 »für ewige Zeiten« bestätigt. Fünf Jahre darauf, am 2. März 1268, fand dann die Einweihung statt.
Das Katharinenkirchlein geriet indes immer mehr in Vergessenheit. Meistens war es geschlossen. Etwa sechshundert Jahre später, als die noch stehenden Spitalbauten den Zwecken des Viktualienmarktes zugeführt wurden, verwendete man die mächtig gewölbte Halle unter der Katharinenkapelle als Lager für allerlei Produkte. Die Kapelle selbst wurde zu einem Büro umgestaltet. 1844 war die Kapelle noch intakt. Als dann die restlichen Spitalbauten abgerissen wurden, fiel auch die wahrscheinlich älteste Kirche Münchens der Spitzhacke zum Opfer.
Die Heiliggeistkirche hingegen nahm eine aufstrebende Entwicklung. 1271 wurde sie zur dritten Münchner Pfarrei erhoben, neben der Kirche zu Unserer lieben Frau und St. Peter. 1327 brach in der Nacht vom 13. zum 14. Februar in der Pfisterei (Backhaus) des Angerklosters ein Brand aus, dessen Flammen den Sebastiansplatz, das Krotten- (jetzige Rosen-)

tal, den Rindermarkt mit der alten Peterskirche, das ganze Tal, Lederer- und Burggasse und einen Teil des »Alten Hofes« verschlangen. Auch das Heiliggeistspital brannte ab. Nur die starken Gewölbe der Katharinenkapelle und der Heiliggeistkirche widerstanden, wenngleich die Innenräume stark beschädigt wurden.
Ludwig der Bayer verordnete danach, daß ab sofort nur mehr in Stein gebaut werden dürfe. Auch die Heiliggeistkirche wurde 1330 neu errichtet und gilt seither als älteste Hallenkirche Münchens. 1730 wurde sie teilweise umgebaut. Dabei erneuerte man das Gewölbe und den Dachstuhl völlig. Der baufällige gotische Turm wurde durch einen neuen ersetzt. Die Brüder Asam übernahmen in dieser Kirche ihre erste Arbeit in München und leisteten den Hauptteil der inneren Ausgestaltung.

Die Hammerthaler-Madonna

In der Heiliggeistkirche befindet sich auch ein besonderes Marienbild, die sogenannte »Hammerthaler-Muttergottes«. Damit hatte es folgende Bewandtnis: 1620 pilgerte das Gastwirtsehepaar Hammerthaler im Tal zu München zum Kloster Tegernsee. In der Johanniskapelle der dortigen Klosterkirche erblickte die Frau ein Bild Marias, das ihr so gefiel, daß sie sich davon nicht mehr trennen wollte. Nach langem Bitten gelang es ihr, den Abt zu überreden, ihr das Bild zuzusenden. Als es eintraf, litt die Wirtsfrau gerade an heftigen Schmerzen in ihrem steifen Arm. Kaum aber hatte sie vor dem Marienbild gebetet, waren die Beschwerden verschwunden. Die Frau stellte das Gnadenbild in einer eigens errichteten Hauskapelle auf. Später vererbte sie es dem Augustinerkloster. Nachdem dies zu Beginn des 19. Jahrhunderts aufgelöst wurde, kam das Liebfrauenbild endgültig in die Heiliggeistkirche.

Der große Pfarrer Klein

Als in München 1802/03 die Säkularisation, also die Verweltlichung geistlicher Güter und Kirchen, begann, machte sie auch vor der Heiliggeistkirche nicht halt. Man wollte diese Kirche auflösen und ein Kaufhaus daraus machen. Als die Kommission erschien, um das Kirchensilber abzuholen, ließ der Pfarrer Josef Klein alle Gefäße der Reihenfolge nach auf dem Hochaltar aufstellen. Nur den schönsten Kelch behielt er, um weiterhin die hl. Messe feiern zu können. Dann entzündete er sechs gelbe Kerzen, wie es bei einem Gottesdienst für Verstorbene üblich war. Nun warf sich der mit Chorrock und Stola bekleidete Geistliche angesichts der Kommission vor dem Altar nieder und betete laut den Bußpsalm »Miserere«, »Herr, erbarme dich . . .« Nach dem Gebet trat er zum Altar, nahm einen Hammer und zerschlug alle Kelche und Patenen. Die Trümmer überließ er der ratlosen Kommission. Der Pfarrer wurde 1811 auf Anregung des Ministers Montgelas aus München nach Neuburg an der Donau versetzt und konnte erst nach dem Sturz des selbstherrlichen Ministers zurückkehren. 1822 starb er in München im Amte des Generalvikars der damals neu errichteten Erzdiözese München-Freising.
1885, als bereits sämtliche Spitalbauten abgerissen waren, wurde die Kirche bis 1888 nochmals erneuert und erweitert. 1907 bis 1909 fand dann bereits wieder eine gründliche Restaurierung statt. 1944/45 wurde die Kirche, wie viele andere Bauwerke, fast bis auf die Außenmauern zerstört. Viele Gläubige halfen dem jetzigen Prälaten Konrad Miller bei den Räumungsarbeiten. Der Geistliche mit dem liebevollen Spitznamen »Don Conrado vom Viktualienmarkt« feierte 1987 seinen 75. Geburtstag. In vier Aufbauphasen (1946–49, 1950–51, 1957–58, 1973) gelang es unter der Leitung Schleichs, die Kirche in den heute noch sichtbaren Zustand zu versetzen.

Die Wadlerbrezenreiter

Am 12. 7. 1318 erhielt das Heiliggeistspital eine eigenartige Stiftung. Das Münchner Ehepaar Burkhard der Wadler und Heilwig die Wadlerin vermachten dieser Einrichtung 63 Pfund Pfennige. Das Geld wurde damals nämlich noch gewogen. 46 Pfund 5 Pfennige waren für die »Sundersiechen«, das heißt: für die Leprakranken, bestimmt. Für 3 Pfund Pfennige sollten jährlich Brezen, »so man vier um ain Pfennig kriegt«, gekauft und an die Armen verteilt werden. Dies geschah am Tage St. Johann Evangelist, am 27. Dezember. Als Burghard der Wadler aber an einem 1. Mai starb, galt dieser Tag als neuer Termin für das Brezenverteilen. Der Brauch bestand fast fünfhundert Jahre lang, und seine Ausübung lief recht eigenartig ab:
Mit dem Glockenschlag 12 Uhr Mitternacht zum 1. Mai ritt ein Mann mit einem großen Sack voll Brezen vom Heiliggeistspital weg durch die Stadt. Das Pferd, auf dem er ritt, mußte ein Schimmel sein, der an einem Fuß unbehuft war. An den übrigen drei Füßen mußten die Hufeisen so locker sein, daß sie auf dem Steinpflaster laut klapperten. Mit dem wiederholten Ausrufe:

»Ihr jung und alt Leut,
gehts zum Heilig Geist,
wo man die Wadlerbrezen ausgeit!«

begann er, aus seinem Sack Brezen unter die Leute zu werfen. Jeder, der ihm bei seinem Umritt begegnete, erhielt eine Brezel. Dieser seltsame Brauch läßt sich auf den altgermanischen Götterglauben zurückführen. Die Brezel ist das Symbol für das Opferbrot. In diesem Fall stellt sie ein Geschenk für die Armen zu Ehren Gottes dar. Die Brezel hat außerdem die Form des Sonnenrades: Im Mai bewegt sich die Sonne aufwärts. Der Schimmel mag das milchweiße Roß Sleipnir des Gottes Wotan darstellen, der den Menschen Gutes tut. Das Klappern der Hufeisen symbolisiert das Nahen des Donars, der mit seinen Gewitterregen die junge Erde befruchtet und dadurch den Feldfrüchten Wachstum verleiht.
1801 starb der Letzte aus dem Geschlecht der Wadler. Und mit ihm endete auch im gleichen Jahr der Wadlerbrezen-Umritt auf recht unrühmliche Weise.
Der letzte Brezenspender wurde nämlich, als er alles verteilt hatte, die Menge aber noch immer Brezen wollte, von einem gewissen Janhagel vom Pferde gerissen und von den Leuten, die nichts bekommen hatten, schwer mißhandelt. Daraufhin verbot die Polizei den Umritt ganz. Nur im Hauptdeckengemälde der Heiliggeistkirche sieht man den Brezenreiter auf seinem Schimmel noch reiten. Außer dem Brezenreiter hatte am 1. Mai um 12 Uhr mittags auch noch der Heiliggeist-Bäcker im Tal Brezen ausgeteilt.

Als auch dieser damit aufhörte, setzte der Chorregent Kisser des Heiliggeistkirchenchores privat den alten Brauch insofern fort, als er am 1. Mai an sämtliche Mitglieder seines Chores Brezen verteilte.
Das letzte Wadlerbrezenreiten fand am 9. Oktober 1971 statt. Da kam anläßlich der 700-Jahr-Feier der Pfarrei Heiliggeist der Brezenreiter auf den Viktualienmarkt und verteilte von der Bäckerinnung gestiftete Brezen an die Leute. Dazu gab es Freibier von Münchner Brauereien. Das wäre schön, wenn sich die Bäckerinnung entschließen könnte, jährlich am 1. Mai den Brauch wieder aufleben zu lassen. Schließlich erhält die Bevölkerung des öfteren von den Metzgern Freiweißwürste und von den Brauern Freibier. Die Bäcker werden sich da doch nicht lumpen lassen?

Im Tal

Vom Petersbergl aus gesehen, liegt der untere Teil tatsächlich wie in einem Tal. Das Tal ist hinter der Heiliggeistkirche der nördlichste Teil des Viktualienmarktes und zugleich auch sein unwiderruflicher Abschluß. Der Name »Tal« entstand bereits vor 1368. Ehemals war diese Straße die breiteste und verkehrsreichste Altmünchens. Für Karl Valentin war das Tal der schönste Platz der Welt.
Es wurde in frühester Zeit als Hauptverkehrsstraße Münchens von auswärtigen Fuhrleuten und den Landboten ausgiebig benutzt und bildete die Grenze zwischen den Pfarreien der Frauenkirche und St. Peter. Die südliche Seite hieß demzufolge auch »Tal Petri«, die nördliche »Tal Mariä«. Ein enges Gäßchen bildete den Zugang vom Tal zum Viktualienmarkt.

Die Zwölfapostel-Metzger

Am Fuß des Petersbergl war von altersher, gleichsam zu Ehren des Oberapostels Petrus, dem man oben den Alten Peter erbaut hat, eine Metzgerzeile mit zwölf Läden eingerichtet. Gemäß dem Stadtrecht von 1365 durften sich hier nur zwölf Metzger niederlassen. Die Läden für sie wurden jedes Jahr bis 1870 neu verlost. Ähnlich, wie es junge und alte Apostel gab, waren auch die Metzger in Alt- und Jungmetzger eingeteilt. Die Altmetzger hatten das Privileg, Großvieh gleich pfundweise verkaufen zu dürfen. Den Jungmetzgern hingegen erlaubte man nur, Kälber, Schweine und Ziegen anzubieten.
Bei den Aposteln wurde durch Judas die Gruppe gesprengt, denn nach seinem Tod waren es nur mehr elf. Auch den Zwölfapostel-Metzgern scheint ein ähnliches Schicksal beschieden zu sein. Vor wenigen Jahren waren es nur mehr sieben. Heute sind es wieder neun. Hoffentlich ist ihnen nicht das Schicksal der »10 kleinen Negerlein« beschieden, die am Ende ganz verschwanden.
Das griechische Osterfest läßt in den Zwölfapostel-Metzgereien besonders die griechischen Mitbürger in Erscheinung treten. Bereits um sieben Uhr morgens warten sie auf Lämmer und deren Innereien, die sie für die Ostersuppe, die Mayeritsa, benötigen, und sichern sich mit energischen Bestellungen die schönsten Stücke.

Die Quatembermanndln

Die »Zwölf Apostel« erschienen einer alten Stiftung gemäß tatsächlich im Straßenbild des alten München:
Herzogin Maria Anna, die Witwe Albrechts V., hatte am 12. 9. 1580 einen »Fürstenjahrtag« gestiftet. An den Quatembertagen sollten zwölf Spitaler in der Frauenkirche anwesend sein, dort am Requiem teilnehmen, für den verstorbenen Fürsten beten und anschließend beschenkt werden. Zu diesem Zweck wurden also sechs Männer und sechs Frauen aus dem Heiliggeistspital mit schwarzen Mänteln, weißen Halskrausen und breitrandigen Hüten bekleidet. Paarweise gingen diese »dunklen Gestalten« vom Spital zur Frauenkirche. Die Leute nannten diese seltsame Gruppe bald die »zwölf Apostel« oder auch die »Quatembermanndln«. Als zu Anfang des 19. Jahrhunderts, auch im Zeichen der Säkularisation, die solche Bräuche belächelte, diese Gepflogenheit eingestellt wurde, passierte der Sage nach folgendes:
Um Mitternacht erschienen lautlos die zwölf Spitaler in der gewohnten Tracht und wandelten stumm zur Frauenkirche. Die Tore des Domes öffneten sich von selbst und schlossen sich auch wieder hinter den unheimlichen Besuchern, die das Dunkel der Kirche verschluckte.
Die Leute erklärten sich dies entweder als eine stille Klage der Toten über die neue unfromme Zeit oder auch als Strafe für Spitalleute, die zu Lebzeiten mit der Verpflegung unzufrieden und böse zu ihren Mitmenschen gewesen waren. Für ihren sündigen Lebenswandel müßten sie jetzt Buße tun.

Solang der Alte Peter

Auf nordwestlicher Anhöhe steht St. Peter, die älteste Pfarrkirche Münchens, auf dem Petersberg, der höchsten Erhebung der Innenstadt. Viele alte Münchner Patriziergeschlechter haben dort ihre Grabmäler und Altäre. In den Anfängen gab es hier eine Wieskapelle, dem »Heiland in der Rast« geweiht. Bereits um 1050, also hundert Jahre vor der Gründung Münchens im Jahre 1158, bestand der Alte Peter als dreischiffige romanische Basilika in seiner Urform unter der jetzigen Peterskirche. 1181 wird als sein eigentliches Erbauungsjahr angegeben. 1294 erfolgte eine Erweiterung durch einen gotischen Neubau. Natürlich hat sich die Kirche in den bald neunhundert Jahren ihres Daseins mehrmals verändert, und inzwischen haben alle Stilformen an ihr Anteil. In jedem Jahrhundert, etwa ab 1490, wechselte einmal die Form des Turmes. Aus zwei niedrigen Flachdachtürmen wurden zwei höhere Spitztürme. 1701 war der Turm kleiner als heute, erst ab 1729 ähnelte er in seinem Aussehen dem derzeitigen mit einem Spitzturm.
Viel mitgemacht hat der Alte Peter im Laufe der Jahrhunderte. 1327 wurde er beim großen Stadtbrand zerstört. 1368 konnte jedoch bereits der dreischiffige gotische Neubau mit 23 Altären einge-

weiht werden. Übrigens hatte 1428 der Pfarrer der Frauenkirche »dem Dekan bei St. Peter Ehre und Gehorsam zu bezeigen«, so ehrwürdig war die Alte-Peter-Kirche im damaligen Bewußtsein der Menschen.
1607 brannten nach einem Blitzeinschlag in dem zum Markt hin gelegenen Turm beide gotischen Turmhelme ab. 1777 wurde der Friedhof um die Kirche aufgelöst. Im 18. Jahrhundert erhielt St. Peter ein barockes Gewand. In allen Stürmen und Wirren der Jahrhunderte blieb der Alte Peter ansonsten unversehrt. Er überstand den Streit zwischen Herzögen und Bürgern, den Schwedeneinfall und den Spanisch-Österreichischen Erbfolgekrieg.
Im Zweiten Weltkrieg allerdings wurde dem Bauwerk 1944 durch Bombenangriffe fast der Todesstoß versetzt. Der Petersturm, einschließlich der Glockenstube, brannte durch Funkenflug aus. Die Ruine sollte deshalb gleich nach dem Krieg gesprengt werden. Bohrlöcher für die Sprengladungen waren bereits vorhanden. Infolge vieler Geldspenden der Gläubigen und der rastlosen Bemühungen des volkstümlichen Stadtpfarrers Max Zistl ist die Peterskirche auch heute noch die am reichsten ausgestattete Kirche Münchens. Die größten Kostbarkeiten der Peterskirche, darunter auch ein Zahn des heiligen Petrus, möchte Herbert Kuglstatter, der Nachfolger Zistls, eines Tages in einer eigenen Schatzkammer der Öffentlichkeit zugänglich machen.
Der Bayerische Rundfunk wollte nach dem Krieg sein verstümmeltes Pausenzeichen »Solang der Alte Pe . . .« erst dann wieder vollständig senden, wenn die Kirche erneut im alten Glanz dastehen würde. Das konnte er bald tun. Sechs Jahre nach Kriegsende, 1951, war bereits die Einweihung des wiedererrichteten Gotteshauses, und 1974 konnten die Bauarbeiten abgeschlossen werden. Seither gilt auch wieder das alte Sprichwort: »Es gibt kein München ohne Alten Peter.«
Für wenig Geld (Erwachsene 2,– DM, Studenten und Schüler 1,– DM und Kinder –,50 DM; Stand: 1987) kann man sich in dem Laden, der dem Turm gegenüberliegt, eine Karte für die Besteigung des Alten Peter kaufen.
Zuerst auf einer engen Wendeltreppe, dann auf einer Holzstiege steigt man insgesamt 302 Stufen empor, um danach auf der 78 Meter hohen Galerie, also auf dem durch ein großmaschiges Gitter gesicherten Umlauf im Freien, den Ausblick über den Viktualienmarkt und ganz München, bei Föhn sogar bis in die Alpen hinein zu genießen. Man kann es auch mit Karl Valentin halten, der einmal meinte: »Vom Petersturm hat man eine herrliche Aussicht in die Luft.« Mit einem Weitwinkelobjektiv kann man das Neue Rathaus und die Frauenkirche knipsen. Der Petersturm ist mit dem Kreuz 96 Meter hoch, also nur vier Meter kleiner als die Frauentürme.
Mehrmals im Jahr werden von der Galerie des Alten Peter herab von den Bläsern der Münchner Petersturmmusik weltliche und fromme Weisen geblasen. So spielten sie zu Herbstbeginn 1986 an einem Samstag im September folgende Lieder: »Da Summa is außi«, »Wenn die Schwalben heimwärts ziehn«, »Morgen muß ich fort von hier«, »Muß i denn«, »Fein sein, bei'nander bleibn« und »Der Alte Peter«. Besonders auch im Advent, am Heiligen Abend und zu Silvester hört man der zu dieser Zeit meist fröstelnden Blaskapelle gerne zu.
Wer von den Turmbesuchern einen Stift dabei hat, der kann sich in das Turmbuch eintragen. Dazu rät der Stadtpfarrer Max Zistl mit folgenden Versen, die im Turmstüberl mahnend an der Wand hängen:

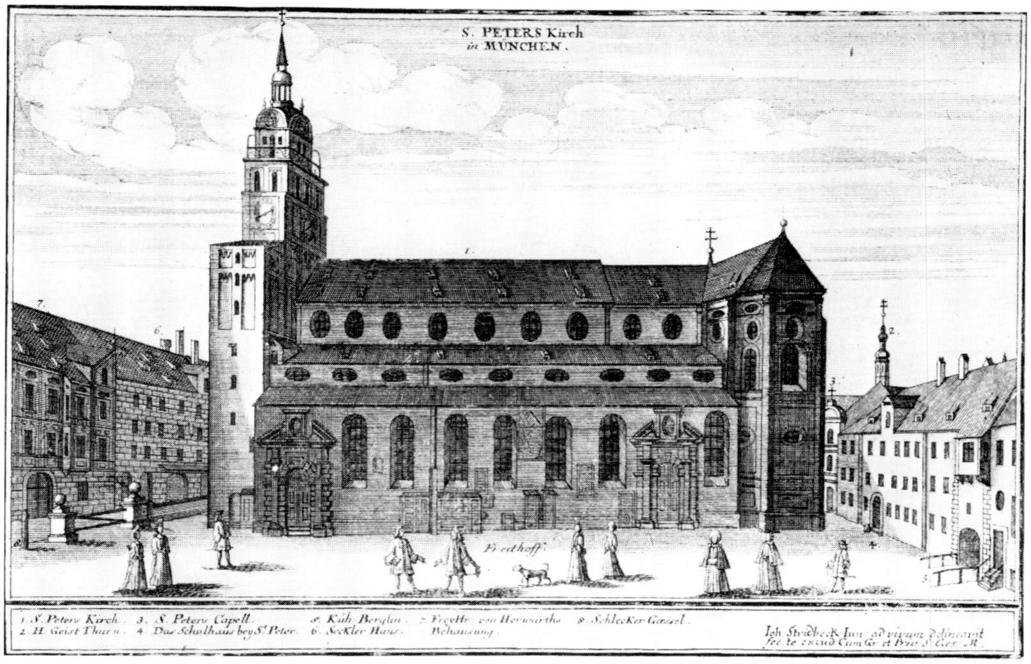

So sah der Alte Peter um 1700 aus. Mittlerweile hat er seinen Turm kräftig in die Höhe gereckt, damit ihm auch nichts entgeht, was auf dem Viktualienmarkt täglich passiert.

Lieber Turmbesucher!

Bist Du bis hier heraufgestiegen,
genieß verschnaufend das Vergnügen,
von oben München anzusehn –
und auch die blauen Berg (bei Föhn).

Nun sei an Dich die Bitt gerich't:
Verschmier die Turmstub'nwände nicht!
Denn wenn der Einblick macht Verdruß,
ist auch der Ausblick kein Genuß.

Doch möchtest Du verewigt sein,
dann schreib Dich halt ins Turmbuch ein.
Das dankt Dir von den Gästen jeder
und auch der Pfarrer von St. Peter.

Max Zistl, Stadtpfarrer

Wer um 12 Uhr mittags auf dem Turm steht, spürt beim dröhnenden Glockengeläut das Zittern des Turmes. Drei Glocken stammen aus den Jahren 1382, 1605 und 1720. Die übrigen wurden neu gegossen, darunter auch die Jubiläumsglocke der Stadt München. Sie ist 140 Zentner schwer, tönt mit einem tiefen »f« und wurde am 14. Juni 1958 bei der 800-Jahr-Feier zum ersten Mal geläutet. Jeden Samstag um 15 Uhr können die Besucher des Viktualienmarktes dem wohlklingenden gemeinsamen Läuten aller Petersturmglocken lauschen.

Unbedingt ist auch der Besuch der Kirchenräume zu empfehlen. In dem reich mit Kunstschätzen ausgestatteten Innern des Alten Peter fällt vor allem der prunkvolle Hochaltar in die Augen. Besonders bemerkenswert ist die Figur des hl. Petrus, die fünfhundert Jahre alt ist und auf einem Thron im Hochaltar den Mittelpunkt bildet. Eine interessante Rolle spielt die Papstkrone, die Tiara, die der Heilige, der ja bekanntermaßen der erste Papst war, als blattgoldverkleidete Holzplastik auf dem Kopf trägt. Wenn in Rom ein Papst stirbt, wird der Figur als Zeichen der Trauer vom Pfarrer der Peterskirche persönlich die Tiara abgenommen und erst wieder aufgesetzt, wenn ein neuer Papst inthronisiert wird. Bei einem feierlichen Hochamt wird dann auch die Statue wieder gekrönt. Auf diese Weise ist München die einzige Stadt der Welt, die außer Rom ihre eigene Papstkrönung hat, immerhin vollzogen am ersten Stellvertreter Christi, am hl. Petrus, auch wenn es sich dabei nur um eine Holzfigur handelt. Für St. Peter wurde übrigens beim Heiligen Vater in Rom der Ehrentitel »Päpstliche Basilika minor« beantragt. Damit wäre sie neben der Abtei Scheyern und der Wallfahrtskirche von Tuntenhausen die dritte in Bayern. Kleine päpstliche Basiliken haben einige Privilegien. So dürfen sie beispielsweise das päpstliche Wappen am Portal anbringen.
Mancher, der vom Viktualienmarkt zur Turmspitze des Alten Peter blickt, hat schon erstaunt gemurmelt: »Die Turmspitze ist ja schief!« Das soll sie der Sage nach schon seit über dreihundert Jahren sein. Denn damals passierte wahrhaft Ungeheuerliches und Teuflisches.

An Sonnentagen kraxeln bis zu 1500 Leute im engen Turmgehäuse zum Petersturm hoch, bei Regen oft nur zehn bis zwanzig.

Günter Goepfert

Blick vom Petersturm

Hier darf man nicht nur in die Ferne schauen;
erst muß man den Pulsschlag der Nähe kennen,
den Marktduft und den Klang aus Straßengründen.
Wie traulich ist's, die Namen leis zu nennen,
die Stadt im Dunst als Heimstatt uns zu bauen,
zu warten, bis die Nebel vor uns schwinden:

Du, Platz Mariä, Herz vom ganzen Land!
Der Himmelsmutter bist du anvertraut.
Sieh, auch dem Glockenspiel gereicht's zur Ehre,
wenn es nach altem Brauch auf Frohsinn baut,
damit das Leid nicht nehme überhand
und sich die Finsternis zum Licht bekehre.

Du, Altes Rathaus, – gotisches Vermächtnis,
Erinnerung an Meister Jörg und Grasser:
Andächt'ge Form und der Morisken Tanz.
Die vielen Brunnen mit dem klaren Wasser,
auch sie Geschichte, ewiges Gedächtnis.
Dort Heiliggeist erstrahlt im neuen Glanz.

Nun mag die blaue Weite man erfahren;
der freie Umgang lädt uns ein zum Spähn.
Leicht läßt sich Nähe mit der Ferne binden,
wenn Blick und Sinn in alle Winde gehn
und sich das Land, die Berge offenbaren.
O glücklich' Suchen, wunderbares Finden.

Teufelsspuk am Petersturm

Dem Satan soll München wegen der vielen Kirchen schon immer ein Dorn im Auge gewesen sein. Besonders aber hatte er auf die Peterskirche wegen ihrer frechen Kirchturmspitze einen Haß. Deshalb ließ er bereits mehrmals Blitze in sie einschlagen. Aber selbst die Blitzkatastrophe von 1607, bei welcher der Turm abgebrannt war, hatte der Alte Peter verkraftet. Darum setzte der Teufel zu einer besonderen Attacke an.
Eines Nachts saß der Türmer des Alten Peter sorglos in seiner Turmstube. Da begann draußen ein ungewöhnlich heftiger Sturm loszubrechen, der sich um Mitternacht zu einem wahren Orkan mit Heulen, Pfeifen, Zischen und Brausen verstärkte. So etwas hatte der Türmer noch nie gehört. Er trat ängstlich auf die Galerie hinaus, um nach dem Rechten zu sehen.
Da erblickte er an der Turmspitze ein Knäuel von häßlichen Teufeln, angeleitet von Satan persönlich. Die Horde wollte, wie es den Anschein hatte, den Turm zerstören. Der Türmer riß kurzentschlossen das Kreuz von der Wand seiner Stube und schlug damit auf die Teufelsbrut ein, wobei er den Namen des dreieinigen Gottes anrief. Aber Satan ließ nicht locker. Zwar krümmte er sich unter den Kreuzschlägen und heulte bei der Nennung von Gottes Namen auf, aber er zerrte weiter an dem verhaßten Turm. Der Türmer wurde von dem Sturmwind fast in die Tiefe gerissen, aber er hielt stand, reckte das Kreuz hoch und betete.
Da schlug die Turmuhr eins, und im selben Augenblick war der Teufelsspuk vorbei. Der Sturm beruhigte sich. Der Himmel klarte auf, und der Türmer legte sich mit einem Dankgebet nieder.
Am anderen Tag meldete er beim Stadtrat den nächtlichen Spuk. Doch niemand wollte ihm glauben. Einer blickte jedoch zur Turmspitze hoch und rief plötzlich: »Seht einmal, die Turmspitze steht schief! Der Türmer hat doch die Wahrheit gesagt!«
Tatsächlich steht seit diesem Tag die Turmspitze etwas schräg zur Seite geneigt. Der Teufel aber hat den Alten Peter bis heute nicht mehr ernsthaft behelligt. In München gibt es jedoch seitdem die Redensart: »Sankt Peter steht schief.«

Die Feuerwächter vom Petersturm überwachten noch um 1865 die Stadt mit Fernrohren.

Die St.-Peter-Turmwächter

Bereits in alten Zeiten hauste auf dem Petersturm in einem Wachzimmer ein Türmer Tag und Nacht einsam über der Stadt. Er schlug die Feuerglocke, wenn es irgendwo brannte, und meldete alle seltsamen Vorgänge, die er beobachten konnte.
Die Feuerwächter von 1865 verständigten die Feuerwehr beim Ausbruch eines Brandes durch Glockenzeichen oder durch lautes Rufen mit einem etwa zwei Meter langen Sprachrohr. Auch durch das Ausstecken von Fahnen oder, in der Nacht, durch Laternen gaben sie Alarm.
Rot bedeutete, daß es links der Isar brannte. Bei Grün loderten Flammen rechts der Isar. Obwohl München um 1800 etwa 200 000 Einwohner zählte, war die Stadt dennoch bereits so unüberschaubar, daß ohne die Hinweise der Turmwächter Brandherde von der Feuerwehr kaum zu finden waren.
Ab 1848 gaben die Türmer keine Flaggenzeichen mehr. Sie konnten jetzt durch den Einsatz von elektrischen Schreibtelegraphen in einer Art Morse-Code den genauen Brandort den Feuerwehrleuten des inzwischen errichteten Feuerwehrhauses am Anger übermitteln.
Noch vor dem Zweiten Weltkrieg stand 78 Meter über den Münchnern der 1875 geborene Turmwächter Stefan Wimmer und war damit allen turmhoch überlegen. Er war ein Verwandter des berühmten Münchner Bürgermeisters Thomas Wimmer, des »Wimmer Dammerls«. Er orientierte sich stets über die Preise und Angebote auf dem Viktualienmarkt.
Als er einmal im »Dritten Reich« auf dem Petersturm von einer Verknappung der Lebensmittel auf dem Markt sprach, hörte das nicht nur der neben ihm stehende Engländer, sondern auch ein brauner Spitzel, der den Stefan prompt verpfiff. Das Faß zum Überlaufen brachte er allerdings, als er auch noch statt der

Hakenkreuzfahne die weiß-blaue Bayernfahne hißte. Jetzt wurden sofort Erkundigungen über seine »politische Zuverlässigkeit« eingezogen. Schlimmeres blieb ihm zum Glück erspart, wahrscheinlich deshalb, weil er überall in München, besonders aber auch auf dem Markt recht bekannt und beliebt war.
Zu jedem Ausländer, der zu ihm hochstieg, sagte er übrigens »Monsieur«, bis ihn seine Frau darauf aufmerksam machte, daß es auch »Mister« gebe. Ab da fragte er jeden Turmbesteiger, ob er ein Mister oder ein Monsieur sei. Ein Besucher vom Land, dem er diese Frage stellte, meinte daraufhin trocken: »Ich bin weder Missionar noch Mister, sondern Melker.«
Nach dem Kriege beobachtete Wimmer mit großem Interesse die Wiederaufbauarbeiten am Alten Peter. Voller Hoffnung berichtete er seiner Frau von dem Fortgang der Renovierung. Doch die meinte: »Stefan, mir kemman nimma nauf, mir san z' alt.« Kurz darauf starb der Stefan 1946 im Alter von 71 Jahren.

»Alter-Peter«-Glück

Übrigens gibt es den Alten Peter zweimal: einmal in Originalgröße in München, das zweite Mal mit über 3 Meter Turmhöhe als Modell im Miniatur-Städtepark Ruhpolding, der an allen Wochentagen geöffnet ist. Bloß den Viktualienmarkt muß man sich dazudenken, weil: den gibt es nur in München.
Nicht nur begraben wurde man dereinst beim Alten Peter, auch geheiratet wurde hier. Mancher, der sich auf dem Weg zum Viktualienmarkt befand, warf beim Herunterkommen vom Petersbergl »je nach Alter und Geschlecht noch schnell einen scheuen, mürrischen, einen mit einem Seufzer des Glücks oder der Entsagung verbundenen Blick auf das kleine gotische Standesamt«, wie Rolf Flügel beobachten konnte.
Und manches frischvermählte Hochzeitspaar wird die ersten gemeinsamen Schritte in das Glück zu zweit, wenn schon nicht über den Markt, so doch nahe an ihm vorbei gegangen sein.
Der Alte Peter gilt auch sonst als Glücksbringer. Bereits vor 250 Jahren führte man in Bayern nämlich das Lotteriespiel ein, um dergestalt die Staatskasse aufzubessern. Auf dem Petersplatz wurden die

Nur ungern entläßt der Alte Peter junge hübsche Mädchen, über deren Besuch sich dieser betagteste Münchner bestimmt besonders freut.

Gewinnzahlen ausgerufen, da es Rundfunk und Fernsehen damals bekanntlich noch nicht gab.
Aber seit es den Bayerischen Rundfunk gibt, tönten die Anfangstakte des »Alten-Peter«-Liedes bis vor wenigen Jahren als seine Erkennungsmelodie durch die bayerischen Lande, und mancher Münchner singt dann leise den Liedtext mit:
»Solang der Alte Peter am Petersberg noch steht,
solang die grüne Isar durch d' Münchnerstadt noch geht,
solang da drunt am Platzl noch steht das Hofbräuhaus,
solang stirbt die Gemütlichkeit in München noch nicht aus.«
Diese eine Strophe wird durche eine zweite, meist unbekannte, ergänzt:
»Solang der Föhn durch München her von den Alpen saust,
solang am Viktualienmarkt das Leben täglich braust,
solang die Frauenkirche mit ihren Kuppeln winkt,
solang ist man in München auch noch fröhlich und beschwingt.«

Die »Alte-Peter«-Kugeln

Als 1796 die französischen Revolutionstruppen das geschlagene österreichische Heer nach Bayern hinein verfolgten, kam es am 8. September zur Kanonade. Zum Fest »Mariä Geburt« fand in der Kirche gerade ein Hochamt statt. Da schlugen auch zwei verirrte Kugeln in die Peterskirche ein, die eine in den Kirchenraum. Zwar kam niemand zu Schaden, aber die Gläubigen rannten dennoch in Panik davon. Zurück blieb nur Dekan Kumpf und seine Ministranten, die furchtlos die Messe zu Ende feierten. Seither, so heißt es, soll in der Mauer bei einem Fenster noch die zweite Kanonenkugel stecken.

Zwei Wunderbilder im Alten Peter

Das erste Bild, auch »Augenbild« genannt, befindet sich im Seitenaltar und zeigt die Beweinung Christi. Die darauf abgebildete schmerzhafte Muttergottes soll im Jahr 1783 die Augen bewegt haben.
Das zweite Bild, ein »Maria-Hilf-Bild«, wurde von Barbara Ostermeier, einer Münchner Brauerswitwe, 1653 der Kirche gestiftet. Dreißig Jahre später ließ Kurfürst Max Emanuel im Türkenkrieg eine dreißigtägige Andacht vor dem Bild halten und kehrte daraufhin gesund und siegreich heim. Er stiftete daraufhin dem Bild zwei Silberampeln und von ihm eroberte Türkenfahnen.

Ein kostbar geschmücktes Skelett

In einer Seitenkapelle ruht in einem Glasschrein das vollständig erhaltene Skelett der heiligen Munditia, das nach altem Brauch prunkvoll gekleidet ist. 1677 kam es aus römischen Katakomben nach München. Die 60jährige Munditia starb vor über 1670 Jahren am 17. November 310 auf Befehl des gefürchteten Christenhassers Gajus Galerius Valerius Maximilianus als Märtyrerin unter dem Henkerbeil. Man kann die durchtrennten Halswirbel noch erkennen.
Heute wird die Heilige vor allem als Fürbitterin alleinstehender Frauen, lediger Mütter und »gefallener Mädchen« verehrt.

Das Rosental

Noch im frühen 15. Jahrhundert hieß das Rosental »Krottental«, also das »Tal der Kröten«, weil in der abschüssigen Straße mit ihren zahlreichen Pfützen und Schlammlöchern etliche Kröten hausten. Erst 1430 wurde der Name »Rosental« gebräuchlich. Die Straße wurde in Analogie zur Rosenstraße so benannt.
Am östlichen Ende des Rosentals fand jährlich von März (Josephi) bis Oktober (Therese) der Blumenmarkt statt. Wie das Tal, befand sich, vom Petersplatz aus gesehen, auch diese Straße in einer tieferen Lage. Der »Seefeldbogen« war der Übergang vom Rosental zum Viktualienmarkt.

Prälat-Zistl-Straße

Sie zweigt am Knie des Rosentals ab und führt an der westlichen Vorderseite der Freibank und am Café Frischhut vorbei. Benannt ist sie nach dem ehemaligen Stadtpfarrer von Sankt Peter, nach dem Prälaten und Monsignore Max Zistl, der sich in rastlosem Bemühen um die Erhaltung und den Wiederaufbau des Alten Peter nach dem Zweiten Weltkrieg verdient gemacht hat. Er starb vor wenigen Jahren. Sein Spruch: »Im Schatten vom Alten Peter – a bißl katholisch wird a jeder« enthält mehr als ein Körnchen Wahrheit.
Die Marktleute erinnern sich noch heute an das stämmige Mannsbild, das oft bei ihnen vorbeischaute. Mancher Standlerin gab er im Winter den Rat: »Jetz derfst fei bald lange Unterhosn oziang, gäi.« So sehr, wie er die Leut' mochte, so sehr haßte er die Tauben, vor allem ihren Dreck, dessentwegen er sich sogar einmal eine Krankheit zuzog. Das höchste Lob für ihn erklingt noch immer aus dem Mund der Marktler: »Der war scho recht. Der hat zu uns g'hört.«
Mit der Prälat-Zistl-Straße findet der Rundgang seinen Abschluß. Er führt Einheimischen und Touristen vor Augen, daß nicht nur der Markt selbst zum geruhsamen Umherschlendern einlädt. auch die Straßen, Plätze, Kirchen und Brunnen drumherum verführen zum Bummeln, Schauen und besinnlichen Verweilen. Sie stellen mehr als nur eine notwendige Diele zur »guten Stube« der Stadt dar, sie sind traditionsreiche Ummantelung des Marktes, die ihn gleichsam stabilisiert.
Es ist interessant, sich den Markt aus verschiedenen, durchaus entfernten Blickwinkeln anzusehen. Er zeigt ein jeweils anderes Gesicht, ob man ihn aus einer Seitenstraße heraus oder von einem erhöhten Platz herab beobachtet oder ob man vom Turm des Alten Peter einen Blick auf ihn wirft.
Nur der lernt den Viktualienmarkt erst richtig kennen und schätzen, der sich ihm von den verschiedensten Seiten her nähert und das Treiben auf ihm mitunter aus einiger Entfernung studiert.

Am Faschingsdienstag ist hier die Gaudi am münchnerischsten und bayrischsten. Da dreht sich nichts um den Verkauf, aber alles auf dem Markt.

Der Viktualienmarkt durchs Jahr

Alle Fest- und Feiertage eines Jahres begleitet der Viktualienmarkt durch besondere Angebote. In einem Fall findet sogar das Fest selbst auf ihm statt, nämlich am Faschingsdienstag, wo das närrische Treiben in München hier seinen Höhepunkt erreicht, um am Aschermittwoch melancholisch auszuklingen.

Der Tanz der Marktfrauen

Die wohl bekannteste Attraktion auf dem Viktualienmarkt ist der Tanz der Marktweiber am Faschingsdienstag, zum Kehraus. Er beruht auf einer alten Tradition, die bis in die Mitte des letzten Jahrhunderts zurückgeht, als die Schrannenhalle errichtet wurde. So wird uns um die Jahrhundertwende mitgeteilt: »Der einfachste und originellste Faschingsball ist jedoch wohl der in der Münchner Schrannenhalle (Obst- und Gemüsehalle) stattfindende. Dort spielen, einem alten Brauch gemäß, am Fastnachtsdienstag nach Schluß des Marktes kostümierte Musikanten den Händlern und Händlerinnen zum Tanz auf, und die Lustbarkeit währt so lange, als aus den Taschen der ‚Damen der Halle' und ihrer Tänzer noch die Mittel zur Bezahlung des Orchesters springen.«

Sehr bald verlegte sich dieses Faschingstreiben zum Ausklang der närrischen Zeit auf den Viktualienmarkt selbst. Alle Standlweiber, Gemüse- und Metzgerfrauen sowie Fischverkäuferinnen haben dann ihren großen Auftritt. Sie zeigen sich in skurrilen Masken mit grellgeschminkten Gesichtern in kunterbunten Kostümen. Als ringelbestrumpfte, offenherzige Bacchantinnen und Hexen verkleidet, werfen sie gesalzene Heringe unter die Leute, singen ungeniert unflätige Lieder und schenken nicht selten Freischnaps und Freisekt aus, um die bei eisigem Wind und Minusgraden durchgefrorenen Besucher des Marktes warm und bei Laune zu halten. Eingemummt bis über die Ohrwaschel, treten die Zuschauer von einem Eisbein auf das andere. Aber auch dieser Brauch ist längst in Gefahr.

Noch 1967 traten am Faschingsdienstag ab 9 Uhr vormittags die Standlfrauen zum traditionellen Tanz der Marktfrauen an. Eine Art Schrammelmusik, bestehend aus einem Trompeter, einem Ziehharmonikaspieler und einem Klarinettisten, zog von Stand zu Stand und lockte die Marktfrauen aus den Häusln heraus. Die faßten sich an den Händen und wirbelten im Dreher über das Pflaster. Die Passanten wurden miteinbezogen. Das ging so bis Mittag. Damals hatten die Standl auch noch geöffnet und verkauften an die Kun-

Kein Zuschauer kann sich selbst bei eisigstem Wind dem flotten Kehraus der Fröhlichkeit entziehen. Originelle Kostüme machen einander den Rang streitig.

Auch der Markt zeigt stets zwei Gesichtshälften: eine normale und eine verrückte. Am Fasching gilt dabei das Motto:

A Gaudi putzt
den Markt am besten,
befreit ihn von
den Alltagsresten.
Wenn Lachen,
Tanzmusik und Singen
die Standl bis
zum Grund durchdringen,
dann wird
durch dieses Gaudium
man gegen
Alltagstrott immun.

Eine Mordsviecherei für dufte Zähne, kleine Butzerl und freche Zamperl. Nirgends ist Frieren so lustig wie hier.

»A Mordsgwurl« ist, wenn das Faschingsprinzenpaar auf dem Markt erscheint.

Die alten Schlager, die über den Platz schallen, werden mitgesungen und bei flotten Drehern und übermütiger Schunkelei flippen manche ganz aus. Liesl Karlstadt hat volles Verständnis dafür.

den, die zur Feier des Tages gratis einen Glühwein oder Schnaps gereicht bekamen.
»Das ist heute ganz anders«, klagt die Freisinger, »heut' kommt ein riesiger Lautsprecherwagen auf den Platz gefahren, und aus den Lautsprechern kreischt dann grelle Popmusik. Die Standl haben zu, nur ich hab' noch offen. Der Tanz der Marktfrauen ist längst vom Tanz und Herumhüpfen der Leute abgelöst worden. Manchmal fragt mich noch einer: ‚Ja, wo ist denn jetzt der Tanz der Marktweiber zu sehen?' Da sag ich dann: ‚Schauns halt rum, irgendwo werden s' schon noch tanzen'. Aber die meisten Marktlerinnen finden sich dazu nicht mehr bereit. So ist schon manches von der Ursprünglichkeit des Marktes verlorengegangen.«
Tatsächlich verdrängte der Ansturm des Publikums die eigentlichen Hauptdarsteller des Marktfaschings immer mehr an den Rand des Geschehens. Im Mittelpunkt stehen jetzt die Gäste und nicht mehr die Gastgeber. Die Aufmerksamkeit ziehen neuerdings die Transvestiten der Stadt auf sich, die in Federn, Flitter und in geschlitzten Glitzerkleidern eine bizarre Show liefern.
1987 wurde jedoch für sechzehn Geflügel-, Obst- und Gemüsestandlerinnen ein eigenes Podium errichtet, auf dem diese Bauerntänze wie Polka und Landler, die sie vorher in Dornach bei Riem drei Wochen lang einstudiert hatten, aufführen durften. Dreimal mußten sie an diesem Faschingsdienstag antreten, um 10 Uhr, 13 und 15 Uhr. Vielleicht ist das der Beginn einer Renaissance des Tanzes der Marktfrauen.
Zur Stärkung gibt es mittlerweile an den Marktständen Krapfen und Knoblauchsuppe, saure Gurken und Glühwein. Besonders beliebt sind auch »heißer Holler« (Holundersaft) und »Met« (Honigwein).
Viele Gaffer klettern auf die festen Stände und beobachten die tiefgekühlte Gaudi von luftiger Höhe herab. Auch die Brunnenfiguren der Volkssänger sind miteingeschlossen und stehen maskiert in der Menge. Die Dackel tragen freche Hüte, und den gerupften Gänsen und Hühnern werden pietätlos bunte Federn in ihre Bürzel gesteckt. Kommt eine der Münchner Faschingsprinzessinnen zu Besuch, wird sie mit einer kunstvoll gemetzgerten Krone aus einem Dutzend Weißwürste

Die Krönung der Münchner Faschingsprinzessin mit der Weißwurstkrone zählte 1967 zu den Höhepunkten des närrischen Markttreibens.

gekrönt, und dem Bürgermeister wird ein Knoblauchkranz um den Hals gehängt, damit er in Zukunft vor vampirähnlichen Bittstellern geschützt sei. Nicht selten schreitet ein Doppelgänger des Märchenkönigs würdevoll grüßend durch die vor ihm sich ehrfurchtsvoll öffnenden Reihen. Übermannt von Königstreue, stürzt sich dann manche spitzenunterhosenbekleidete Lebedame recht ehrfurchtslos auf den Monarchen, um ihn ganz narrisch abzubusseln.
Danach wogen sie wieder im traditionellen Dreher durcheinander, die oft nachgemachten kracherten Eierstandlerinnen, die mollerten Gärtnerinnen mit einer Puppe im Arm, die feschen Damen der Jahrhundertwende mit ihren spitzenbesetzten Sonnenschirmen, die drallen Ganserlfrauen und herzigen Blumendirndln und die wuchtigen Metzgerweiberimitationen mit mächtig Holz vor der Hüttn.

Manchmal erkennt ein Dauerbesucher des Viktualienmarktes erst beim zweiten Hinschauen seine echte, ansonsten seriös wirkende Standlfrau, die sich ihm jetzt als frivole Animierdame an den Hals schmeißt und ihm den kußunechten Lippenstift auf die Backe schmatzt. Und auch das gibt es nur mehr selten, daß sich manche Standlfrau als »gnädige Frau« mit Handschuhen und Schleier zum Einkaufen anstellt und die Leidensgenossinnen hinter der Theke einmal so recht nach Lust und Laune schikaniert. Noch lieber wäre es diesen »feinen Damen«, wenn an diesem Tag einmal die schwierigen Kunden das Verkaufspersonal spielen müßten. »Das gäb a Hetz!« Sogar stocknüchtern und ohne einen Tropfen Alkohol schaffen es an dem meist kühlen Tag ein paar tausend Münchner, bei dieser Frei- und Frischluftveranstaltung in weniger als einer Stunde total blau zu sein – nämlich im Gesicht und an den Händen vor Kälte.
Alles dreht sich um den Viktualienmarkt, sogar der Alte Peter und der Heiliggeistturm scheinen da keine Ausnahme machen zu wollen. Am Aschermittwochmorgen wird in den Imbißstuben auf dem Markt, aber auch in den umliegenden Cafés ein herzhaftes Katerfrühstück serviert, um die wankenden Sinne wieder etwas ins Gleichgewicht zu bringen. Vielleicht verirrt sich dann mancher reuige Sünder in die St.-Peters- oder Heiliggeistkirche, wo er, »Mea culpa, mea culpa, mea maxima culpa« murmelnd, vom Pfarrer beim Einascheln das Aschenkreuz auf die Stirn gestreut bekommt, wobei er mit den Worten: »Gedenke, Mensch, daß du Staub bist und wieder zum Staub zurückkehren wirst«, an die Vergänglichkeit alles Seienden erinnert wird.

Mechanische Fische

Valentin »derbleckte« gerne die Leute. Das tat er nicht nur zur Faschingszeit. Er stellte mit bierernstem Gesicht die absurdesten Behauptungen auf, hielt trotz aller Einsprüche gußeisern daran fest, bis zum Schluß die Zuhörer völlig verwirrt waren. Einmal verursachte er – es könnte sogar im Fasching gewesen sein – auf dem Viktualienmarkt einen Volksauflauf. Er erklärte stur, daß die Fische im Bassin der Nordsee-Fischhalle mechanische Attrappen seien.
Zunächst wollte ihm das niemand glauben. Doch der Komiker beteuerte: »Ich hab's doch g'sehen, wie die mit'm Schlüsserl aufgezogen werden. Echte Fisch' täten ja ganz anders schwimmen.« Jetzt spalteten sich die Passanten in zwei Gruppen. Die einen waren bereit, das Gehörte zu glauben. Die anderen hielten das für einen »absoluten Schmarrn«. Einige gerieten sich bei der nun immer aufgeregter werdenden Diskussion fast in die Haare.
Valentin aber, seinem Urahn Eulenspiegel nicht unähnlich, befand sich bereits auf dem Rückzug. Zufrieden vor sich hinschmunzelnd betrachtete er die debattierende Menschenmenge. Die »mechanischen Fische« aber brachten vor lauter Aufregung ihr Maul fast nicht mehr zu.

Mitgeteilt von Kurt Wilhelm

Ostern, Sommer, Herbst und Weihnachten

Der Frühling, der sich durch Schneeglöckchen und frisches Grün bemerkbar macht, zeigt sich auf dem Viktualienmarkt dadurch an, daß im Angebot plötzlich frisches Gemüse und junge Kräuter erscheinen. Ein Münchner meinte sogar: »Aufm Viktualienmarkt gspürt man z'allererst, wann's Frühling werd.«
Zu Beginn der Ostertage, vor dem Palmsonntag, sind auf dem Blumenmarkt die ersten samtenen Palmkatzl zu bewundern. Kräuter für die Gründonnerstagssuppe findet man hier weit mehr als die geforderten neun.
Am Ostersamstag machten sich früher die Münchner Kinder einen Spaß daraus, beim »Ostereierpecken« durch das Aufklopfen eines Eies, das einem anderen Kind gehörte, dieses in den eigenen Besitz zu bringen.
Auf die Spargelzeit im Mai und die Schwammerlzeit mit Steinpilzen, Reherln und Rotkappen im Sommer reagieren die Standlfrauen mit reichhaltigen, wenn auch teuren Angeboten. Im Juni feiern die Münchner Brauereien den traditionellen »Brauertag«. Von prächtig aufgeputzten Rössern gezogene Bierwagen fahren auf. Zu einem Standkonzert sind Volkstänze zu sehen, und das Freibier fließt in Strömen zwischen Beeren und Blumen. Das Reifen von Gemüse und Obst läßt sich kaum besser als auf dem Markt ablesen.
Im Frühherbst begehen die festlich gekleideten Gärtner mit einem Umzug, einer Art »Erntedank-Prozession«, und bei Musik ihren »Gärtnertag«. Dabei danken sie für ihre über das Jahr hin reich beladenen Stände.
Kommt der Herbst, so werden für Allerheiligen Sterbekranzerl und Blumengebinde für die Gräber angeboten, und natürlich fehlen an Kirchweih nicht das Kirchweihganserl und die weißen und blauen Krautköpfe.
Und im Spätherbst, wenn auch die letzten Blätter von den Bäumen fallen, wird ein prominenter waschechter Münchner unter Anteilnahme des ganzen Marktes von den Standlleuten auf einer Waage zunächst mit Obst aufgewogen. Bei Schwergewichtigen muß unter dem Hallo der Zuschauer eine gewaltige Menge an Früchten in die andere Waagschale gelegt werden, bis der Hochgeehrte endlich mit dem Obst im Gleichgewicht ist. Im Laufe der Zeit wurden dem Obst weitere »Naturalien« und Lebensmittel beigegeben.
Am 9. Oktober 1986 war mittag um 12 Uhr der 60jährige Bandleader Max Greger an der Reihe und wurde auf dem Viktualienmarkt vor dem Karl-Valentin-Brunnen aufgewogen. Beppo Brem legte ihm zusätzlich schwer die Hand auf die Schultern, um seine 84 Kilo Körpergewicht zu erhöhen. Mit zwei Maß Bier Zusatzgewicht brachte der Maxl schließlich runde 87 Kilo auf die große Pfannenwaage. Die mit Fisch, exotischen Früchten, Brezen, Gemüse, Kuchen und einem Spanferkel gefüllte andere Plattform wurde dem Altenheim St. Maria in Ramersdorf gestiftet. Für den Max war das die erste Auszeichnung seiner Heimatstadt, zu der er insofern eine enge Beziehung hat, als seine Schwiegermutter Anna Schmelzer über dreißig Jahre lang auf dem Viktualienmarkt als Blumenfrau gearbeitet hat. Und an deren Stand, wo denn sonst, bandelte der Greger auch mit seiner späteren Frau an.
Seit dreizehn Jahren gibt es diesen von Hans Schaffner eingeführten und inzwischen sehr beliebten Brauch.
Gewogene Vorgänger des Musikers waren in der Reihenfolge der Maler Rupert Stöckl, die Schriftsteller Georg Lohmeier und Sigi Sommer, der Fernsehmoderator Robert Lembke, der Bayern-Torwart Sepp Maier, der Stadtpfarrer von St. Peter, Max Zistl, die Schauspieler Walter Sedlmayr, Beppo Brem, Gustl Bayrhammer, die Fernsehmoderatorin Carolin Reiber, der Volksschauspieler Karl Obermeier, der Sternekoch Eckhard Witzigmann, dem als gebürtigem Österreicher ein Münchner Kindl assistieren mußte, und der Schauspieler Toni Berger.

Ende November beginnt dann die Zeit für die Adventskränze, die silbernen und goldenen Misteln, die Zwetschgenmannderln- und die Paradeiserl. Die Dachserinnen bieten Tannen- und Latschenäste, Polsterlmoos und versilberte Gebirgsdisteln, ja, sogar Töpfe mit Silberplättchen an. Der traditionelle Christkindlmarkt ist längst auf den Marienplatz verlegt worden. Aber auch auf dem Viktualienmarkt wird der vorweihnachtlichen Zeit mit entsprechenden Angeboten und Ausgestaltungen der Standl Rechnung getragen.
Noch 1983 spielte einmal in der Woche unter dem Viktualienmarktchristbaum die »Straßenbahnermusi« wunderschöne weihnachtliche Weisen. »Da ist es einem ganz wohlig den Buckl runtergelaufen«, schwärmt Ilona Schaffner noch heute.
Jeder findet in den Tagen vor St. Barbara knospenschwellende Zweige für seine Vase im Wohnzimmer, und auch die Nikolaussäckchen lassen sich mit den frischen Nüssen, Äpfeln, Orangen und dem Kletzenbrot vom Markt stattlich auspolstern. Selbst an noch so kalten Tagen warten die ganz gußeisernen Standlfrauen mit rotgefrorenen Nasen auf ihre Kundschaft, auch wenn diese bei dichtem Schneetreiben oft nur recht schwer hinter dem Ofen hervorzulocken ist.
An Silvester harren ergeben zähneklappernde Menschenschlangen vor den Fischläden auf ihren »Karpfen blau«.
Am 1. Januar schließlich leiten die Petersturmbläser mit frommen Weisen eine neue Jahresrunde auf dem Viktualienmarkt ein.

Jürgen von Hollander

Träumereien auf dem Viktualienmarkt

»Obst und Gmias aus der ganzen Welt!« steht auf einem Lieferwagen, der hinter einem Stand auf dem Viktualienmarkt parkt. Und so ist es: Es ist alles da und noch viel mehr, von dem selbst wir Marktbeobachter aus Leidenschaft noch nie etwas gehört haben. Jedenfalls bis vor kurzem nicht.
Wir Marktschnüffler sind in diesen Tagen vor Ostern unterm Alten Peter wahrhaftig gut bedient: Alles, fast alles jedenfalls, was jetzt auf der Sonnenseite unserer Weltkugel geerntet wird, gibt es auf unserer grünen Insel schon zu kaufen. Oder für den gelernten Marktgänger zu sehen. Beispielsweise: grüne Bohnen aus Kenia, junger Spinat aus Süditalien, Erdbeeren aus Israel, wahrhaftigen Spargel (du Liebster aller Lilien!) aus Mexiko, Spanien und Griechenland, Gewürzgrün, Austernpilze, junge Zwiebeln, Kräutel

für eine der besten Ostersuppen auf der Welt. Dann das ganze fremde Obstangebot aus tropischen Ländern. Freilich teuer. Aber wer jetzt eine Mango, eine Avocado, wer Lychees oder eine Papaya essen mag, der müßte zum Beispiel nach Sri Lanka fliegen. Da liegen in Holzkistchen säuerliche Karambole, die, durchgeschnitten, wie kleine Sterne ausschauen, und Kumquat, Zwergorangen, die man mit der Schale ißt.
Kakteenfrüchte gibt es, und du kannst dir eine Mauer aus Bruchsteinen dazu vorstellen, auf der obendrauf Feigenkakteen als eine zweite grüngraue Mauer wachsen. Die Sonne dreht sich über den grauen Steinen und grauen Pflanzenstämmen in Hitzekreisen. Vorne in den Bruchsteinen ist ein Gartentor, in dem ein Weinausschank im Schatten ist. Dahinter ist ein Garten, in dem Artischocken wachsen. Da ist der tropfende Wasserhahn über einem glitschigen Holzfaß fürs Gläserspülen. Der helle Wein duftet ganz fein nach Vanille. Die Wirtin, dick, mit schwarzer Schürze und schwarzem Kopftuch, gibt dir zwei Pfund frische Sardinen, die du bei ihrem Mann, der ein Fischer ist, bestellt hast. Schau, so kann man auf dem Viktualienmarkt vor fremden Früchten ins Träumen kommen.
Eine Frucht aber wird es auf diesem gemächlichen Weltmarkt unterm Alten Peter niemals geben: Durian. Der Durian wächst zum Beispiel in Thailand und sieht aus wie ein unrasierter Kürbis. Er schmeckt ungefähr wie ein wunderbarer herbsüßer Vanillepudding, gewürzt mit altem Sherry und – wenn's möglich ist, und es ist möglich – mit einem Hauch feinem Käse. Manche sagen, der Durian übertrifft an Wohlgeschmack alle Früchte auf unserer Welt. Bloß leider: Der unrasierte Kürbis stinkt ganz unsagbar grausam nach verfaultem Käse, den man – um es noch zu übertreiben – in Terpentin eingelegt hat. Keine Fluggesellschaft transportiert den Stinker. Der Durian ist ein botanisch-kulinarischer Witz: die wohlschmeckendste Frucht der Welt, die es in keinem Delikatessenladen zu kaufen gibt. Auch nicht auf dem Viktualienmarkt.
Im großen Fischgeschäft verteilt ein Verkäufer einen Sack frische Nordseekrabben auf Eis. Der Verkäufer weiß genau, denke ich, wie schnell seine kleinen Krebse die Krabbenfreunde anlocken. Genau wie er machen es die Fischer und die Hobbytaucher in den tropischen Meeren. Sie streuen Krabbenstücke ins Wasser und warten auf die Korallenfische, die davon angelockt werden. Nach einer Minute ist über den kleinen Krebschen ein Gestrudel von goldenen, blau-silbernen, tiefroten, kohlschwarz-leuchtblauen schönsten Fischen unserer Welt. Seht: So haben die Krabbenfreunde und die Korallenfische etwas gemeinsam: Wir wissen beide, was gut ist, man kann uns anlocken mit frischen Krabben. Wie schön, nach diesem ekelhaften Winter auf dem Viktualienmarkt wiederaufzutauen!

Günter Goepfert

Auf'm Schwammerlmarkt

Die große Schar der Schirme, unter denen sich der Schwammerlsegen häuft, sieht, wie zur Reklame, selbst wie eine Ansammlung riesiger Parasolpilze aus. Und richtig! Da kommt einem schon der typische Schwammerlgeruch entgegen – der Ruch von Wald, Moos, Heidekraut und dämpfiger Erde.
»Scheene, frische Stoapuizl, Frau! Ja, schaun S' nur her! Keine schönern sehn S' nimmer!« Und daneben: »Meine Recherl san goldfrisch!« So werden die Vorübergehenden zum Kauf ermutigt. Da kommt nun ein Mann mit einem Hacklstecken am Arm und einem Rucksack auf dem Buckel. Er schaut aus wie ein echter Schwammerlsucher. Anscheinend aber hat er sich's anders überlegt. Er kommt näher und verlangt »zwoa Pfund Stoapuizl – derf aa a bißl mehr sei!« Doch dann macht er gleich die Tüte auf und klaubt ihren Inhalt in den leeren Rucksack, wobei er jeden Schwammerl auseinanderbricht und mißtrauisch unter seine bezwickerte Nase hält. »Da ham S' mir an wurmigen neig'schwindelt!« so masselt er an die Marktfrau hin. »Schaun S' 'n Eahna nur an, den Krepierling. Der derfallt ja schon beim Anschaun. Dafür verlang ich Ersatz!« Aber die Frau ist auch nicht auf den Mund gefallen und beugt sich angriffslustig über den Tisch. »Ja, was Eahna net einfallat! Sie waar'n net vui g'schleckat! Zwengs die paar unschuldig'n Würmerl! Freili, freili! Ham S' net gar an Röntgenapparat aa no dabei!?« Doch der Mann mit dem Zwicker gibt sich nicht zufrieden. Er hat noch ein wurmiges Exemplar entdeckt. »Is dees vielleicht nix!« sagt er triumphierend und hält ihr den Schwammerl unter die Nase. Da reißt ihr nun endgültig die Geduld. »Jetzt aber wird's Zeit, daß' Eahna schwinga! Von Eahna lass' i mi no lang net zum Narr'n halten, Sie Zwickerg'sicht, Sie traurig's!« – »Soll er halt selber Schwammerl suchen«, meint eine Stimme aus dem Volk und findet murmelnden Beifall. Da zieht er es vor, seinen Rucksack zu- und sich aus dem Staub zu machen.
Das Geschäft geht flott. Mitunter stauen sich die Käufer zwischen den Ständen. Ein Korb nach dem andern ist im Nu leer. Die Sonne steigt höher. Die Hitze flutet auch unter die Sonnenschirme. Das macht die Marktfrauen durstig, und so profitiert auch der Wirt. Wie Öl wirkt das Bier auf die ausgedörrten Kehlen. Schon hört man es an der nun geschmeidigeren Stimme, wenn gerufen wird: »B'sonders kernige Buistling hab i no! – – – Sooo, ein Pfund kriagt der Herr Professor! – – – Na, Herr Doktor! Da brauchen S' koa Angst net ham. Giftling is da koana drunter. Ja, glaam denn Sie, daß wir unser Kundschaft vergift'n woll'n? Jeder will leb'n, aa wenn d' Zeit'n no so lausig san. – – – Fünf Mark gradaus kriag i vom Herrn Geheimrat! – – – Gib vierz'g Pfenning raus, Marie . . .«

Alarm!

Resignierte Stimmen sind neuerdings auf dem Viktualien-Tiermarkt zu hören: »Die Kunden schauen sich zwar unsere Hühner, Gänse, Tauben, Wachteln und Hasen an, aber kaufen tun s' nix. Deshalb kommen samstags auch nur noch zwei Bauern mit den lebenden Viecherln zum Markt, vor drei Jahren waren es noch fünf.« So klagt ein Landwirt. Wären nicht einige ausländische Kunden, hätte sich bereits eine weitere alte Markttradition still verabschiedet.

A. S.

Seltsame Gwachser rund um den Markt

Damit sind nicht die Gewächse in den Blumen- und Gemüsestandln gemeint, die verkauft werden, sondern eigenartige und eigenwillige Menschen, die zwischen den Standln herumwuseln und auf ihre Weise die »persönliche Note« des Marktes unterstreichen. Viele kauzige Figuren gingen in die Chronik des Viktualienmarktes ein. Einige der bekanntesten seien hier vorgestellt.

»Peter Fleckerl«

Er hieß eigentlich Peter Wirrlein und lebte im 16. Jahrhundert. Damals gab es den Viktualienmarkt noch nicht auf dem heutigen Platz, aber den nahegelegenen Rindermarkt und den »Eier- und Kräutelmarkt« am Marienplatz, dem Vorläufer des Viktualienmarktes. Und dort war Peter Wirrlein bekannt wie ein bunter Hund. Er war neugierig und eine ausgesprochene Marktratschn. Einmal wurde er jedoch selbst hereingelegt, weil es den Leuten langsam zu viel mit ihm wurde. Sie erzählten dem Peter, daß auf den Herzog Albrecht in München ein Attentat geplant sei. Der Rädelsführer dieser Schandtat trage am Gewand als Zeichen einen roten Fleck auf dem Rücken. Heimlich befestigte man indessen dem Peter Wirrlein einen derartigen Flecken an der genannten Stelle. Als er nun schnurstracks zum Herzog lief, um ihm alles zu hinterbringen, wurde er sofort selbst als Rädelsführer identifiziert, da er das Zeichen auf dem Rücken hatte. Der Herzog aber, der in den Plan der Leute eingeweiht war, drohte dem Wirrlein, daß er ihn das nächste Mal, wenn er wieder herumtratsche, seinem Löwen Sultan zum Fraß vorwerfen würde. Sultan war allerdings zahm und kein Menschenfresser. Zur Vorwarnung wurde Peter dann auf den hölzernen Pranger-Esel gesetzt und zum Narrenhäuschen am Rathaus gefahren, wo er einige Zeit eingesperrt blieb. Nun hatte Peter Wirrlein seinen Spottnamen »Fleckerl-Peter« weg. Er verließ deshalb bald darauf beschämt München und soll sich sogar gebessert haben. Heute noch rät man allzu neugierigen Menschen, die in alles ihre Nase stecken: »Geh doch zum Fleckerl-Peter am Rindermarkt.«

Der »Finessen-Sepperl«

Dieses Original, das eigentlich Joseph Huber hieß, wurde etwa um 1763 nahe dem Viktualienmarkt geboren. Das kleine, schmächtige Männchen zog meist mit einem übergroßen Mantel bekleidet durch München. Auf dem Kopf trug er eine schwarze Lederkappe und am Arm einen großen Korb. Darin hatte er ein Blechhaferl, das er sich täglich mit der kostenlosen Mittagssuppe aus dem Heiliggeistspital füllen ließ. Auf die Frage, wo er wohne, meinte der Sepperl: »Drei Stiegn überm Kamin.«
Etwas Geld verdiente sich der Stadtstreicher damit, daß er Liebesbriefe und amouröse Botschaften an die richtige Adresse brachte und Streitereien zu schlichten verstand. Dies tat er mit einer solchen Finesse (= Feinheit), daß bald sein Spitzname feststand. Fragten ihn die Leute, für wen er denn heute einen Liebesbrief transportiere, sagte er treuherzig: »Koan Liebesbrief hab i, san grod Radi,
da muaß i scho bitten sehr um Gnadi.
Do kinna S' no den Kreuzer sehn.
Mehr bring i net mit Radi z'weng.«
Eine andere Antwort von ihm, mittlerweile ein Sprichwort, lautete: »Nix Gwiss' woaß ma net.« Nach seinem Tod am 26. April 1829 wurde er im alten Südlichen Friedhof beerdigt. Allerdings munkelte man lange, sein Skelett sei der Anatomischen Sammlung in München einverleibt worden, weil er eine Rippe mehr als üblich besessen habe. Vielleicht war es diese Rippe, die ihm seine besondere Finesse verlieh.
Jedenfalls ist noch heute am Karlstor neben den zwei Münchner Berühmtheiten, dem Lohnkutscher Krenkl und dem Kapellmeister Sulzbeck, als drittes Original der Finessen-Sepperl im steinernen Abbild zu bewundern.

Nachtgespenster

Der alte Viktualienmarkt war zwischen 1810 und 1854 der Schauplatz manchen Scherzes. So machten sich des öfteren in der Nacht Studenten den Spaß, die kleinen, leicht transportablen »Standln« der Schmalz-, Eier-, Butter-, Gemüsehändlerinnen etc., kreuz und quer untereinander zu vertauschen und zu vertragen, um dann am nächsten Morgen von den Fenstern des »Café Haarpuderwaberl« – wie es im Volksmund hieß – am Petersbergl Zeuge der heillosen Verwirrung und der mordsmäßigen Schimpferei der Eigentümerinnen zu sein.
Manchen Fischern wurden nachts die im Stadtbach liegenden Holzwannen geöffnet und die darin gefangenen Karpfen und Forellen freigelassen. Die Übeltäter aber waren so anständig, den Schaden dann doch anonym zu ersetzen.

Der »Ramlo«

Er war ein frommer Musiker, der im königlichen Hoforchester Geige spielte und auf der Straße stets sein Instrument dabeihatte. Oft betete er kniend in der Peterskirche, um sich danach samt Geigenkasten auf dem Markt umzusehen. Das war um 1820.

Der »Heiliggeist-Sepperl«

Er hatte einen Buckel und war immer im Heiliggeistgaßl zu finden. Er soll nicht ganz richtig im Kopf gewesen sein. Aber er sagte den Frauen gute Lotterienummern voraus. Bei der Bierrevolution 1848 im Tal war er auch dabei und warf Fenster ein. Dafür bekam er 14 Tage Arrest.

Der Zauberkünstler »Robin«

1854 machte der Zauberkünstler Robin für seine Bude auf dem Karlsplatz eine originelle Reklame, nachdem der Ausbruch der Cholera den Zulauf arg geschmälert hatte. Er besuchte den Markt und blieb bei einem Bäuerlein stehen, um nach dem Preis der weißen Rüben zu fragen, deren ein ganzer Korb voll der schönsten Exemplare zwischen beiden stand. Robin nahm eine davon mit Einverständnis des Bauern, schnitt sie in der Mitte durch und zog einen nagelneuen Silbergulden heraus. Der Bauer war baff. Bei der dritten, vierten, fünften Rübe das gleiche Resultat, dann erklärte der Bauer kategorisch, die übrigen seien ihm überhaupt nicht mehr feil, und fuhr den Rest schleunigst auf seinem Schubkarren davon, um in einem Hofwinkel beim Högerbräu das Tranchiergeschäft eigenhändig fortzusetzen. Silbergulden fand er aber keinen, Robin jedoch hatte volle Häuser.

Der arme Poet

Welcher Münchner Maler paßt besser zum Viktualienmarkt als Carl Spitzweg, der humorvoll beschauliche Schilderer der deutschen Biedermeier-Kleinstadt mit all ihren Sonderlingen und Liebesleuten? Ein Jahr nach der Geburt des Viktualienmarktes kam Spitzweg in München in der Neuhauser Gasse zur Welt. Zunächst absolvierte er auf ausdrücklichen Wunsch seines Vaters eine »anständige« Apothekerausbildung, bevor er sich autodidaktisch zum Maler entwickelte und als origineller »Pinselpoet vom Jakobsplatz« auch oft über den Viktualienmarkt streifte. Dabei skizzierte er die schrulligen Markttypen ebenso wie die verwinkelten Gassen und alten Häuser, die er später vielfach in seine Gemälde mitaufnahm. Als Spitzwegs Vater starb, hinterließ er seinem Sohn ein kleines Vermögen, das dem bis dahin nicht sehr erfolgreichen »Malerpoeten« ein einigermaßen unbeschwertes künstlerisches Schaffen ermöglichte. Das Treiben auf dem Viktualienmarkt regte ihn weiterhin zu neuen Skizzen an, und vielleicht ist auch folgendes Versl bei einem derartigen Marktbummel entstanden:

»Das Frühjahr treibt alles raus:
Petersil und Spinat
Und Rubn und Kohlrabi
Und Kraut und Salat.

Und so habn mir allweil was,
Was's Herz freun kon –
Und so ists itz um die Zeit,
Daß geht's Greanfuttern on!«

1875 war Spitzweg endlich auch in Münchner Sammlerkreisen angesehen. Er starb 1885 und wurde im Südlichen Friedhof zur letzten Ruhe gebettet.

Die »Schlüsselfrau« Thekla Foag

In der Blumenstraße 14 hatte sie einen Laden für »Schlüssel, Altmetalle und Trödlerei«. Die zierliche Frau konnte mit einem Blick unter ihren Schlüsseln, durch Vergleich mit dem Original, dessen Schaftlänge und Bartform, einen passenden für »a Zwanzgerl« herausfinden. Wer kein Geld hatte, konnte auch mit ein paar alten Schlüsseln bezahlen. Das Geschäft befand sich in einem Hauseingang. Die »Schlüsselfrau« selbst stand meist auf der Straße. Sie lebte von 1868 bis 1942.

Das »Lokomotiverl«

Der Taglöhner Heinrich Asam lebte um 1870. Es war ein knochiges Mannderl mit langen dürren Armen und gehörte zu den Seligen, die »arm im Geiste sind«. Für ein kleines Trinkgeld, etwa gegen einen Kreuzerbatzen, rannte er fauchend und pfeifend wie eine Lokomotive um den ganzen Marktplatz herum und führte dabei zum Gaudium der Zuschauer mit den Armen stoßartige Dampflokbewegungen aus.

Der »Flinserlschlager«

Fälschlich wurde behauptet, daß er seinen Spitznamen daher hätte, daß er an den Ständen so getan habe, als ob er dauernd kleine Fliegen von der Ware verscheuche, indem er nach ihnen schlug. Damit »tratzte« er die Marktfrauen endlos.
In Wahrheit aber war dieser Mann, der mit bürgerlichem Namen Michael Liebwerth hieß, von Beruf ein Goldschläger, der auch kleine Plättchen, eben die Flinserln, herstellte, welche sich die Frauen als Schmuck in die Riegelhauben nähten. Dieses Original starb 1888.
Auf dem Markt ärgerte er die Standlfrauen so lange, bis ihm einmal Bier über den Kopf geschüttet wurde. Von da an war er etwas vorsichtiger.

Zum »Haarpuder-Waberl«

Das Café Neumayer (die späteren »Hirtenstuben«) am Petersbergl hieß früher »Café zum Haarpuder-Waberl«. Die Wirtin Barbara (= Waberl) stellte nebenbei nämlich Perückenpuder her, den sie den Kunden verkaufte.

Der »Kohlrabi-Apostel«

Der Maler Karl Wilhelm Diefenbach, der von 1851 bis 1913 lebte, studierte an der Münchner Akademie und hielt sich bis 1892 in München auf. Er galt als »Kohlrabi-Apostel«, also als strenger Vegetarier, und machte auf dem Viktualienmarkt täglich seine Großeinkäufe, die hauptsächlich aus »Hasenfutter« (= vegetarische Nahrung), wie die Münchner halb spöttisch, halb mitleidig sagten, bestanden. Wie ein biblischer Apostel in weißem kuttenartigen Gewand mit Christusbart und Kneippsandalen kam er daher. Als er 1913 auf Capri starb, herrschte große Trauer bei den Standlfrauen um den guten Kunden und dieses liebenswerte Original.

Der Prinzregent kommt!

Sogar Prinzregent Luitpold kaufte wie ein schlichter Bürger auf dem Viktualienmarkt ein, wenn er seine Spaziergänge durch die Stadt machte. Dies tat er nicht, weil er mit seiner Hoftafel unzufrieden war, sondern vielmehr aus Freude am Milieu und an der Vielfalt des Angebotes. »Des öfteren begleitete ihn hierbei seine Tochter, Prinzessin Therese. Eines Tages fand er sich mit ihr auf dem Viktualienmarkt ein, wo ihn das Anbieten, Feilschen und Handeln der Leute lebhaft anzog. Besondere Anteilnahme zeigte der Regent am Fischmarkte. Sein Waidmannsherz freute sich beim Anblick der Karpfen, Felchen, Hechte, die in hölzernen Kufen oder steinernen Trögen hin- und herschwammen. Unerkannt blieb er vor einem Behälter stehen und machte seine Tochter auf die Bewegungen der Fische aufmerksam. Die geschäftsgewandte Händlerin rief sofort der Prinzessin in unverfälschtem Münchner Dialekt zu: ‚Geht was ab, gnä' Frau? Nehma S' m alten Herrn an schön' Karpfen mit. Heut verkaafen S' Ihna gwiß net; von der Sorten sind schon 10 Pfund in die Hofküch 'kema.' Schmunzelnd entgegnete der Regent: ‚Ei, da brauche ich dann nicht weiter einzukaufen, mit Fisch wäre mein Mittagstisch versehen.'
Diese Rede machte die Fischhändlerin stutzig; sie sah ihr Gegenüber genauer an und erkannte den hohen Herrn. Fast erschrocken schlug sie die Hände zusammen und rief ‚Jessas, der Herr Prinzregent! Fast hätt' i Ihna jetzt net kennt. Grad g'sund und frisch schau'n S' aus, viel jünga wie auf den Photographien. – Nix für unguat, Herr, i hab's gwiß net bös gmoant.' Und mit verschämter Miene machte die behäbige Frau einen unbeholfenen Knicks. Der Regent lächelte und verließ freundlich grüßend mit seiner Tochter den Fischstand. Die Fischverkäuferinnen aber sprachen noch den ganzen Vormittag von dem seltenen Besuche.«
Wie Ernst Hoferichter mitteilt, ließ sich Prinzregent Luitpold auch am 19. Januar 1895 auf der Vogelausstellung in der Freibank sehen und kaufte dort zwei Harzer und einen Käfig.
Und 1897 erstand Prinz Ferdinand auf seinem täglichen Weg in die Residenz einmal eine weiße Nelke fürs Knopfloch. Auch Bayerns letzter Herrscher, Ludwig

III., der »Millibauer von Leutstetten«, war oft zu Gast in Münchens grünem Herzen.

Die »Minna Hupf«

Sie soll um 1900 die böseste Zunge von ganz München besessen haben. Sie trug rechts ein Holzbein, sah recht zuwider aus und war schlampig gekleidet. Auf dem Viktualienmarkt bekam sie von den Standlfrauen angefaultes Obst und Gemüse, das sie in ihr zerrupftes Weidenkörbchen legte. Einmal beobachtete man sie, wie sie hinter einem großen Marktschirm fünf halbverfaulte Zitronen verschlang.

Das »Büchsenmutterl«

Sie verkaufte um 1930 an die Münchner Blumenfrauen, auch an die vom Viktualienmarkt, saubere Büchsen, angefangen von Ölsardinendosen bis hin zu Gurkeneimern. Die Frau war sehr arm und hatte ihren kranken Mann zu versorgen. Sie sah aus »wie d' Großmutter vom Kasperl im Marionettentheater«, wie die Gassenbuben sie verspotteten.

Das »Taubenmutterl«

Alte Frauen in einfachem Gewand wuseln viele über den Marktplatz. Vor einigen Jahren gab es das berühmte »Taubenmutterl« oder die »Taubenmarie«. Mit richtigem Namen hieß sie Therese Schedlbauer. Sie lebte von 1853 bis 1940 und trug stets einen schweren Futtersack auf dem Rükken und ein Henkelkörbchen am Arm zu ihren 42 Futterstellen in der Stadt, darunter auch zum Viktualienmarkt. Die gurrenden Vögel waren bald zutraulich, setzten sich der Alten auf Kopf und Schultern und fraßen ihr sogar aus der Hand. Manche Passanten knurrten beim Anblick der Fütterungsszene oft von »Förderung der Taubenplage«. Aber das Mutterl ließ sich dadurch nicht irritieren. Lächelnd verwöhnte sie ihre Lieblinge weiter. Einmal meinte sie: »Für manche Leut sind die Tauben a Plag, aber für die Tauben sind die Leut a Unglück, und weil für mich die Leut auch a Plag sind, bin i vielleicht a Taubn.«
Am 30. August 1940 starb die 87jährige Wohltäterin. Auf ihrem Sterbebett bat sie, man möge auf ihrem Grab eine Futterstelle für die Tauben schaffen: »Damit i net allein sein muaß. Damit s' um mi san.«
Das Taubenmutterl liegt auf dem Münchner Waldfriedhof begraben. Und manchmal, so geht die Rede, sieht man auf ihrem Grab noch heute Blumen vom Viktualienmarkt und auch ein paar Körndl dazu für die Tauben.
Auch dieses Münchner Original wurde durch ein Denkmal geehrt, allerdings nicht auf dem Viktualienmarkt, sondern in der Passage vor dem Café Alte Börse nahe der Perusastraße.

Die »Entenlina«

Lina Huber wurde 1897 in München geboren. Nach einem arbeitsreichen Leben setzte sie sich zur Ruhe. Als Rentnerin hatte sie zunächst eine Einzimmerwohnung in Giesing. Sie hauste dort recht einsam.
Auf dem Viktualienmarkt beobachtete sie eines Tages, wie lebende Tauben, Hühner und Enten verkauft wurden. Ein Kunde nahm soeben 20 Entenküken, aber in der Schachtel saßen 21 Winzlinge. Das letzte blieb allein und jämmerlich piepsend zurück. Da dachte die Lina: »Gleich und gleich gesellt sich gern.« Sie kaufte das

»Mei Radiweiberl am Viktualienmarkt, des kenn i scho bald fuchzig Jahr', i hab bei ihr scho d' Radi g'holt, wia i a Buberl war ...«, so sang der beliebte Volksschauspieler Michl Lang in einem seiner Münchner Lieder.

Kleine und versorgte es von da ab wie ein Kind.
Die Ente wuchs in der Einzimmerwohnung heran, und da das Halten von Tieren verboten war, mußte Lina entweder auf ihr Viecherl oder auf die Wohnung verzichten. Sie räumte das Zimmer, und da sie mit der Ente keine neue Bleibe fand, wurde sie zur Stadtstreicherin. Zuerst trug sie die Ente auf dem Arm. Das war aber recht umständlich. Da fand sie auf dem Sperrmüll einen alten Kinderwagen. In den bettete sie ihren Liebling und fuhr von da an durch die Stadt, besonders gern auch über den Viktualienmarkt. Von ihrer Rente konnte sie für sich und das Tier sorgen. Die Polizisten kannten die verschrobene Alte und ließen sie in Ruhe. Von vielen Leuten bekam sie und ihre Ente etwas zugesteckt. Rohe Passanten luden sie allerdings »aus Spaß« zu Entenbraten ein.
Krank war die Lina nie und einsam auch nicht mehr. Viele haben die Lina zutraulich mit ihrem Viecherl reden hören oder gesehen, wie sie dem Tier über den Kopf streichelte. Später bekam sie eine Sozialwohnung in einem ärmlichen Viertel, wo sie sich aber hauptsächlich nur zum Schlafen aufhielt. Tagsüber zog sie lieber mit ihrer Ente im Kinderwagl durch die Stadt. Als Lina 1975 gestorben war, hörte man auch von der Ente nichts mehr. Die beiden gehörten eben auf Leben und Tod zusammen. Ihre Freundschaft aber hatte auf dem Viktualienmarkt begonnen, dort, wo noch heute lebende Hühner, Entenküken und Hasen zum Kauf angeboten werden.

Der »Schnellmaler«

Otto Reiser, dessen Mutter vor dem Krieg als Herrschaftsköchin bei den Rothschilds gedient hatte, war ursprünglich Artist, bis er sich alle Knochen brach. Seit dem Unfall hielt sich der kleinwüchsige Mann auf dem Markt auf und fertigte gegen Honorar Blitzporträts von Passanten an. Noch 1977 kannte man dieses Original auf dem Markt. Wenn kein Geschäft ging, fütterte der mit einem alten Anzug und einem Schlapphut ausstaffierte Urmünchner die Tauben mit alten Käseresten. Für ihn war zeitlebens der Viktualienmarkt »der Mittelpunkt der ganzen Welt«.

Der »Papageienvatta«

Originale auf dem Viktualienmarkt gab es nicht nur früher, auch heute findet man noch einige. An warmen Tagen, besonders auch am Samstag, schlendert zum Beispiel ein älterer Mann, der Ludwig, am Stock über den Viktualienmarkt, der selbst einmal hier beschäftigt war und »nicht mehr von seinem Markt loskommt«, wie er sagt. Das Besondere aber ist sein Papagei, den er frei auf seiner rechten Schulter durch das Marktgeschehen trägt und mit dem er entsprechendes Aufsehen erregt. Der Papagei ist grün mit blau-gelbem Kopf und rot-gelben Ansätzen an den Flügelbögen. Leuten, die dem alten Herrn sympathisch sind, schlägt der ein kleines Experiment vor. Er reicht seinem Opfer einen Nußkern und bittet es, sich diesen zwischen die Zähne zu klemmen. Dann nimmt er seinen Papagei auf die Hand und hält ihn dem Nußhalter entgegen. Behutsam faßt jetzt der zutrauliche Vogel den Nußkern, und es sieht aus, als gebe er dem Gegenüber ein herzhaftes münchnerisches Zwickerbussi. Freundlich lächelnd spaziert dann der Papageienvatta weiter an den Marktständen vorbei zum Biergarten, wo er bei einer kühlen Maß meist ein Päuschen einlegt. Um die Mittagszeit ist er bereits wieder verschwunden, denn er will nicht, daß sein Vogel »an Hitzschlag kriagt«.

»Schade nur, daß es kein Gästebuch des Viktualienmarktes gibt, da könnten wir Namen lesen! Vom ersten König Max Joseph bis zum Prinzregenten«. So bedauert Karl Spengler.

Die »Münchner Ohrwascheln«

Hier handelt es sich ausnahmsweise um keinen großohrigen Menschen. Diese Ohrwascheln konnte man noch an den alten Häusern beobachten. Als Aufbaukobel standen sie am Dachgeschoß vom Mauerwerk als Balken ab. Sie dienten dazu, das winterliche Brennholz mit dem Aufzug in den Speicher zu befördern. Das Café Frischhut besaß dieses Kennzeichen noch nach dem Kriege.

Verkehrsgünstig

Da sich lange Zeit einige Markthändler beschwerten, daß durch die Umwandlung des Viktualienmarktes in eine Fußgängerzone viele Kunden ausblieben, da sie keine Parkmöglichkeiten mehr hätten, tauchte plötzlich der Werbespruch auf »Mit dem MVV zum MVM!« Das sollte besagen, daß man mit dem Münchner Verkehrsverbund rasch zum Münchner Viktualienmarkt gelangen könne. Das entspricht der Wahrheit. Mit der S-Bahn zum Marienplatz, und ein paar hundert Schritte südöstlich ins Tal spaziert, schon steht man auf dem Viktualienmarkt. Das schaffen sogar »Fußkranke«.

Der Markt im Traum

Daß der Viktualienmarkt ein Traum ist, ist leicht nachvollziehbar. Manche sehnen sich in Tagträumen nach ihm. Aber es gibt auch Leute, die sogar nachts vom Viktualienmarkt träumen. In der Traumdeutung wird ein derartiger Traum folgendermaßen ausgelegt: Wer sich auf dem Viktualienmarkt befindet, ganz gleich ob als Verkäufer oder als Kunde, darf dies als ein glückhaftes Zeichen ansehen. Es weist darauf hin, daß sich der Träumer in guten Verhältnissen befindet. Schaut er dem Treiben jedoch nur tatenlos zu, dann sei er vor versäumten Gelegenheiten gewarnt. Ist der Marktplatz menschenleer, dann kann es Schwierigkeiten und Ärger geben.

Einen der wohl überraschendsten Träume beschreibt folgende

Nächtliche Vision

Ich sei soeben gestorben, so hieß es.
Ich schwebte zum Tor des Paradieses.
Lautlos öffnete sich die prunkvolle Tür,
und – der Viktualienmarkt lag vor mir.
Ich sah mich um, ein Engel kam,
der an der Hand mich freundlich nahm.
»Da schaust«, sprach er. Ich nickte stumm.
Der Engel sagte leise: »Kumm!«
Da habe ich furchtbar laut gelacht
und bin davon aus dem Schlaf erwacht.
Seit der Nacht weiß ich eins gewiß:
im Herzen Münchens liegt 's Paradies.

A. S.

Die bekannte literarische Gruppe der »Turmschreiber« wurde 1959 unweit des Viktualienmarktes im Café des »Valentin-Musäums« begründet, dessen Hausherr Hannes König ist. Ihr Gründer Hanns Vogel (links) leitete die Vereinigung zwanzig Jahre. Seit 1979 steht ihr Kurt Wilhelm (Mitte) vor. Auch der Herausgeber dieses Buches, Alfons Schweiggert (rechts), gehört der beim Publikum beliebten Poetenschar an.

Allerlei G'schichtln und Gedichte um den Markt

Viele Dichter, besonders, wenn sie aus Bayern, und noch mehr, wenn sie aus München stammen, werden früher oder später von der Atmosphäre des Viktualienmarktes so in den Bann gezogen, daß sie nicht anders können, als ihre Eindrücke, Erlebnisse und Beobachtungen in einer Geschichte oder in einem Gedicht festzuhalten. Viele lustige, gemütvolle, nachdenkliche, poetische Texte entstanden auf diese Weise, die sich mittlerweile zu einer einzigen großen Lobeshymne auf den Markt entwickelt haben. Besonders interessant verstand der Erzmünchner und langjährige Weltumsegler, der Schriftsteller *Ernst Hoferichter* (1895–1966), über seine Erlebnisse auf dem Viktualienmarkt von der Jahrhundertwende bis in die sechziger Jahre zu plaudern. Ihn, der selbst am Viktualienmarkt geboren war, zog die Sehnsucht noch an den Enden der Welt immer wieder zum Petersbergl zurück.

Als eine Kreuzotter noch 1 Mark kostete

Im Rückschauen vom Älterwerden ins Vergangene wird alles viel bunter und schöner. Und mein Geburtsplatz, der Viktualienmarkt, erscheint mir heute in der Erinnerung als wahrhaftiges Paradies. Damals schienen an den Blumenständen die Rosen noch röter, die Salatstauden noch grüner und der Himmel darüber noch blauer gewesen zu sein.

Duft von Nelken und Dampfwürsten

Von unserem Küchenfenster im vierten Stock aus sah ich vom Aufstehen bis zum Nachtgebet die Weiten des Grünen Marktes. Den lieben Tag lang streunte ich durch die Gassen der Buden und Stände. Daraus kamen Geruchswolken von exotischen Gewürzen. Um die Ecke aber roch es nach Kabeljau, vermischt mit dem Duft von Nelken, Dampfwürsten und Himbeeren. Die Heiliggeistkirche im Norden, die Schrannenhalle im Süden umschlossen für mich die ganze Erde. Durch diese Begrenzung vollführte ich meine ersten Weltreisen. Damals hatte ich noch keine Wiese, kein Feld und keinen Wald gesehen. Und so glaubte ich, daß all das Obst, Gemüse und die Blumen pfeilgerade aus den Körben und Kisten hervorgewachsen sind. Nur blieb es für mich rätselhaft – warum die Rettiche mit ungenießbaren grünen Blättern und Heringe mit Gräten versehen wurden. Nur, daß die Gänse mit Federn geschmückt waren, das schien mir nicht seltsam, denn mein Vater gebrauchte sie zum Reinigen seiner Pfeifen.
Lange blieb ich auf meinen kleinen Weltreisen durch den Markt vor den weißen Lilien stehen. Damals wußte ich noch nicht, daß sie nicht säen und ernten – und doch vom himmlischen Vater ernährt werden. Ich sah nur, daß die alte Marktfrau sie stündlich mit Wasser übergoß, um sie vor dem Verwelken zu bewahren. Dann wieder ging ich hinter den geschupften Bixlmadamen her. Zuerst kauften sie für sich auf dem Bauernmarkt eine fette Gans – und dann trippelten sie in die Freibank, um einen billigen Wadschenkel für die Dienstboten zu erstehen. Angebaut an die Freibank lagen die Schrannenhallen, die sich bis zum Marionettentheater hinzogen. Sie waren die Großmarkthalle fürs alte München.
Diese Schranne war angefüllt mit Bergen von Getreide und Körben von Obst. Da es damals noch keine Kühlschränke gab, verfaulte jeweils in warmen Nächten viel von den Früchten aus dem Süden.
Da wir nicht einmal die Wohnungsmiete in der Höhe von siebzehn Mark pünktlich bezahlen konnten, blieb kein Geld mehr übrig für frisches Obst. Jedoch das Schicksal war uns immer gnädig. Jeden Tag ließ es zentnerweise das Obst verfaulen – und davon kostete ein voller Korb nur zwanzig Pfennig. Als Lockvögel hatten die Händler obenan auf die Körbe einige Früchte gelegt, die nur halbverfault waren. Aber unten aus dem Boden tropfte bereits die rote Soß heraus. Und als ich das billige Obst in den vierten Stock hinauftrug, da sah es aus, als hätte ein Mörder sein blutendes Opfer vor unsere Wohnungstür geschleppt. Zu kleinen Preisen ernährte uns der Markt mit all seinen Köstlichkeiten. Der Abfall aus verwelkten Totenkränzen ermöglichte es sogar, daß wir abends Nelken und Rosen neben Kuttelfleck auf den Küchentisch stellen konnten.

Die Prinzessin und der Papagei

Schon am frühen Morgen humpelte die Schnapsliesl über den Viktualienmarkt. Eigentlich gab es sogar mehrere solcher Liesln, die mit dem Ruf: »I bitt gar schön, schenkts ma an Schnaps!« von Stand zu Stand zogen und da und dort von den Marktfrauen einen Schluck Taubeerschnaps erhielten. Am Nachmittag waren sie schon so besoffen, daß sie sich auf eine Bank legten, um den Rausch auszuschlafen. Diese Säuferinnen aber trugen auch die neuesten Nachrichten von Standl zu Standl. Es waren Gerüchte und Skandälchen, die gemischt waren aus Dichtung und Wahrheit. Eines Morgens verbreitete so eine Schnapsliesl bei den Obstbuden die Sensation, daß es bald ganz neuartige Früchte gebe, nämlich – gläserne Birnen. »Jessas, dös aa no . . . ! Ja, was kost' denn da 's Pfund . . .?« riefen entsetzt die Obstlerinnen und setzten ängstlich hinzu: ». . . und was mach' ma nacha mit unsere Bergamott' . . . ?« Und die Schnapsliesl erwiderte schnippisch: ». . . ja, dö dafaul'n euch alle! Denn dö neuen Birn, komma aus Amerika und halt'n si jahrelang . . .!« – Bald konnte man diese neuen Birnen in den Auslagen der Kaufingerstraße sehen: sie waren aus Glas und hatten auch noch den Vorzug, daß sie nachts leuchteten.
Eine andere Schnapsliesl wußte von einem peinlichen Zwischenfall zu erzählen, der sich in der Freibank zutrug. Da fand gerade wieder eine Vogelausstellung statt. Und wie alle Jahre wurde sie von einer bayerischen Prinzessin besucht. Diesmal, so berichtete die Schnapsliesl, hat sich die Königliche Hoheit einen Papagei gekauft. Und als der Lakai den bunten Vogel in einem Messingkäfig in die Hofkutsche trug, hörte man das Tier fortwährend die Antwort des Götz von Berlichingen krächzen. Und sogleich mußte der Diener das Tier wieder in die Ausstellung zurücktragen . . .

Exotischer Tierhandel

Die älteren Münchner werden sich noch an die Goldfischhandlung, »ausgeübt von Maria Damböck selige Erben«, Blumenstraße Nr. 8, erinnern. In der kleinen Auslage dieses seltsamen Ladens waren Zierfische, Laubfrösche und allerlei Reptilien ausgestellt. Ein rotes Plakat verkündete: »Ankauf und Verkauf von Getier aus fernen Zonen!« Es verging kein Tag, da ich nicht meine Nase an die Auslagscheibe drückte, um dadurch fernen Erdteilen näherzukommen. Dazu roch es nach Moos, Spirituskocher und schlecht geputzten Aquarien. Vielleicht war dieser Laden kindlicher Anreiz, um nach dreißig Jahren selbst nach allen Kontinenten auszufahren? Zunächst aber war es das Plakat, das mich dazu verlockte, für Frau Damböck wilde Tiere einzufangen. So kam ich das erstemal ins Isartal, wo es in Tümpeln und Altwassern allerlei Getier zu finden gab. Für einen Frosch zahlte die Frau fünf, für Eidechsen und Feuersalamander zwölf und für eine Blindschleiche zwanzig Pfennig. So verdiente ich mir als exotischer Tierfänger das erste Geld meines Lebens.
Plötzlich aber, man wußte nicht von wannen sie kam, setzte auf dem Viktualienmarkt eine kleine Hausse für Schildkröten ein. Die Tiere wurden vornehmlich von Junggesellen, alleinstehenden Frauen und kinderlosen Ehepaaren gekauft. So wurde nach jenen Tieren, die ich bisher gefangen hatte, kaum mehr gefragt. Weil

aber die Zierfische jahraus, jahrein ihre Käufer fanden, kam ich auf den Gedanken, Kaulquappen zu bronzieren, um sie als Goldfische an die Frau Damböck zu verkaufen. Dieser Plan aber scheiterte schon in den Anfängen, und so stellte ich mich auf Laubsägearbeiten um.
Eines Tages kam es vor der exotischen Tierhandlung zu einem Menschenauflauf. Eine Kreuzotter – Preis eine Mark – war ausgekommen . . .! Niemand wagte mehr den Laden zu betreten. Einige Neugierige riefen der Frau Damböck besondere Ratschläge zu, wie man Giftschlangen gefahrlos einfangen könnte. Aber erst mußte einmal erkundet werden, wo sich das Tier verkrochen hatte . . . Am anderen Morgen sah ich das Reptil wieder in der Auslage, sich friedlich unter Glas dahinschlängelnd. Die Schnapsliesl aber verbreitete sogleich das Gerücht, wonach Frau Damböck in ihrer Not zum heiligen Antonius gebetet habe, worauf die Kreuzotter aufgefunden wurde – und von selbst wieder in ihr Gehäuse zurückgekrochen sei.

Karl Valentin und der Haifisch

Viele Jahre vergingen. Ich saß damals öfters im Café Gröber, das am Anfang der Reichenbachstraße lag. Da kam ich manches Mal mit Karl Valentin zusammen, den ich bei einem gemeinsamen Auftreten im »Germania-Cabarett« kennenlernte. Wenn wir zusammen durch den Viktualienmarkt schlenderten, riefen die Marktfrauen von allen Seiten her: »Servus, Vale.« Das geschah ohne besonderen Aufhebens, denn er zählte ja zu den ihren und er gehörte zu diesem Markt, wie der Müller zum Wandern.
Am liebsten ging er zur alten Seefischhalle, wenn dort ein Haifisch mit fletschenden Zähnen ausgestellt war: ». . . so an Viech möcht i net in da Nacht im Wald begegna . . .«, sprach er melancholisch. »Ja, aber dieses Tier lebt ja hauptsächlich im Wasser des Meeres . . .«, entgegnete ich. »Scho, aber was glaubn Sie, daß i scho alles erlebt hab . . .«! sagte Valentin und sah dazu dem Haifisch ins Maul, das mit Eisbrocken gefüllt war. »Und dö Zähn, dö vuin Zähn . . .! Da hätt der Sägfeiler vom Isartor a schöne Arwat . . .«, begann Valentin aufs neue seine Zwiesprache mit dem Haifisch und setzte hinzu: »Wenn der amal sei Gebiß verliert, dös ersetzt eahm koa Ortskrankenkasse!«
Damals ahnten wir nicht, daß auf diesem Markt einmal ein plätscherndes Valentindenkmal stehen würde. Wir hatten in jenen Jahren der großen Inflation andere Sorgen – nämlich, ob die paar Millionen Papiermark, die wir besaßen, am anderen Tag noch ausreichten, um dafür ein Pfund Hausbrot zu kaufen.

Sehnsucht nach dem Petersbergl

Wiederum verging viel Zeit. Weitab vom grünen Markt saß ich unter verstaubten Königspalmen in Oasen, lag unter dürren Kaktussträuchern, sah den Kilimandscharo und das Himalajagebirge – und dachte sehnsüchtig an den grünen Kopfsalat, an die duftenden Walderdbeeren und an das Petersbergl zurück. Ich beneidete damals jenen Bettler, der zu seinen Füßen das schmalzige Lied sang: »Woaßt as, Muatterl, was ma tramt hat . . .« Da wußte ich es auch, daß man erst weit fortgehen müsse, um wiederkommen zu können. Und als ich wieder inmitten des vielgeliebten Marktes stand, da erlebte ich sinnend: Ich bin nicht nur in ihm, sondern er ist auch in mir.

Markt-Theater

Carl Borro Schwerla schrieb sogar ein Theaterstück über den Viktualienmarkt, ein »Münchener Stück in 3 Akten«, wie er es nennt, unter dem Titel *»Graf Schorschi«*. Der Inhalt ist kurz folgender:
Frau Walburga Graf, eine Blumenfrau vom Viktualienmarkt, hat einen 34jährigen unverheirateten Sohn, Schorschi mit Namen, den sie nur recht ungern aus ihrer mütterlichen Obhut entlassen möchte. Die Rosl, die Tochter vom Metzgermeister Schimmelbeck, die mit dem Schankkellner Lenz befreundet ist, hat auf den strammen Burschen ein Auge geworfen. Aber Schorschi verliebt sich auf den ersten Blick in die Bertl, die zufällig am Viktualienmarkt vorbeiradelt, und er scheint auch ihr nicht ganz gleichgültig zu sein. Sie ist die Tochter des ehrenwerten Realitätenbesitzerehepaars Schrumm. Die Eltern jedoch haben mit ihrer Tochter Großes im Sinn und wollen sie mit dem Grafen Pollar verbandeln, der sich mittels eines Briefes überraschenderweise bei den Schrumms zu Besuch angesagt hat, obwohl sie den Herrn noch gar nie gesehen haben. Aber ein Graf ist eben auch als Unbekannter willkommen.
Wie es der Zufall so will, muß gerade Schorschi Graf der Familie Schrumm bestellte Blumen bringen, und als er sich als »Graf« vorstellt, halten ihn die Schrumms für den erwarteten Grafen Pollar. In der Zwischenzeit aber hat Bertls Vater auf der Polizei erfahren, daß eben dieser Graf Pollar ein Hochstapler und Heiratsschwindler ist. Die Verwirrung nimmt zu. Nun wird nämlich der unschuldige Schorschi als Gauner verdächtigt. Die Tochter Bertl läßt den armen Kerl ganz schön zappeln. Die herbeigerufene Polizei verhaftet den vermeintlichen Grafen.
Bald darauf stellt sich aber heraus, daß Pollar als verarmter Adeliger nur ein Vertreter ist, der sich deshalb brieflich angekündigt hatte, weil er der Familie Schrumm eine Versicherung andrehen wollte. Schorschi bekommt zu guter Letzt doch noch die Bertl, und die Rosl behält halt ihren Schankkellner Lenz.

Hier ein Ausschnitt aus dem 1. Akt, in dem zuerst ein Kunde und später Frau Schrumm bei Frau Graf auf dem Viktualienmarkt Blumen kaufen wollen:

1. Szene

FRAU GRAF – KUNDE

FRAU GRAF:
So, Herr Nachba, da schaung S' her! Jetzt hab i Eahna was zammgstellt. San des Bluma oder san des koane?
KUNDE:
Ja, ja – san ganz schö'.
FRAU GRAF:
Schaung S' nur diese Koleratur o'. So was von Farbn. Des is ja direkt unwahrscheinlich. – Oder g'falln S' Eahna net?
KUNDE:
Doch, doch – gfalln tean s' ma scho'. – Aber ganz frisch san s' nimmer, was?
FRAU GRAF:
Was san die net – nimmer ganz frisch? Oh mein Gott, Herr Nachba, ham Sie einen Begriff von Frische. Da schaung S' her, da hängt doch no' der Tau dro'. Heut früah, vor vier Stund, do san s' no blüahfrisch in mein' Gart'n gstandn. Da hat s' mei' Sohn abgschnittn – und daß der was abschneid't, was vielleicht nimmer ganz in Saft is – Sie, da kenna Sie mein Schorschi schlecht.

KUNDE:
I kenn an ja überhapts net. – No ja, es is ja aa wurscht. I hab ja bloß g'moant.

FRAU GRAF:
Naa, naa, Herr Nachba – bei mir braucha S' nix moana. I bin scho fünfadreißg Jahr am Platz und i hab no koan oanzig'n Menschn was dafeits verkafft. – Aiso was is? Fuchz'g Pfenning des ganze Araschmah! Woll'n S' as oder woll'n S' as net?

KUNDE:
Freili wui i's. Aber ei'wickln, gell – daß' net so naß san.

FRAU GRAF:
Geh, des is doch klar, daß' i's eiwickl. Da schaung S' her: reines Seidenpapier, wia aus'm ersten Blumenhaus. Mit dem Papier könna S' zu einer Gräfin kemma – und die hebt si's dann aa no auf – für andere Zwecke. – So, da ham S' jetzt Ihrn Strauß – tuan S' 'n ruhig olanga – Ihre Hände bleim strohtrock'n.

KUNDE:
Und da ham Sie Ihr Fuchzgerl. Stimmt's?

FRAU GRAF:
Jawoi, stimmt scho'. (Indem sie das Geld in die lederne Tasche wirft, die ihr am Gürtel hängt.) *I dank Eahna schö', Herr Nachba – gell, und wenn S' wieder mal was braucha – Sie wiss'n scho'.*

KUNDE:
Ja, ja – i woaß scho'. (Er geht ab.) *Grüaß Eahna Gott.*

FRAU GRAF:
Grüaß Eahna Gott, Herr Nachba, auf Wiedersehn. (Sie sieht ihm nach, bis er verschwunden ist. Dann schüttelt sie den Kopf zu KRIBLER):
Hast jetzt scho so was g'seng. Eahm waar'n meine Bluma net frisch gnua. Wann er so frisch waar, der derfat froh sei'.

KRIBLER (der indessen immer weitergekehrt hat, hört nun zu kehren auf):
Je weniger, daß' olegn, um so anspruchsvoller san s'.
Halloh – Bedienung! (Die Türe des Standes springt auf; FRAU GRAF, eine Holzleiste in der Hand, schaut heraus.)

FRAU GRAF:
Ja – sofort – i kimm glei'! (Sie verschwindet wieder.)

FRAU SCHRUMM (geht zu den Blumen hin; zu THERES):
Was nehma ma' denn? Rosn?

THERES (zeigt auf einen Kübel mit dunkelroten Rosen):
Ja – die da. Die waarn schö'.

FRAU SCHRUMM:
Halt a Mal mei Taschn, na suach i was raus. (Sie beginnt in den Rosen zu wühlen; FRAU GRAF kommt aus ihrem Stand.)

FRAU GRAF:
So, Frau, jetzt bin i scho da. – Was hätt ma' denn gern g'habt? Schöne Rosn?

FRAU SCHRUMM:
Ja, die da. Was kost'n denn die?

FRAU GRAF:
A Zehnerl 's Stück. (Sie hält ihr einige Rosen hin): *Schaung S' her, des san wunderbare Rosn.* (Da FRAU SCHRUMM sie nicht sehr begeistert ansieht): *G'fall'n S' Eahna net?*

FRAU SCHRUMM:
No ja, a bisserl kloa san s' halt. Wenn i was möcht, na möcht i scho was volleres.

FRAU GRAF:
Aber Frau, das is doch des vollste, was' gibt! (Sie hält ihr eine Rosendolde hin): *Schaung S' doch her!*

THERES:
A bissl größer, moant halt mei' Frau. Net so kloa.

FRAU GRAF·
Ja, wo is denn die Rose kloa?! Des is die größte Rose am ganzn deutschn Rosenmarkt. Rose Zentifolia! Da derfa S' weit geh, bis' a so oane wieder kriagn. Glaab'n S' ma des?

FRAU SCHRUMM:
No ja, a so arg werd's net sei'. – Was is da scho dro'. Des is halt a Bauernros'n.

FRAU GRAF (starrt sie an):
Was is des?! A Bauernrosn?! (Sie entreißt ihr zornig die Rosen, die FRAU SCHRUMM in der Hand hat): *Tean S' sofort die Ros'n her – und schaung S', daß Eahna schwinga – Sie alte Suppenhenna!*

FRAU SCHRUMM (der fast die Luft wegbleibt):
Was ham Sie g'sagt –?!

FRAU GRAF:
Suppenhenna hab i g'sagt – und schwinga soll'n S' Eahna! Sie kriagn ja überhaupt nix – liawa schmeiß i's weg, als daß i's Eahna gib!

THERES:
Des derfa ja Sie gar net: Des is ja Verweigerung!

FRAU GRAF:
Was is des?! (Außer sich, sie sieht sich nach irgend etwas Schleuderbarem um): *Ja Herrschaftseitn, was nimm i denn –?!* (Sie nimmt eine Blumenspritze . . .)

FRAU SCHRUMM (entreißt THERES den Regenschirm; droht damit; außer sich):
Sie!! Wann Sie uns orühm!

THERES (aufschreiend; sie reißt FRAU SCHRUMM zurück):
Frau Schrumm – vergreifa S' Eahna net! (Sie drängt FRAU GRAF zurück.) *Genga S' weg – ausananda!*

FRAU GRAF (will THERES wegstoßen):
Auslass'n – (Sie spritzt auf FRAU SCHRUMM los): *Die muaß ertrinka!! –*

FRAU SCHRUMM (schreiend):
Polizei! Ozoang tua i Eahna – wegen Beleidigung und Körperbedrohung! (Sie reißt THERES mit sich.) *Weiter, Theres* – (sie droht mit dem Regenschirm nach FRAU GRAF.) *Dera zoag i's! Mir zwoa rucka no' zamm!* (Sie rennt mit THERES nach rechts ab; FRAU GRAF will ihr nach.)

FRAU GRAF:
Halt – Aufhaltn! (Sie sieht, daß FRAU SCHRUMM schon fort ist; sie wirft die Rosen auf das Regal; außer sich): *Ja wia dawisch i denn die?!*

Maximilian Rott

Schlacht auf dem Markt

Er schlenderte durch die Stände, freute sich an den bereits reichlich angebotenen Frühjahrsblumen, sah eine Fülle von herrlichem Winterobst und Gemüsen aller Art und ging durch den Teil des Marktes, wo Eier, Butter und Geflügel feilgehalten werden.

»Junge Taubn, schöner Herr!« forderte eine Marktfrau Klausner auf, näherzutreten. Hätte sich jemand auf einen solchen Ausruf hin eingebildet, die Händlerin schmeichle seiner Schönheit, so wäre er einem Irrtum zum Opfer gefallen. Ein schöner Herr war ein gutangezogener. In der Tat war Klausner heute gut gekleidet, er stak in einem neuen Anzug, dem man ja nicht ansehen konnte, daß es sein einziger war, er fühlte sich wohl darin und wußte, er sah gut aus. Auch Männer haben das Recht und die Pflicht, sich vorteilhaft zu kleiden und sich darüber zu freuen, besonders, wenn sie 32 Jahre alt sind.

»A Hendl, Herr Doktor?« versuchte eine andere Händlerin ihr Glück, Anspruch auf die Anrede »Doktor« hatte jeder Bessergekleidete, der als Käufer eventuell in Betracht kam, besonders wenn er, wie Klausner, eine Hornbrille trug.

Geflügel gehörte nicht gerade zu seiner täglichen Nahrung. Eben deshalb verweilte er in dieser Abteilung des Marktes länger und versuchte, sich die ausgestellten Vögel in gebratenem Zustand vorzu-

Wer in München Delikatessen sucht, braucht nicht vom Feinschmeckermarkt Rungis in Paris zu träumen. Er hat den Viktualienmarkt vor der Haustür.

stellen. Er schwelgte in angenehmen Erinnerungen, doch wurde er jäh aus seinen Träumen durch einen Wortwechsel gerissen, der am Nebenstand aufflackerte.
»Wos, erst tatens des Hendl olanga und nacha net nemma, ja kenna denn Sie net lesn?« entrüstete sich eine Marktfrau mit lauter Stimme, ihre Fäuste in der für ihre Zunft charakteristischen Haltung in die Hüften gestemmt. Ihr gewaltiger Busen, der nach oben pausenlos in ein feistes Doppelkinn überging und nach unten in einen stattlichen Embonpoint mündete, wogte und zitterte, bei den vorhandenen Massen schon an sich eine beträchtliche Leistung. Sie wies auf einen angeschlagenen Auszug aus der Marktordnung und zitierte daraus: »Das Betasten der Nahrungsmittel ist verboten.«

Klausner schaute sich die also Belehrte näher an und was er da sah, erfüllte ihn mit Wohlgefallen. Ein junges Mädchen, höchstens Mitte der Zwanzig, in einem gutgeschnittenen hellen Schneiderkostüm, das eine tadellose Figur mehr unterstrich als verhüllte, auf dem entzückenden intelligenten Köpfchen eine Frechheit von einem Frühjahrshütchen, die wohlgeformten Beine in hellen Seidenstrümpfen, die den Blick zu recht modischen Trotteurs lenkten. Eine Aura von Zartheit, von Versuchung zu Zärtlichkeit ging von ihr aus. Augenblicklich schien sie aber weniger zu zarter Zärtlichkeit aufgelegt zu sein. Ihr Ton war recht energisch, als sie kurz und bestimmt erwiderte:
»Ich nehme das Huhn nicht. Das Tier riecht.«

Die Marktfrau schien nach Luft schnappen zu müssen.
»Wooos? Wos sagn Sä? Das Tier tat riechen?« Ihre Stimme war blanker Hohn, mit Genuß ahmte sie die unverkennbar norddeutsche Mundart ihrer hübschen Gegnerin nach. »An Schmarrn riacht's! Passens nur auf, daß Sie net stinga, Sie ausgschamte Person, Sie!«
»Ich verbitte mir Ihre Unverschämtheiten! Sie vertreten hier wohl die bayerische Gemütlichkeit und das berühmte goldene Münchner Herz? Vielen Dank! Essen Sie Ihr verdorbenes Geflügel man gefälligst selbst!«
Sie wollte sich entschlossen zum Gehen wenden. Mit einer für ihre Leibesfülle erstaunlichen Behendigkeit schoß die Händlerin hinter ihr her und faßte sie am Rockkragen.
»Dableibst! So was Ausgschamts!« Sie wandte sich an den Kreis der Zuschauer, der immer größer geworden war. Ein kostenloses Spektakulum war von jeher nach dem Geschmack der Münchner, gab es doch meistens Gelegenheit zur reinsten Freude, der Schadenfreude, außerdem brauchte man in keiner Weise Stellung beziehen, und die Austragung des Streites konnte getrost den Akteuren überlassen bleiben.
»Da kemmas aus Preußen daher wie die Heuschreckenschwärme aus der biblischen Geschichte und taten uns kahlfressen, und schlechtmachen tatens uns a no und insere Sachen. Ös Hungerleider, ja bleibts do droben, kei Mensch hat euch gerufen.«
Die junge Dame hatte sich, die fremde Hand an sich spürend, empört herumgedreht und suchte die Angreiferin abzuschütteln, was ihr mißlingen mußte. Der Gewichtsunterschied war zu groß, nie hätte man sie in der gleichen Klasse antreten lassen dürfen. Die Zuschauer gaben nur Volksgemurmel von sich. Es war zwar eindrucksvoll, zu sehen, wie ein physisch himmelhoch unterlegenes Geschöpf sich der fleischlichen Übermacht einer Münchner Marktfrau, deren sagenhafte Grobheit überdies sprichwörtlich war, entgegenstemmte, doch hatte sich die Norddeutsche mit ihrer scharfen, hierzulande ungeliebten Mundart von vornherein nicht gerade in die Sympathien der Umstehenden hineingeschmeichelt. Die Marktfrau spürte das Wohlwollen, das ihre Aktion begleitete,

und fühlte sich als Vertreter der Münchner Einwohnerschaft und bayerischer Belange. Sie setzte zu neuen Auslassungen an und schüttelte zur Vorbereitung ihre zierliche Gegnerin vorerst mal ein wenig hin und her.
Diese suchte sich vergebens zu befreien. Sie rang nach Luft und rief den Herumstehenden zu:
»Helfen Sie mir doch! Der verrückte Fleischkloß bringt mich um.«
Doch standen ihre Chancen nicht übertrieben günstig. Ein paar Frauen hatten das in Frage stehende Huhn besichtigt und berochen, zweifelhafte Gesichter gemacht, sich aber weiter nicht geäußert. Zwei Buben benutzten die Gelegenheit, um jeder eine Taube zu stibitzen und schleunigst unbemerkt das Weite zu suchen. Es sah nicht so aus, als ob sich jemand zur Rettung des Gastes aus dem Norden ein Bein ausreißen werde.
Da griff Klausner ein. Er war ein Mensch, der Auftritte dieser Art und körperliche Auseinandersetzungen mit Fremden haßte. Unentschlossen, was er tun solle, roch er mehr aus Verlegenheit denn aus Wissensdurst gleichfalls an dem Hendl. Seine Nase war gegen Verderbnisgerüche äußerst empfindlich. Kein Zweifel, das Vieh war »hinüber«. Entschlossen ging er auf die Marktfrau zu, legte seine Hand kräftig auf ihre Schulter, drehte sie halb herum und sagt:
»Auslassen!«
Richtiger: Er glaubte, er habe es gesagt. In Wirklichkeit war er doch ein wenig aufgeregt, und in der Aufregung geriet ihm der Ton zu laut und etwas heiser. Vor Ärger hatte er auch einen roten Kopf bekommen, und seine Augen funkelten böse. Seine Hand erwies sich als den höheren Handschuhnummern zugehörig und von rustikaler Derbheit. Mehr verblüfft als erschrocken ließ die Händlerin wirklich ihr Opfer los und wandte sich ihrem neuen unerwarteten Gegner zu. Der ließ sie aber nicht zu Wort kommen.
»Was glauben Sie denn eigentlich? Wollen Sie die Sache lieber von der Marktpolizei in Ordnung bringen lassen? Das Huhn stinkt, jawohl, es stinkt ganz abscheulich! Es ist eine Frechheit von Ihnen, sowas noch zu verkaufen. Ganz zu schweigen von Ihrer Unverschämtheit, zu der Dame auch noch frech zu werden!«
Die Hühnerhändlerin hatte sich wieder gefangen.
»Sie ausgschamts Mannsbild, wos geht denn Eahna des überhaupts o? Hamms am End was mit dera Person, dera auftakelten? Eahna hüif i scho no!« Drohend fuchtelte sie mit ihren Pratzen vor seinem Gesicht herum. »Eahna wer i's zoagn! Wegen Verleumdung wer i Eahna verklagn, des mach i grichtsmaßi. Er, der Herr Gschtudierte!« höhnte sie.
Da trat eine kleine ältere Frau auf die Marktfrau zu, hielt das corpus delicti in der Hand und getraute sich, halb hinter Klausner Deckung behaltend, loszuschimpfen.
»Daß Sie's wissen, mir hamms a scho gschtinkete Hendl vakafft, Sie san überhaupts eine ganz ausgschamte Person, Ihnen sollt man vom Markt ausweisen.«
»Ja, wer san denn Sä, wia komma mir denn Sie vor?«
»Ich bin die Frau Oberinspektorswitwe Lobermeier, daß Sie sich auskenna, und Ihnen ghört das Handwerk gelegt, uns alten Leuten das teure Geld für Ihr schlechtes Zeug rausholen, schauns nur sich an, wie rausgfressen Sie san, und ich muß hungern, damit Sie recht viel verdienen.«
»Schaugt ses an, die Hungerleiderin, die Büchslmadam, die notige, Sie wern hoit vor lauter Bosheit net fett wern!« plärrte die Händlerin weiter, doch war es offenkundig, sie hatte die Lust an diesem Gefecht verloren. Wenn sich die schlechten Menschen mit solcher Übermacht auf sie stürzen, dann muß sie, ein schwaches Weib, ja unterliegen.
»Na schleichts euch! Schaugts, daß' in Schwung kemmts!« Wie ein Wiesel, ihre Würde als Oberinspektorswitwe völlig außer acht lassend, sprang die alte Frau auf die Marktfrau zu, stülpte ihr das Huhn da, wo es offen ist, auf die Nase, und lief eiligst davon. Die Dicke entfernte den Vogel, schnaubte fürchterlich und brüllte der Enteilenden nach:
»Wart, du oide Wuidsau, di derwisch i scho no amoi!« Und das Huhn verächtlich musternd: »Pfui Teifi, des schtinkt ja wirkli!«
»No, wenn Sie's nur einsehn!« schloß Klausner die Debatte und ging wie selbstverständlich mit der jungen Dame weg, in Richtung auf den Marienplatz zu.
Jetzt, da die Schlacht geschlagen war, erschien das Auge des Gesetzes in Gestalt des Marktpolizisten Schloderer langsam auf der Walstatt. Er hatte den Vorgang aus einiger Entfernung seit geraumer Weile beobachtet, sich jedoch zum Eingreifen nicht entschließen können, da er sich der Händlerin gegenüber im Hinblick auf verschiedene Gefälligkeiten nicht ganz sicher fühlte.
Auf seine Frage, was denn losgewesen sei, erhielt er die Antwort: »Ausschmiern hättn's mi wolln!«, was er zwar ungläubig, jedoch, ohne amtliche Zweifel zu äußern, zur Kenntnis nahm.
Mittlerweile ging das junge Paar nebeneinander her. Er meinte, sie werde ihm wohl noch ein paar passende Dankesworte für sein Eingreifen sagen. Hier irrte er allerdings, wie sich gleich zeigen sollte. Sie war noch bis obenhin mit Groll erfüllt.
»Diese bayerischen Rammeln oder Lakkeln, wie man hier sagt, die hätten mich ruhig umbringen lassen und fröhlich zugesehen, wie man anderswo Stierkämpfen zusieht!«

Werner Schlierf

Ein Pfundsangebot

An' gestinkatn Kaas,
den koa feina Mo fraß,
an' Rehbuckl, gspickt,
a Gansjung-Delikt,
an' Hummer vom Meer
und Eier vom Stör –
Ananas aus Hawaii,
Fasan ohne Blei,
a Gmüas aus Peru
und Schnitzl vom Gnu –
Forelln, Hecht und Aal,
mei Liaba, de Qual
bei da Obst-Standl-Frau
(und da Himmi weiß-blau!)
– und a Gräucherts koischwarz
– und an' Schinkn vom Harz
– und a Eisbärn-Filet,
neinzehn Sortn von Tee
aus Ceylon, wia ma woaß;
Antn, Ganserl, a Goaß –
Nudln, Brezn und Brot,
Tomatn, schee rot
aus'm naha Italien –
so, jetzt habts an Viktualien-
markt mim Maibaam in Minga!
Mir san stoiz, eich kos stinga,
weil koa andere Stadt
so a Pfunds-Markterl hat!

Herbert Schneider

Fuchzg Pfund Viktualien im Rucksack

Also i
i geh an Viktualienmarkt
allwei mim Hochgebirgsrucksack.
Am liabern taat i ja
mei originalgscheerte Lederhosn
mit dem grüngsticktn Hosentürl
olegn,
aber mei Alte is dagegn
zweng de Nachbarn.

Richt i mi also
wenigstens zsamm
wia da Förster vom Silberwald.
Durch d Blumenstraß
pirsch i mi füri
schö staad und scho bald
kriag i Witterung:

Von Weißkraut und Schwammerl,
von Ruam und von Wammerl,
von Beern, Aprikosn,
von Veigerl und Rosn.

Also zerst,
zerst geh i amoi
durchn Bauernmarkt.
Des Zeig kimmt direkt
und erster Hand
aus da Erdn
vom boarischn Vaterland.
Und da kriagst fei an Stolz
wennsd de Trümmer Radi
siehgst
wo des boarische Vaterland
hervorbringt!

Was derfs denn sei, da gnä Herr?
(Zuckersüaß könnas sei
de Marktweiber!)
Nehma no was mit?

An schöna Salat,
Rhabarber, Spinat,
Tomatn, Radieserl,
vom Schnittlauch a bisserl?

San de Radi net pelzi?
Woos – pelzi solln de sei?
Ja eahm schaugats o:
daß i dir fei net glei
oan auffezündt
auf dein schäbign Grind!
(Bitterbäs könnas sei
de Marktweiber!)

Es gibt nichts Besseres als was Gutes, heißt die Devise im Herzstück der Isarstadt, wo alles noch richtig ausgewogen ist.

Aber was wuist macha,
wenn d Familie dahoam hungert!
's letztmoi hät i beinah no
drei Leghenna kaafft
– schneeweiß und mit rote Augn –
damit ma allwei frische Eier
im Haus hat.
Aber ob de halt
am Balkon dahoam legn taan
und aa an Kartoffesalat
mögn taan?

Guat, daß s ma eifallt:
Kartoffe brauch i aa no
so rund
fuchzehn Pfund.

Wenn er halbert voll is
mei Rucksack,
na geh i nüber
zu de Standln
zum Schmankerl-Eihandln.
Geht no was ab, der Herr?

Kaas und Melona,
Kohlrabi und Bohna,
Grapefruit und Äpfe,
a Karfiolköpfe?

De Frau hat ja so recht:
des geht wirkle no ois ab
und außerdem:
a Sempft, drei Essiggurkn,
Paprikaschotn und a Thymian.
Und a Knoblauch,
den ma untern Divan neihängt,
wenn wieder amoi a Bsuach
net ans Hoamgeh denkt.

Gibts no a Platzl
im Rucksackl drinna?
Drenterhalb da Straß
wollns aa was vadiena:
Bei de Antn und Reh
und beim Seelachsfilet,
bei de Wiener und Dickn,
bei de Zwölfender-Rückn.

Und jetz werats
schö langsam Zeit
daßd an Dienstmann pfeifst,
weilsd den Rucksack
unmöglich alloa daschleifst!
Und in a Trambahn
kimmst aa nimmer nei.
Doch i sag da's liaber glei:
es is koana vorhandn!

Aber natürle:
wenn ma a Kerl waar
und no besser gstellt,
na taat ma,
bevor ma hoamkeicht
und si no schimpfa laßt
zweng dem verschleidertn
Haushaltsgeld,
na taat ma also,
sag i,
mit dene fuchzg Pfund
Viktualien im Rucksack
übungshalber
no gschwind
aufn Altn Peter naufsteign.
Damit ma 's nächstemoi
net so schnell zsammbricht
und no Reservn hätt,
wenn ma zufällig wieder
aufn Herzogstand geht!

Jürgen von Hollander

Grünes Herz Viktualienmarkt

Der Viktualienmarkt ist ein geordnetes Durcheinander von Buden, Verkäufern, Amerikanern, Münchnern, Blumen, Fischen, Kartoffeln, Käse, Gewürz-, Fisch- und Obstgerüchen – ein geordnetes Durcheinander. Denn die Geschäftsleute des Viktualienmarkts sind noch nach Zünften geordnet wie im Mittelalter. Das wundert den Fremden als erstes. Gleich an der Ecke zum Tal hin, gegenüber der Heiliggeistkirche neben einem Holzwarengeschäft, dessen Angebot an Brettern und Holztellern sehenswert ist, weil es urbajuwarisch ist, geht's an mit der Zunft der Metzger. Geschäft an Geschäft, Auslage neben Auslage reiht sich hier: Schweinernes, Kälbernes, Briesmilzwurst, Netzkoteletts, Weißwürste, Stockwürste, Dauerwürste. Gleich gegenüber ist noch einmal eine Reihe von Metzgergeschäften, auch aneinandergereiht wie Regensburger Würste. Und jeder Metzger unterscheidet sich vom Nachbarn etwas in der Kunst der Wurstabschmeckung. Mancher Käufer mag die Wurst gern salziger, mancher mag sie mit mehr Majoran, mancher sucht besonders paprizierte Polnische, mancher zarte, ein bißchen fade Weißwürste. Das Angebot der Metzger am Anfang des Viktualienmarkts genau zu erforschen – dazu reicht ein jahrelanges Studium nicht aus. Weshalb man in der Stadt auch sehr viel auf Mundwerbung und Privatreklame gibt – wie vor vier- oder fünfhundert Jahren. Wenn ein Bekannter, besser noch ein Unbekannter, den man zufällig im »Weißen Bräuhaus« im Tal anspricht, einen Rat gibt, wo er den besten Leberkäs, die frischesten Bratwürste, das preiswerteste und nicht von Kunstdünger versaute Gemüse oder die röscheste Semmel kauft, dann wird ein wirklicher Münchner noch am selben Tag ausprobieren, ob der Rat gut war. Die Mundreklame ist in München immer noch durchschlagender als jede andere Werbeform. Und jeder Münchner Kaufmann, Metzger und Bäkker weiß das. Aus dieser Form der Reklame, der der Meister mit guter Ware entsprechen muß, ergibt sich zwanglos der sonst in Deutschland unbekannte, höchstens noch in Italien gebräuchliche Typ des stolzen, unnahbaren Meisters, der weiß, was er kann, und die Einzelbehandlung jedes Kunden seiner Frau überläßt. Gute Ware bringt selbstverständlich gute Kunden – das ist in München selbstverständlich. Alles andere, als gut und preiswert zu sein, ist Zeit- und Geldverschwendung. Der Rest kommt von allein: Käufer, Weitersagen und schließlich auch der Reichtum. Mit dem letzteren kann ein Münchner Wirt oder Metzgermeister übrigens meistens am allerwenigsten anfangen. Ich habe Wirte gekannt, die im Laufe arbeitsreicher Jahrzehnte zu Millionären und vielfachen Millionären geworden sind. Nachdem sie das Geschäft, das sie ewig verflucht hatten, schließlich abgegeben hatten, schlichen sie jahrelang – Schatten ihrer selbst – durch die Stadt, weil ihnen nichts anderes als Arbeit in den Kopf kam. Danach übernahmen sie wieder ein Geschäft. Wenn sie Glück hatten, ihr eigenes. Ein Münchner Handwerker mag am allerliebsten »richtig durcharbeiten«. An das Privatisieren kann er sich nicht gewöhnen. Rasch reich wurden übrigens nach dem Krieg – via Mundreklame – viele fleißige schlesische Metzger mit ihrer zwar ungewohnt, aber gut gewürzten Wurst.

Nach den Metzgern kommt auf dem Viktualienmarkt als zweites die Reihe der Fischhändler. Da stehen sie, wie die Metzger, Händler neben Händler. Fischbottich stößt an Fischbottich. In den Kübeln sind lebende Fische. Auf Tafeln hinter ihnen steht das Angebot des Tages. Wer in die Bottiche schaut – und welcher Viktualienmarktbesucher tut das nicht? –, der sieht vor allem Karpfen, Forellen, Hechte und Aale. Er findet aber auch den Waller, und von dem läßt sich einiges sagen, was nicht jeder weiß.

Der Waller ist nämlich der bayrische Wal. So einer kann drei Meter lang und fünf Zentner schwer werden. Der Waller ist ein Urvieh aus heimlichen Seen und düsteren Flußkolken im Bauernland um München herum. Ab und zu wird so ein zwei oder drei Meter langer Seeschratt aus der Donau, dem Bodensee oder der Isar gefischt. Dann steht das Ereignis in allen Münchner Zeitungen, und man kann den Waller ein paar Monate – solange er es aushält – im Tierpark Hellabrunn in München sehen. Da liegt dann der Fisch in einem der großen Aquarien wie ein ertrunkener Baumstamm, die kleinen Augen sind weiß verpilzt, die Bartfäden hängen trübe herunter. Man weiß vom Waller, daß er tagsüber an den tiefsten Stellen der Seen und Flüsse liegt, daß er nur bei Gewittern und des Nachts nach oben steigt und daß er einfach alles schluckt, was freßbar ist. Fische, Ratten, Krebse, Aas, Frösche, Wassergeflügel, Nattern – alles eben. In manchen Gegenden heißt das Urvieh auch »Schaden«. Das ist kein schlechter Name. Denn der Schaden, den so ein Riesenfisch, der achtzig Jahre alt werden kann, anrichtet, übersteigt bei weitem seinen Nutzen. Aus der Haut der ganz alten Waller-Opas macht man Leder. Aber ich weiß nicht wo, heutzutage. Manche Fischtasche, manches Fischereigerät, das man in einem Museum sieht, ist aus Wallerleder hergestellt.

Der Waller wird noch unheimlicher, wenn man beim alten Tierbeschreiber Konrad Geßner liest: »Ob der Gestalt des Thieres ist wol anzunemen sein tyrannische, grimmige und frässige Art. Also daß zu zeiten in eines magen ein Menschenkopff und rechte Handt mit zweyen güldinen Ringen sind gefunden worden, dann sie fressen allerley, daß sie bekommen mägen, Gänß, Enten, verschonen auch dem Viehe nit, so man es zur Weth oder wäschen oder sonst zu tränken führt, also daß sie auch zu zeiten die Pferd zu grund ziehen und ersäuffen, verschont den Menschen gar nit, wo er ihn kriegen mag.« Die Anwohner der Donau fürchten sich daher vor ihm, und der Aberglaube der Fischer meinte früher, daß ein Fischer sterben müsse, wenn ein Wels gefangen würde.

Der letzte, etwa anderthalb Meter lange bayrische Wal, der im Bodensee gefangen wurde, hat das Boot mitsamt dem Angler stundenlang über den See gezogen. Nach dieser bajuwarischen Kraftleistung hat der Riesenfisch noch monatelang im Aquarium Hellabrunn gelebt. Soviel vom Waller, dem bayrischen Wal, den man noch bei den Fischhändlern auf dem Viktualienmarkt sehen kann.

Noch einen seltsamen Fisch bieten die Fischhändler des Viktualienmarktes an: die Rutte oder Quappe, die im Bayrischen Aalrutte heißt. Da dieser Fisch nur in klarem Wasser richtig fortkommt, wird er außerhalb Bayerns, wo man kaum noch klares Flußwasser kennt, selten angeboten. Außerdem wird über seinen Ge-

schmackswert gestritten. Wer einmal eine Rutte in einer kleinen Weinwirtschaft am Viktualienmarkt gegessen hat, der kann eigentlich nicht mehr streiten. Vor allem ist seine gebratene Leber delikat. Diese Aalrutte ist ein rechter Fischräuber, der sich auf Fischbrut spezialisiert hat. Deswegen hassen die bayrischen Sportangler sie besonders. Denn wer für viel Geld junge Fischbrut, vor allem junge Forellen, aus Brutanstalten in sein Fischrevier einsetzt, der möchte auch etwas davon haben. Seltsamerweise ist diese Aalrutte ein Schellfisch – ein Meeresfisch eigentlich, der die Flüsse herauf bis nach Bayern gewandert ist.
Aus dem reichen Fischangebot der Fischhändler auf dem Viktualienmarkt kann man sich eine bayrische Fischsuppe nach Art der französischen Bouillabaisse zusammenstellen. Die Fischhändler beraten gerne beim Kauf. Viktualienmarkthändler beraten überhaupt gerne. Es macht ihnen den gleichen Spaß, den es schon ihren Vorfahren vor Hunderten von Jahren gemacht hat, ihr Wissen von draußen vom Lande in die Münchner Stadt hineinzubringen.

Andere, besondere Stände, die man noch auf diesem buntesten Bauernmarkt Europas findet, sind zum Beispiel die der »Waldproduktenhändler«. An ihren Ständen besonders sieht man, wie nahe das Land um München ist und wie sehr es zur Millionenstadt gehört, die – wie schon gesagt – gerne »Millionendorf« ist. Bei den Ständen der Waldproduktenhändler findet man alles, was diese seltsamen Händler in den Wäldern finden und des Verkaufs für wert erachten. Man darf nicht vergessen, daß die Wälder um die Städte früher viel umfangreicher und wichtiger waren als heute. Das Vieh wurde auf die »Waldweide« getrieben. Die Köhler brannten ihre Holzkohle, einen der wichtigsten Energielieferanten der mittelalterlichen Industrie, weil die Steinkohle noch unbekannt war. Ein letzter Nachglanz der Waldzeit sind diese Stände auf dem Viktualienmarkt. Bei ihnen findet man zum Beispiel Latschenzweige aus dem Gebirge. Sie werden gekauft, weil ein Strauß von ihnen einen guten Geruch nach Harz und Bergfreiheit ausströmt. Man findet Schwammerln (Pilze) aller Art. Sie werden von dem »Pilzprofessor« überwacht, der mehrmals wöchentlich auf dem Markt auch die Beute freier Pilzsammler begutachtet. Man findet bei den Waldproduktenhändlern Beeren aller Art und buntgefärbte Sträuße aus Schilfrispen und Distelkolben. Diese Stände sind vormittags zwischen dem Denkmal Weiß Ferdls und dem Viktualienmarkt-Maibaum aufgeschlagen. . . .

Nicht übersehen sollte man das »Scharfe Eck«. Hier werden Gemüse in Essig, Gewürze, Würzkräuter aller Art angeboten. So viele Würzkräuter, wie es hier noch gibt, findet man selten noch in einem Kräuterbuch. Die Gewürzhändler erzählen wie die Fischhändler – wenn sie Zeit haben – zu gerne, was man alles und mit welchem Kraut würzen kann und muß. Beispielsweise ist ein bayrischer Schweinsbraten – das Hauptnahrungsmittel immer noch am Wochenende – ohne Beifuß, den man ins Fleisch einreiben muß, nur eine halbe Sache.

Die Käsehändler des Viktualienmarkts bieten fast jeden Käse Europas an, und das ist eine ziemliche Menge. Nicht vergessen sollte man die bayrischen Spezialitäten: den Weißlacker vom Stück. Das ist eine scharfe, leckere (deutlich riechbare) Köstlichkeit zum Bier. Nicht vergessen auch: den Romadur. Berühmt ist der, der beim Kloster Andechs hergestellt wird und darum Andechser oder Kientaler heißt.

Sogar Kartoffeln werden auf dem Viktualienmarkt in besonderen Ständen angeboten, die wirklich nur Kartoffeln und sonst nichts führen. Hier endlich findet der zugereiste Neumünchner die Kartoffel seines Geschmacks, die er sonst in München nur schwer wird finden können.
Der Münchner hält nun einmal nicht soviel von der Erdfrucht wie die meisten anderen Deutschen. Schon der Berliner Buchhändler und Schriftsteller Friedrich Nicolai schrieb 1785 in seiner »Reise durch Deutschland und die Schweiz«: »Die Bayerischen Knödel und andere Mehlspeisen sind nichts für unseren Gaumen. Ein Bayer führte es mir als einen Vorzug seines Landes an, daß der Bauer zwar daselbst Kartoffeln pflanze, aber sich zu gut halte, dieselbe zu essen, sondern nur die Schweine damit füttere. In Brandenburg und Sachsen weiß man besser, welche gute Speisen aus den Kartoffeln zu bereiten sind. Sie sind sicherlich gesünder als die groben Mehlspeisen.« Und dann kommt ein typischer Zank-Satz des Buchhändlers: »Diese Knödel nebst dem dicken Biere tragen gewiß zur Dummheit und zu dem phlegmatischen Wesen des gemeinen Mannes in Bayern nicht wenig bey.« Der bayrische Witz, daß Kartoffeln erst gut sind, wenn sie »durch d' Sau triem sind« (durch die Sau getrieben sind) ist, wie man liest, uralt. Er wird trotzdem bei jeder Gelegenheit und vor allem, wenn ein »Preuße« in einem Münchner Gasthaus Kartoffeln bestellt, wieder aufgewärmt.

Wichtigste Erscheinung auf dem Viktualienmarkt ist die Münchner Standlfrau, von der Sibylle, Münchner Schriftstellerin und Kolumnistin, schreibt: »Unverfälschtes Münchnerisch spricht noch die Münchnerin vom Viktualienmarkt, die Standlfrau. Die beherrscht die grüngestrichenen Holzhäuserl mit den rotweißen Markisen, das gemütliche Geviert der Rettichberge und Apfelsteigen, der Fischbottiche und Schweinshaxen zwischen dem alten Peter und der barocken Heiliggeistkirche, in der sich die Bürgertöchter am liebsten trauen lassen. Die Standlfrau ist eines der letzten weiblichen Wesen, das es in Ordnung findet und von Gott gewollt, den Tag um fünf Uhr früh zu beginnen, mittags nur einen bläßlichen Rahmkaffee mit eingebrockter Semmel aus der Henkeltasse zu löffeln und immer einen Schurz zu tragen. Keine Schürze, wie sie rüschenumrandet zierlich die Kühlschrank- und Waschmaschinenhausfrau liebt. Sondern einen Schurz, dunkelblau, kleingemustert, mit Armlöchern zum Durchschlüpfen, im Rücken zu knöpfen und zu binden obendrein. In diesem Schurz drückt sich die Genügsamkeit aus, das ‚Da tät ich mich ja Sündn fürchten', ein Spruch, den die Münchnerin anwendet, um ihren Abscheu vor übertriebenem Luxus auszudrücken.
Die Standlfrau verachtet aus dem Grunde ihres resoluten Herzens allzu Neumodisches, Hausfrauen, die sich alte Hühner als zarte Gockeln aufschwätzen lassen, und Kolleginnen, denen das nicht gelingt, und wohl die Männer auch. Die Männer der Marktfrauen sind selten zu sehen, sie müssen in aller Herrgottsfrühe zur Großmarkthalle fahren und bei den Händlern

das Obst aus Italien und das Gemüse aus Holland holen. Aber die Herrschaft, das Heft in der Hand hat sie, die Standlfrau. Das hat nichts mit modernen Bestrebungen nach gemeinsamem Verdienen und Mitarbeit der Frau zu tun, sondern mit einer Münchner Tradition: die Frau gehört ins Geschäft. Und die Münchnerin leitet die Geschäfte vorzüglich.«

Hanns Vogel

Erinnerungen eines Lausbuben

Als ich noch der kleine Hansi war, dem man in der Bergmannschule auf der Münchner Schwanthalerhöh Lesen und Schreiben beibrachte, hatten meine Eltern jahrelang jeden Sonntagnachmittag das gleiche Ziel, nämlich den Viktualienmarkt. Denn dort lag das alte Café Gröber, wo mein Vater begeistert zu »terteln« pflegte. Bei diesem Kartenspiel brauchte man ersichtlich viel mehr Verstand wie beim Tarocken, weil er sich so oft am Kopf kratzen mußte. Meine Mutter unterhielt sich am Tisch nebenan mit anderen Hausfrauen, ob man das Bettzeug in der Waschkuchel besser mit Kern- oder Schmierseife sauberkriegt. Ich saß beinschlenkernd auf meinem Stuhl und betrachtete unterdessen den Prinzregenten oder den König Ludwig III., und zwar auf dem Satz Briefmarken, den mir der Postrat Fürschinger mitgebracht hatte. Er tertelte immer mit meinem Vater. Nachdem ich meinen Kakao mit Apfelkuchen bekommen hatte, blätterte ich, vieles noch nicht begreifend, den ganzen Lesezirkel durch, der seinerzeit die Zeitschriften »Die Woche«, »Kladderadatsch«, »Simplicissimus«, »Jugend« und »Fliegende Blätter« enthielt. Dann stahl ich mich immer davon, um unten am Viktualienmarkt bei der Samenhandlung Schmitz den flinken Wellen des Stadtbaches zuzusehen, der dort damals noch ans Tageslicht kam, um kurz hernach wieder unterirdisch weiterzufließen. An den Wintertagen machte ich, am Eingang des Café Gröber hin- und herschleifend, eine saubere Rutschbahn und sah zu, wie unvorsichtige Leute deswegen auf den Hintern fielen. Als ich Kommunion hatte, war im Café Gröber auch das weißgekleidete Heckler Annerl dabei. Meine Kerze war golden verziert und die vom Annerl als Mädel nur silbern. Plötzlich kamen wir beide gemeinsam auf die Idee, ein kleines »Kampfe« mit den langen Kerzen zu machen. Dieses ruchlose Degenfechten bekam unseren wächsernen Waffen aber ziemlich schlecht. Am Schluß sahen die armen Kerzen sehr geknickt aus, fast genauso wie das Annerl und ich.

Das Viktualienmarkt-Märchen

Vor langer, langer Zeit lebten zwar schon Menschen auf der Welt, aber sie fühlten sich noch nicht so recht wohl, denn sie spürten, daß ihnen etwas Wichtiges zum Leben fehlte, auch wenn sie es nicht beim Namen nennen konnten.
Einer von ihnen beschloß deshalb eines Tages, diesem Mangel abzuhelfen. Er wollte um jeden Preis den fehlenden Teil suchen, von dem er wußte, daß er dem menschlichen Dasein erst den rechten Sinn geben würde.
Er stieg also auf die Berge, fuhr über das Meer, reiste in alle Länder und suchte in jeder Stadt, aber nirgendwo fand er das, wonach er strebte. Jahre vergingen, und der Mann wurde darüber alt und schwach. Er war nahe daran, die Hoffnung aufzugeben, jemals den begehrten Schatz zu entdecken.
Eines Tages kam er so nach München. Als er durch die Stadt ging, gelangte er auch auf den Viktualienmarkt. Er schlenderte durch die Budenstraßen und beobachtete das Handeln und Treiben an den Buden. Plötzlich vernahm er in einem stillen Winkel ein eigenartiges leises Seufzen. Der Alte ging darauf zu, und mit einem Mal spürte er, wie in ihm ein ungeheuer wohltuendes Gefühl aufstieg. Das Seufzen wurde lauter, aber der Mann sah niemanden, obgleich der Laut nun schon unmittelbar vor ihm tönte, näherkam, in ihn drang, ihn erfüllte, in seiner Brust hochstieg und als erleichternder Atemstoß endlich seinem Mund entströmte. Und der Alte hört sich die Worte sprechen: »Ach, ist das hier gemütlich.« Er wiederholte, auf den Marktplatz zurückkehrend, fortwährend diesen Satz.
Die Marktfrauen nickten ihm verständnisvoll und bestätigend zu. Und dann ging ein Flüstern und Geraune von Stand zu Stand, von Ohr zu Ohr: »Habt ihr schon gehört, soeben ist die Gemütlichkeit auf die Welt gekommen, und wißt ihr wo? Hier bei uns auf dem Viktualienmarkt.«
Und die Münchner Gemütlichkeit breitete sich auf dem ganzen Markt aus, wuchs heran, überzog die Stadt und das Land.
Am stärksten aber pulsierte sie seither immer in dem geheimen Winkel, wo sie das Licht der Welt erblickt hatte: auf dem Viktualienmarkt. Und noch heute hört mancher, der sich in einer stillen Ecke des Marktes der beschaulichen Ruhe hingibt, mitunter ein leises Seufzen, das so klingt, als spräche jemand die Worte: »Ach, ist das hier gemütlich.« A. S.

Robert Vierheller

Leiden eines Wurstverkäufers

Ort der Handlung: der Viktualienmarkt. In den Brotzeitstandln am Markt, da brutzelt und duftet es den ganzen Tag. Da wird gegrillt, gebraten und gekocht, denn hungern darf keiner, weder ein Münchner noch ein Fremder.
Jetzt, in der Ferienzeit, sieht man sowieso viele internationale Besucher auf unserem weltberühmten »Markt«. Nicht alle können die mit Kreide beschriebenen Tafeln lesen, auf denen steht, was es gibt, und manch einer schüttelt den Kopf, wenn er zum Beispiel das Wort »Stockwürst« liest. »Weißwürst«, die kennt man schon eher, auch jener junge Mann aus dem hohen Norden, der an die Reihe kommt und »ein Paar Weißwürstel mit Ketchup« verlangt.
Der Standlmo erschrickt sichtlich und sagt freundlich: »Aber lieber Herr, Weißwürscht ißt ma doch ned mit Ketchup, Weißwürscht ißt ma mit Senft! Mögn S' an Senft?«
»Nö!«
Also mit Ketchup! Widerwillig knallt der Verkäufer eine Ladung Ketchup auf den Teller, paßt allerdings auf, daß er ja keine Weißwurscht trifft.
Dann, nach einigem Zögern, streckt er den Teller seinem Kunden hin, wobei man ihn, nach einem tiefen Seufzer, murmeln hört:
»Seids ma bittschön net bäs, Würscht, i konn's ned ändern!«

»Die Kinderstube vom Münchner Kindl« möge noch lange so bestehen bleiben, wie sie sich heute zeigt.

1987 – 180 Jahre Münchner Viktualienmarkt

Zum Geburtstag wünscht man dem Gefeierten meist Glück, Gesundheit und Gottes Segen, dazu weiterhin viel Erfolg. Das sei dem Viktualienmarkt natürlich auch von Herzen gegönnt. Darüber hinaus aber wären noch drei weitere Hoffnungen und Gedanken zum künftigen Wohl dieses uralten Platzes auszusprechen:

1. Den Münchnern möchten weiterhin soviel Traditionsbewußtsein und Begabung zur Lebenskultur erhalten bleiben, daß sie auch in Zukunft den Markt weder unüberlegt und voreilig sogenannten fortschrittlichen Änderungen unterwerfen, ihn aber auch nicht langsam unter behördlich angeordnetem Denkmalschutz erstarren lassen, um ihn dann als leblose historische Sehenswürdigkeit wie in einem Schaukasten hirnlosen Gaffern zu präsentieren. Der Mittelweg – und der ist zweifellos äußerst schwierig –, wäre es, den Markt lebendig zu erhalten. Das schließt Beständigkeit und Beharren in konservativer Gesinnung ebenso mit ein wie mögliche behutsame, wohlüberlegte und kritisch vorgenommene Änderungen. Das Ziel ist allemal, den Markt in seiner ursprünglichen Spontaneität und Originalität als Insel der Lebensfreude zu erhalten.

2. Das Leben auf dem Markt möge weiterhin in seinem sinnvollen, den äußeren Notwendigkeiten angepaßten Rhythmus und überlieferten Ritus der Seelenverfassung der Münchner Bürger entsprechen. Dies kann nur gelingen, wenn die Einheimischen auf diesem Platz niemals ihr Innerstes verleugnen und es von Außenstehenden beiseitedrängen lassen oder gar ihnen zuliebe verändern.

3. Die Rückbesinnung auf alte Bräuche, die einst auf diesem Platz entstanden sind und lange Zeit dort gepflegt wurden und die durchaus wieder verlebendigt werden könnten (zum Beispiel das schon einmal durch Hanns Vogel angeregte Wadlerbrezenreiten), entspricht ebenso dem Geist des Marktes wie die behutsame Einführung neuer marktnaher Gepflogenheiten, die aber niemals den pulsierenden Marktalltag zurückdrängen dürfen, sondern ihm nur einige Glanzlichter im Jahreskreislauf aufsetzen sollten. Diesem Motto haben sich sogar runde Feierjahre unterzuordnen wie beispielsweise das des 180. Geburtstags. Zu üppige Festlichkeiten schaden bekanntlich Hochbetagten sehr leicht.

In diesem Sinne lebe der Viktualienmarkt dreimal hoch und noch viele Male so lang wie bisher!

Viktualienmarkt 2000

Vielerorts verlieren Märkte an Bedeutung, da die Kunden im Einzelhandel und in Großmärkten ihren Bedarf abzudecken pflegen oder sich sogar von Versandhäusern versorgen lassen.
Der Viktualienmarkt in München hat jedoch trotz allem bisher nichts an Attraktivität und Beliebtheit verloren. Die Besucher wissen wohl zu unterscheiden zwischen der Anonymität der Handelsketten, der Unpersönlichkeit von Supermärkten und dem reichhaltigen sozialen Leben, das auf dem Markt stattfindet. Hier entwickelt sich noch ein persönlicher Kontakt zum Nächsten, nimmt jeder am Leben des anderen teil. Es entstehen Gespräche unter vier Augen, das Miteinanderumgehen, auch das Gegeneinander im Handeln, der Austausch von Neuigkeiten, das Granteln und Umwerben, das »Grüß Gott, der Herr« und das »Auf Wiederschaun und beehrns uns bald wieder!«
Diese Atmosphäre kann sich nur auf einem solchen Platz entwickeln. Das spüren die Besucher instinktiv, und sie schätzen diese Stimmung, die sie auch immer wieder aufs neue erleben wollen. Solange es Leute gibt, die eine solche Lebensqualität nicht missen möchten, so lange werden auch Märkte wie der Viktualienmarkt existieren.
Dabei aber müssen stets die schleichenden Gefahren im Auge behalten werden, die den Markt auch in Zukunft bedrohen können, wie beispielsweise die sukzessive Schließung von Gaststätten am Markt, die Zunahme des Verkehrs, der Neubau, der An- und Umbau von Gebäuden, die Reduzierung von Verkaufsständen und -plätzen, die Überflutung des Marktes mit Touristen, der Einzug von marktfremden Veranstaltungen und Geschäften auf dem Platz.
So befürchten manche, daß der Markt langsam, aber sicher zu einem Freß- und Saufmarkt verkommt, denn immer mehr Imbißstuben und Eßstandl machen sich breit. »Die Verkaufsstände locken die Menschen auf den Markt, beim Bummel bekommen sie Hunger, und die ‚Futterhäusl' an allen Ecken und Enden kassieren das große Geld«, grantelt ein Standlbesitzer. »Jetzt fehlen bloß noch eine Hendlbraterei und ein Hamburger- und Big- Mac-Palast, dann geht's aber auf.«
Dabei darf man jedoch nicht vergessen, daß manche Stände das Imbißangebot zum Überleben dringend brauchen.
Jüngst befürworteten Anlieger und Händler eine große Tiefgarage südlich der Freibank in Richtung des Hochbunkers. Darüber soll eine Grünanlage gebreitet werden. Zweifellos hört sich das aufs erste recht positiv an. Aber welche negativen Folgen könnten daraus entstehen? Vielleicht strömen dadurch bedeutend mehr Kunden auf den Marktplatz als bisher, nimmt dadurch der Verkehr in den Straßen zu, wird in der Folge gar eine Ausweitung oder Änderung des Marktes gefordert? Dieser Platz ist wegen seiner Lage einer der teuersten Baugründe Münchens. Bereits 1950 kostete der m^2 50,– DM. Viele »Bauhyänen« wären auf den Platz erpicht.

Ein Gebilde wie der Viktualienmarkt wirkt nach außen hin zwar äußerst robust, innerlich ist er aber sehr sensibel, empfindlich, leicht stör- und damit zerstörbar. Wie wird der Viktualienmarkt um das Jahr 2000 und danach aussehen?
Alle denkbaren negativen Visionen sind im Grunde bereits durch die ernsten Bedrohungen in früheren Jahrzehnten vorweggenommen worden: der Gedanke an ein Marktkaufhaus oder an eine den Platz überspannende Verkaufshalle, der Abriß der Stände und an ihrer Stelle der Bau von Geschäfts-, Büro- oder Wohnhäusern, die Verkleinerung des Platzes durch die Verbreiterung der Straßen, die Modernisierung und Rationalisierung der Kaufvorgänge durch die Entpersönlichung des Marktgeschehens und durch eine kontaktzerstörende Selbstbedienung, die Untergrabung der Preissituation und die Verdrängung alteingesessener Standlbesitzer durch die übermächtige Konkurrenz marktnaher Billigstanbieter.
Zwar scheinen diese Gefahrenmomente im Augenblick nicht aktuell zu sein; sie könnten aber durchaus wieder einmal virulent werden. Damit das nicht geschieht, ist die stete kritische Aufmerksamkeit aller Freunde und Anhänger des Viktualienmarktes erforderlich und, wenn nötig, auch deren engagierter Einsatz und energischer Protest zugunsten des Weiterbestehens dieser grünen Insel, deren gesunde und wohltuende Ausstrahlung auf alle ihr nahe liegenden Straßen, Plätze und Stadtteile und auf die dort lebenden Menschen nicht hoch genug eingeschätzt werden kann.

Einige Stimmen zum Ausklang

Münchner Rundschau 1906:

»Da lockt der Auer- und Spielhahn, der Meister Lampe, die Wildente etc. Dort schnattern Gänse und piepsen Hühner; Hecht, Karpf und Forelle peitschen das Wasser in der engen Holzwanne, liegen prächtige Ochsenlenden, Kalbsschlegel etc. zur Schau, kurz alles Eßbare präsentiert sich meist unter Gottes freiem Himmel in der appetitlichsten Form und Gestalt.«

Eugen Roth:

»Wie friedsam . . ., bei allem Gewühl, der ‚Alte Peter' uns gegenüber hoch überm Viktualienmarkt, einem der nahrhaftesten und blumenbuntesten Märkte der Welt. Da kann einer noch die echten Münchnerinnen erleben, Gärtnerinnen und Bauernfrauen der Umgebung darunter, Weiber vom gesunden, altbayrischen Schlag, bieder und herzhaft zugleich.«

Wolfgang Koeppen:

»Der Viktualienmarkt ist wohl der schönste, der anheimelndste und auch der erhebendste Platz in München. Wenn der Himmel blau ist, offenbart der Markt mit den feinen strebenden Konturen seiner Kirchen ringsum und der frühen Mietskaserne des 19. Jahrhunderts über den bunten Marktständen, den Handelsschirmen, den Fleischhallen im Gemäuer von St. Peter das Bayerisch-Römische, die den Bauch nicht vergessende Frömmigkeit, und wenn ein Papst gestorben ist oder ein neuer gewählt wurde und die Glocken aus allen Himmelsrichtungen über Obst, Gemüse und Blumen, Südfrüchten, Geflügel, Wild, entfellten Lämmern, gespaltenen Schweinen, Eiern, Käseleibern, Gewürzen und Kräutern läuten, ist der Viktualienmarkt ein Dom voll berauschender Katholizität. Und die dicken, derbbunten Marktfrauen sind auch die wahren Königinnen des Faschings, wenn sie sich zur Fastnacht in heidnisch-christlicher Weise transvestitisch verkleiden.«

Georg Lentz:

»Da gibt es Gebirge von Würsten, Pyramiden von Eiern, ganze Radscheiben von Käsen, Armeen von Rettichen, Wälle von Butter und ein Meer von Blumen.«

Ernst Hoferichter:

»Der Markt ist das Herz der Städte. Hier wird ihr Ureigenes durch allen Wandel bewahrt und mit jedem Tag des Lebens aufs neue geboren . . .
Und wer am Münchner Viktualienmarkt das Licht der Welt erblickte, der hat sein Dasein schon unter einem glücklichen Stern begonnen.
Dieser grüne Fleck ist eine erste Fernsicht, ein Park, ein Paradies. Jenseits der Schrannen, Peterskirche und vom Heilig-Geist hört die Welt auf. Dazwischen aber duftet es nach Rosen, Rettich, Nelken, Gansjung, Paprika und nach Kabeljau. Wer von den steilen Höhen des ‚Petersbergls' herabsteigt, der kommt pfeilgerade ins gelobte Land, wo buchstäblich Milch und Honig fließt.«

Hellmut von Cube:

»Das alles und noch unaufzählbar vieles mehr ist verführerisch, überquellend ausgebreitet, ein Schlaraffenland und EWG-Paradies, wie es so geschlossen, breit und behäbig von kaum einer anderen Millionenstadt geboten wird. Und doch, was wäre dieses prächtige Bild, das sich etwa am Obstfreimarkt zu einem kleinen Irrgarten der Versuchung, am Blumenmarkt zu einer herrlichen Dult der Blatt- und Blütenfarben konzentriert, ohne das unscheinbare, unnachahmliche Lokalkolorit? Ohne den Mann im Janker und derben Schuhen, dem man ansieht, daß er einst in der Amper und Loisach geangelt hat, und der seinem Enkel die heimischen Fische zeigt, die Forellen, Renken, die Braxen, die Barben und Bürschlinge in den Zementbottichen? Ohne die handfesten, vergnügten Gattinnen, die nach eingehender Prüfung den Radi aller Radis oder das frischgrünste Kräutl zur Karfreitagssuppe oder die fehlerfreieste Kirchweihgans nach Hause tragen? Ohne den Blumenkastendisput alter Ehepaare, das Hin und Her und Für und Wider zwischen Petunien und Begonien, Hängenelken und Geranien, Hundsblumen und Kapuzinern am Bauernmarkt? Ohne die Berge blühender Kiefernzweige und die Hügel aus Steinpilzen, Reherln, Rotkappen oder Herbstblatterln, bei deren Anblick die zahlreichen Schwammerlsucher eine seltsam neidvolle, waldsüchtige Erregung packt? Ohne die scharfkalkulierenden, tagträumenden Kleinbürgerblicke auf die Preistafel der Kuttlereien, wo neben Leber, Herz und Nieren und Bries auch Kopffleisch und Lunge, Euter, Gekröse und Bacherlfleisch angeschrieben stehen? Ohne das zerknitterte, gefältelte Fräulein noch aus König Ludwigs Zeiten, deren Herz höher schlägt, wenn sie Kokosnüsse und Johannisbrot, Zinnkraut und Staubwischfedern entdeckt? Ohne Weiß Ferdl, Karl Valentin und Liesl Karlstadt, die blumengeschmückt auf den Säulen ihrer kleinen Brunnen stehen, aus Bronze und dem Stoff unvergänglicher Erinnerung geformt? Ohne die Marktfrauen mit vielleicht nicht goldenem, aber gewiß echtem Münchner Herz hinter der vielfachen Schale aus Strickjacken und Grobheiten?«

Rolf Flügel:

»Da steht in einer kleinen Senke das Rudel der trotz der schrägen Dächer horizontal gegliederten Buden beieinander, da wachsen die bunten Marktschirme wie Schwammerl aus dem Boden, da sind die kräftigen Farbenkleckse hingetupft, im wahrsten Sinn des Wortes wie Kraut und Rüben durcheinander, und das alles ist in den reichgegliederten Rundhorizont gefaßt, der München heißt. Man schaut hin zum Café Neumaier und fragt sich, wie so ein Steinkasten, so ein schräg hingestellter Riesenwürfel, gleichzeitig so biedermeierlich behaglich aussehen kann. Dahinter ragt der Chor der Peterskirche, schwarzes Gemäuer in festen Wülsten und starken Wänden. Das zierliche Filigran des alten Rathausturmes leitet zu der bäuerlichen Grazie der Heilig-Geist-Kirche. Dazwischen liegen Winkel und Durchschlüpfe, Überschneidungen von Dach und Giebel, und wenn noch der Föhn die Weite des Horizonts mit zarten, hauchfeinen, seidenen Schleiern schmückt, die wie himmlische Girlanden über den Türmen schwingen, dann erstrahlt das Herzstück der Isarstadt im schönsten Sonntagsgewand.«

Journalist eines Feinschmeckermagazins:

»Warum hat München mehr gute Restaurants als die anderen deutschen Städte? Ganz einfach. Es hat den Viktualienmarkt.«

Angelika von Hartig (Journalistin):

»An einem echten Münchener Föhntag ist die Luft über dem Markt von überirdischer Durchsichtigkeit, der tiefblaue Himmel mit weißen Tupfenwolken extrahochglanzpoliert, die Linden auf dem großen Platz in der Marktmitte lassen ihre zartgrünen Blätter lustvoll in der leichten Brise wedeln. Unter den Bäumen laden die Tische des Biergartens verführerisch zur Rast bei einer schäumenden Maß Bier und einer am nächsten Stand besorgten Brotzeit ein. Und jede volle Stunde läßt die Turmuhr der nahen Peterskirche noch ein paar freundliche Glockenschläge zum Markt hinüberwehen. Der Geruch von Obst vermischt sich mit dem strengeren Aroma des Gemüses und zieht, vom Duft der Blumenstände begleitet, sanft durch Nase und Gemüt der genießerischen Marktbummler. Das ist München, wie kein Fremder es je vergessen wird . . . Der Viktualienmarkt ist wie der Münchener selbst: tiefgründig und verzwickt, voller Charme, aber nicht einfach zu durchschauen.«

Karl Wanninger:

»Zum Lob des Marktes nur ein Vergleich: Gehen Sie doch einmal in den Supermarkt zum Einkaufen, vorbei an stummen Regalen und aufregenden Computerkassen, und versorgen Sie sich dann am Münchner Viktualienmarkt. Das ist ein Unterschied wie zwischen einem U-Bahn-Schacht und einer Rokoko-Kapelle.«

Alte Münchner und junges Gemüse sind am Viktualienmarkt so frisch wie sonst nirgendwo. Man blickt immer auf einen fürstlich gedeckten Tisch.

Augen, Ohren, Nase, Zunge und Hände reizen die Schmankerl an. So viele Sinne kann keiner haben, daß er alles in sich aufnehmen kann. A. S.

Karl Spengler:

»Wenn Goethes Faust danach dürstet, zu erfahren, ‚was die Welt im Innersten zusammenhält', hier, zwischen der Heiliggeistkirche und der Freibank würde ihm wenigstens klar, was die Münchner Welt zusammenhält: der Viktualienmarkt . . .

Wir hätten nur gerne auch ein paar absprechende, recht häßliche Zeugnisse fremder Gäste über den Viktualienmarkt hier aufgefrischt. Unser eifriges Suchen war leider ergebnislos.«

Standlfrau:

»Die ganze Altstadt, der oide Peter, der Hl. Geist und ois hängt mitm Viktualienmarkt zamm. Jedes Jahr kemma Fremde aus Frankreich, Dänemark und Stockdorf und bsuachan mi und den Markt.«

Standlmo:

»Gemütlich, des hoaßt in München Viktualienmarkt, nur Viktualienmarkt.«

Münchner Bürger:

»Ich wohn gern am ‚Grünen Markt', weil es hier mit seinem gemütlichen Drum und Dran am schönsten, am münchnerischsten ist. Hier läßt sich's gut leben.«

Münchnerin:

»Wer den Viktualienmarkt nicht kennt, der kennt auch net München.«

Das Münchner Viktualienmarkt-Lied

Text und Musik: Alfons Schweiggert

Herrlich, was man alles riecht,
Würstl, Schmalznudeln, Brezn, Bier.
Um den Maibaum mitten auf dem Platz
ist ein Biergarten sogar hier.
An allen Ecken stehn die Leute rum,
schnabulieren Schmankerl aus der Hand.
Feinste Düfte steigen in die Nase hoch,
schlendert man von Stand zu Stand.

: Viktualienmarkt, dich gibt's fast zweihundert Jahr',
. . .

Lustig, was man alles hört,
die Standlfrauen sind aufs Maul net gfalln.
Sie sehen es einem von weitem an,
will man handeln und nicht gleich bezahln.
Fragt einer: »Warum ist das Ganserl blau?«,
muckt des Standlweiberl aber auf:
»Das wären Sie auch, bei dieser Kältn,
legn Sie sich doch mal nackert drauf!«

: Viktualienmarkt, ganz München ist auf dich stolz,
. . .

Bärig, daß es die Brunnen gibt:
Karl Valentin und d' Karlstadt stehen da,
der Roider Jackl, die Elise Aulinger,
der Weiß Ferdl, d' Ratschkathl aa.
Zu Lebzeiten haben sie Gspasettln gmacht,
die jeder von uns heut noch kennt.
Die Brünnerl plätschern Beifall hinauf,
und immer stecken Blumen in die Händ'.

: Viktualienmarkt, dich gibt's fast zweihundert Jahr',
. . .

Am Faschingsdienstag gibt's den Tanz
der Marktfrauen an den Gstandln vorbei.
Draußn ist es kalt, doch der Obstler heizt
der verrückten Bagage schon richtig ei'.
Da hüpfen sogar die Dackl in d' Luft,
und die Burschn steign d' Dächer nauf.
Wer diese Gaudi mitmacht, der fühlt:
's Herz von München lebt heut auf.

: Viktualienmarkt, ganz München ist auf dich stolz,
. . .

Vom Petersbergl drobn, da grüßt
der Alte Peter freundlich zu uns her,
ohne den in München heutzutag
nicht so viel Gemütlichkeit mehr wär'.
Rund um den Markt stehn Wirtschaftn,
da kann man prima trinken und essen.
Einen solchen Besuch am Viktualienmarkt,
den kann kein Mensch vergessen.

: Viktualienmarkt, dich gibt's fast zweihundert Jahr',
. . .
: . . .

Zeittafel zur Geschichte des Viktualienmarktes

In der folgenden Zeittafel wird der Name »Viktualienmarkt« mit VM abgekürzt. Der Begriff wird auch für die Zeit verwendet, in der er eigentlich noch nicht gebräuchlich war und als der VM im heutigen Sinn noch nicht existierte. Dies, um zu verdeutlichen, was sich in früherer Vergangenheit auf diesem Platz abspielte.

Die Vorgeschichte (um 1000 bis 1807)

1000–1100

um 1000
Erste Besiedlung auf dem Petersbergl durch Mönche, Errichtung der Wieskapelle »Heiland in der Rast« an Stelle der heutigen »St.-Peters-Kirche«. Die Stelle des VM ist noch ungerodet und von Seitenarmen der Isar durchzogen. Bald darauf wird an diesem verwilderten Platz das »Katharinenkirchlein« nebst einer Klause errichtet. Dieses gilt als älteste Kirche Münchens überhaupt.

1050
St. Peter entsteht an seinem heutigen Platz als dreischiffige römische Basilika.

1100–1200

1158
Zerstörung des Marktes Föhring durch Heinrich den Löwen. An seiner Stelle wird der Marienplatz der Hauptmarkt des eben gegründeten München. Er beginnt als Salzmarkt. Aus ihm entwickeln sich in der Folge der »Eier- und Kräutlmarkt« und später die »Schranne«, der Getreidemarkt. Der VM spielt noch keine Rolle.

1175
Errichtung der ersten Stadtmauer. Der Platz des heutigen VM liegt noch unmittelbar vor der Mauer, die in etwa auf dem heutigen Rosental steht.

1180
Regierungswechsel: Otto von Wittelsbach löst Heinrich den Löwen ab.

1181
Vollendung von St. Peter in seiner bis heute erhaltenen gotischen Grundgestalt.

1200–1300

1204/1208
Herzog Ludwig, der Kelheimer, erbaut auf dem heutigen VM ein Pilgerhaus, damit in München ankommende Pilger und Reisende ein Quartier haben.

1240
In München existieren der Hauptmarkt auf dem Marienplatz und südwestlich davon der Rindermarkt.

1251/1253
Herzog Otto II. errichtet auf dem Platz des VM einen Spitalbau, in den die Katharinenkapelle miteinbezogen ist, und dazu eine Heiliggeistkirche.

1268–1290
Erste Leitung des Spitals (kirchlich): die »Brüder vom Heiligen Geist«.

1270
Beginn des Baues der zweiten Stadtmauer.

1271
Der Heiliggeistsprengel wird die dritte Münchner Pfarrei (neben St. Peter und Frauenkirche).

1294
Erweiterung der St.-Peters-Kirche.

1295
Erster Münchner Fischmarkt auf dem heutigen Marienplatz.

1296
Erster Korn- und Getreidemarkt auf dem Marienplatz, dem Hauptmarkt Münchens.

1300–1400

1310
Es entsteht der Heu- und Strohmarkt und an den Isarländen bei der heutigen Ludwigsbrücke der Holzmarkt.

1315
Neue Bauordnung: Bereinigung des Hauptmarktes am Marienplatz von allen »wilden« Aufbauten und Ständen.

1318
Der Brauch des »Wadlerbrezenreitens« auf dem Spitalgelände des heutigen VM entsteht.

1327
Der große Münchner Stadtbrand zerstört weite Teile des Spitals, dazu die Heiliggeistkirche und den Alten Peter.

1328
Ablösung der kirchlichen Spitalleitung durch eine weltliche: Zwei Mitglieder des Stadtrates übernehmen die Verantwortung.

1330
Die beim Stadtbrand zerstörten Gebäude, auch die Heiliggeistkirche, sind großenteils wieder errichtet.

1337
Fertigstellung der zweiten Stadtmauer. Der Platz des heutigen VM liegt jetzt innerhalb der Mauern.

1353
Weinmarkt in der Weinstraße am Marienplatz.

1365
Eier-, Kräutl-, Korn- und Fischmarkt auf dem Marienplatz.

1368
St. Peter ist nach dem Stadtbrand mit 23 Altären wiedererstanden.

1369
Der Roßmarkt hat seinen Platz im Angerviertel nahe der Stadtmauer.

1400–1500

1428
St. Peter wird als leitende Pfarre Münchens bestätigt.

1500–1600

um 1500
Tandel- und Trödelmarkt in München; der Kohlenmarkt liegt erstmals vor dem Isartor, der Obstmarkt auf dem Marienplatz.

1525
Das Münchner Volksgetränk ist zu dieser Zeit der Wein, noch nicht das Bier.

1567
Der Schweinemarkt befindet sich erstmals am Altheimer Eck, der Krautmarkt auf dem Marienplatz.

1570
Es existiert bereits ein Freibankmarkt mit preiswertem Fleisch.

1572
Der Hauptmarkt am Marienplatz wird »Eier- und Kräutlmarkt« genannt.

1580
Ein neuer Brauch: Die aus Spitalern bestehenden »Quatembermanndln« ziehen erstmals zur Frauenkirche.

1597
Der Taubenmarkt befindet sich auf dem Eiermarkt vor dem Alten Rathaus.
Es existiert nun auch ein Milchmarkt.

1600–1700

1600
In München wird das Bier populär.

1607
Blitzeinschlag in die St.-Peters-Kirche. Beide Turmhelme brennen ab.

1620
Die »Hammerthaler-Madonna« kommt nach München. Sie befindet sich heute in der Heiliggeistkirche am VM.

1659
Die älteste Schrannenordnung wird erlassen.

1683
Wunder am Mariahilfbild in der St.-Peters-Kirche im Türkenkrieg.

1700–1800

1729
Die St.-Peters-Kirche hat jetzt ihre heutige Form.

1730
Umbau der Heiliggeistkirche.

1766
Verordnung gegen unhygienische Marktbedingungen.

1769
Der Vogelmarkt befindet sich im Haus Ecke Kaufingerstraße/Marienplatz.

1771–1845
Die Münchner Schranne wird der wichtigste Markt Deutschlands.

1777–1789
Auflösung des St.-Peter-Friedhofes, Auflassung und Einebnung des Platzes.

1782
Hundemarkt auf dem Marienplatz, ebenso Blumenmarkt.

1795
Erster offizieller Kartoffelhandel in München.

1796
Einschlag von Kanonenkugeln in die Peterskirche im französisch-österreichischen Krieg.

Die Frühgeschichte (1807–1945)

1800–1900

1801
Umzug des Marktes auf den aufgelassenen Friedhof vor die Peterskirche wegen eines Bauvorhabens am Marienplatz/Ecke Burgstraße, durch das enormer Platzmangel entsteht.

1801
Das letzte »Wadlerbrezenreiten« der Spitaler findet statt.

1802
Der Name »Viktualienmarkt« wird erstmals in München gebräuchlich.
Es wird die Entfernung des Marktes vom aufgelassenen Friedhof der Peterskirche verlangt.

1802/1803
Die Säkularisation (Verweltlichung geistlicher Güter) in München fordert, daß aus der Heiliggeistkirche ein Kaufhaus werden soll.

1806
Der Münchner Christkindlmarkt entsteht auf dem Maximiliansplatz (früher Dultplatz).

10. März 1807
Die Geburtsstunde des Viktualienmarktes durch Beschluß von König Max I. Joseph.

12. Mai 1807
Grundsteinlegung zum Viktualienmarkt –
Umquartierung der gesamten Marktszene auf den Spitalhof vor der Heiliggeistkirche. Die Abrißarbeiten an den Spitalgebäuden beginnen.

1810
An der Roßschwemme ist der grobe Brauch des Bäckerschnellens noch üblich.

1815
Abriß des alten Schiffer- und Einlaßtores an der Blumenstraße.

1819
Der VM findet ab jetzt mit Ausnahme hoher Festtage täglich statt.

1822
Plan, den VM auf den Promenaden- oder Salvatorplatz zu verlegen, scheitert. Abriß des Taschenturms, der als Gefängnis am Platz der heutigen Freibank stand.

1823
München erwirbt für 150 000 Gulden den VM-Platz. Es beginnt der zügige Abriß der Ställe und Ökonomiegebäude. Umsiedlung der Spitalbewohner nach St. Elisabeth vor dem Sendlinger Tor. (1908 erfolgte von hier der Umzug des Spitals zum Dom-Pedro-Platz, wo sich auch heute ein Altenheim befindet.)

1823
Das »Weiberhaus« des Heiliggeistspitals wird Getreidemagazin, Hopfenmarkt, Stadtwaaggebäude und Fleischbank.

1828
Zweiter Viktualienmarkt auf dem Salvatorplatz. Er existierte bis 1906. – Abriß von zwei Scheunen, eines Brauhauses, der Schmiede, der Pfisterei, des Badhauses auf dem VM. Jetzt haben auch Blumenverkäufer, Gärtner, Kräutler und Eierverkäufer auf dem VM Platz.

1831
Fischverkäufer ziehen vom Marienplatz auf den VM. Das Lokal »Stadt Kempten« eröffnet am VM; es existiert noch heute.

1835
Errichtung des allerersten VM-Brunnens, des »Fischmarktbrunnens«, der 1896 leider wieder entfernt wurde.

1837
Wollmarkt im großen Saal des Alten Rathauses; Hopfenmarkt im »Weiberhaus« des Heiliggeistspitals am VM.

1842
Erster Plan für den Bau einer großen Schrannenhalle an der Blumenstraße.

1851/1853
Zwei Hochwasserüberschwemmungen verwüsten den VM.

1851–1853
Bau der großen Schrannenhalle (Maximilian-Getreidehalle) an der Blumenstraße.

1854
Der Schrannenplatz wird erstmals »Marienplatz« genannt.

1857
Erste Vergrößerung des VM; sein 50. Geburtstag.

1860
Torfmärkte am Karls- und Isartor.

1862
Erlaß der VM- und Freibank-Ordnung; Gänsemarkt an der Reichenbachbrücke; – Es gibt noch keine festen Verkaufsstände auf dem VM (erst ab 1865–1870).

1870
Abbruch von fünf weiteren Häusern an der Roßschwemme und der unteren Fleischbank sowie des »Scheibling«, eines Rundturms der alten Stadtmauer.

1871
Das Heiliggeistspital wird bis 1885 als Fleischhalle benutzt.

1875
Die Roßschwemme verschwindet.

1878
Rückgang der Schrannenblüte; problematische hygienische Zustände auf dem VM.

1879
Abbruch des Schlachthauses vom Heiliggeistspital.

1881
Die Metzgerzeile am Fuß des Petersbergl wird eingebaut (»Zwölfapostelläden«).

1884/1885
Abriß des Spitalgebäudes und des Weiberhauses als letzten Gebäudes. Südlich der Heiliggeistkirche entsteht eine geräumige Fleischverkaufshalle. Der VM ist damit von allen Spitalgebäuden befreit.

1888
Renovierung der Heiliggeistkirche am VM.

1890–1893
Plan, eine große Markthalle am VM zu errichten und auf dem VM das dazugehörige Verwaltungsgebäude; wird zum Glück nicht ausgeführt.

1891
Der VM hat den heutigen Umfang erreicht; Abriß des viereckigen Fischerturms und des an ihn angebauten alten Café Gröber. Dieser Zinnenturm ist ein letzter Rest der alten Stadtmauer am VM.

1896
Der Fischmarktbrunnen wird vom VM auf den Ruedererplatz verlegt.

1898
Errichtung der Fischverkaufshalle; Konkurrenz für die Stadtfischer.

1900–1945

1900
Außer dem VM existieren noch drei weitere Münchner Märkte: der eine am Wiener Platz in Haidhausen, der zweite am Maffeianger zwischen Mars- und Hasenstraße und der dritte am Salvatorplatz. Bedeutende strukturelle Veränderung des VM: Verkauf von Einfuhrprodukten ist erlaubt.

1907
100. Geburtstag des VM.

1912
Großmarkthalle in Untersendling wird eröffnet.

1914–1927
Aufhebung der Schrannenhalle. Ihr Abriß ist geplant.

1920
Plan, den VM in die Großmarkthalle zu integrieren und den VM auf dem heutigen Platz aufzulösen; wird glücklicherweise nicht ausgeführt.

1922
Inflation bringt eine Verteuerung der Waren mit sich und eine Steigerung der Standmieten.

1924
Ende der Inflation; Normalisierung auf dem VM.

1927
Auf dem VM wird jeglicher Großverkauf verboten. Dieser ist nur in der Großmarkthalle erlaubt. Protest der Marktler.

1928
Flache Kupferzeltbauten ähnlich den heutigen auf dem VM.

um 1930
Plan, auf VM ein riesiges Markthochhaus zu errichten; wird zum Glück wieder fallengelassen.

1932
VM 125 Jahre alt.
Auf dem Markt gibt es große Verkehrsprobleme. Es erfolgt deshalb eine neue Platzverteilung.

1932
Zerstörung der Schrannenhalle durch einen Großbrand.

1933
»Kampfbund – Vereinigung der Münchner Eierhändler« lehnt weitere Preisanstiege energisch ab. – Schrannenhalle völlig abgetragen.

1939
Nahrungsmittelverknappung auf dem VM.

1944
Zerstörung des Alten Peter durch Bombenangriffe, ebenso der Heiliggeistkirche; nach der Zerstörung des Marienplatzes werden Ersatzstände auf dem VM geplant.

1945
Zerstörung des VM bei Bombenangriffen. Der Plan, den schwer getroffenen Markt ganz aufzulösen und an seiner Stelle Hochhäuser zu errichten, scheitert am Protest der Münchner Bevölkerung.

Die Zeitgeschichte (1945–1987)

1945–1987

1946
Neuplanung von Marktständen: das sogenannte »Negerdorf« entsteht. Beginn der Renovierungsarbeiten an der zerbombten Heiliggeistkirche.

1948
Der VM ersteht als neues Einkaufszentrum.

1949
Bezug von 56 neuen Marktständen.

1950
Abschluß der wichtigsten Bauarbeiten am VM.

1951
Wiedereinweihung des Alten Peter.

1952
Wiedereröffnung der Nordseefischhalle; auf dem VM kehren feinere Sitten ein.

1953
Einweihung der Brunnen zum Gedächtnis von Karl Valentin und von Weiß Ferdl auf dem VM.

1957
Unterkellerung des Marktes;
150. Geburtstag des VM.

1958
800-Jahr-Feier Münchens.

1961
Enthüllung des Liesl-Karlstadt-Brunnens.

1962
Errichtung des ersten VM-Maibaumes.

1963
Zwei Pläne betreffen den VM:
1. Der Altstadtring (eine breite Straße) soll am VM vorbeigeführt werden.
2. VM soll eine vom Straßenverkehr befreite Fußgängerzone werden.

1964
Verhinderung des ersten Planes durch Proteste der Münchner: der Altstadtring wird nicht unmittelbar am VM vorbeigeführt.

1968
Geplantes »Grantlereck« am Freimarkt setzt sich nicht durch.

1969
Die Verwirklichung des zweiten Planes: Verschönerung des VM und seine Umwandlung in eine Fußgängerzone beginnt.
Das »Kaffeehaus zum Haarpuderwaberl« wird aufgelöst (heute »Haus Neumayr«).

1970
Ein Sturm knickt den VM-Maibaum um.

1971
700-Jahr-Feier der Pfarrei Hl. Geist am VM.

1972
Abschluß der Bauarbeiten an der Heiliggeiststraße und am Dreifaltigkeitsplatz am VM.

1973
Abschluß der Renovierung der Heiliggeistkirche.

1974
Abschluß der Renovierung von St. Peter.

1975
VM wird offiziell als Fußgängerzone und als »Bauernstube der Stadt« eröffnet.

1974–1979
Renovierung der Zwölfapostel-Metzgerläden am Fuße des Petersbergl.

1977
Enthüllung der Brunnen zum Gedächtnis von Ida Schumacher, Elise Aulinger und des Roider Jackl.

1978
Entdeckung von Fragmenten der alten Schrannenhalle. Ihr Wiederaufbau wird gefordert.

1979
Bis heute gültige VM-Satzung tritt in Kraft.

1980
Fertigstellung des Cafés auf der Metzgerzeile am Fuß des Alten Peter.

1982
175. Geburtstag des VM

1983
Das 1891 an der Ecke Reichenbach-/Frauenstraße wiedererrichtete Café Gröber wird endgültig abgerissen.

1986
Der Biergarten des Valentinstüberls am VM wird abgerissen, an seine Stelle kommen Wohnungen, Büros.

1987
180. Geburtstag des VM

»So, und jetzt werd's Zeit, daß Sie des Buach zumachn und selber zu uns aufn Markt kommen!«

Literaturnachweise

Abgedruckte Texte

Günter Goepfert: Viktualienmarkt. Aus: *Münchner Miniaturen.* München 1976 (Wila). Mit freundlicher Genehmigung des Verlages.

Ernst Hoferichter: Geburt am Viktualienmarkt. Aus: *Jahrmarkt meines Lebens.* München, Basel, Wien o. J. (BLV). Mit freundlicher Genehmigung von Herrn Karl Ude, München.

Als eine Kreuzotter noch 1 Mark kostete. Münchner Merkur, Jg. 19, Nr. 209, 31. 8./1. 9. 1963. Mit freundlicher Genehmigung von Herrn Karl Ude, München.

Jürgen von Hollander: Träumereien auf dem Viktualienmarkt. Süddeutsche Zeitung, Jg. 41, 4./5. 4. 1985. Mit freundlicher Genehmigung von Frau Edith von Hollander.

Grünes Herz Viktualienmarkt. Aus: *München, ein deutscher Himmel.* München 1972 (Schuler). Mit freundlicher Genehmigung von Frau Edith von Hollander.

Maximilian Rott: Schlacht auf dem Markt. Aus: *Geliebte Preußin.* München 1953 (Harlachinger Buch-Verlag, Hermann Schneider = M. Rott).

Ida Schumacher: Am Eierstandl. Nach einer Schallplattenaufnahme der Deutschen Grammophon GmbH vom Jahre 1964. Mit einem Prosasolo der Ida Schumacher vom Jahre 1963 (Polydor).

Carl Borro Schwerla: Markt-Theater. Aus: *Graf Schorschi.* Ein Münchner Stück in 3 Akten. Wien VI o. J. (Volkskunst-Verlagsgesellschaft). Mit freundlicher Genehmigung von Frau Gertrud Schwerla, München.

Artur Troppmann: Münchner »Stadtstreicher«/Valentins Freunde. Aus: *Der Xaver – Münchner Typen und Originale.* Dortmund 1986 (Weltkreis-Verlag). Mit freundlicher Genehmigung des Verlags und des Autors.

Karl Valentin und sein Marktbummel mit Liesl Karlstadt. Aus: *Alles von Karl Valentin.* München 1986 (Piper). Mit freundlicher Genehmigung des Verlages R. Piper & Co.

Liesl Karlstadt als Standlfrau. Aus: *Valentinaden. Ein buntes Durcheinander von Karl Valentin.* München 1941 (Paul Hugendubel).

Robert Vierheller: Leiden eines Wurstverkäufers. Süddeutsche Zeitung, Jg. 42, Nr. 179, 7. 8. 1986. Mit freundlicher Genehmigung des Autors.

Ferner danken Verlag und Herausgeber Fritz Fenzl, Günter Goepfert, Werner Schlierf, Herbert Schneider, Hanns Vogel und Kurt Wilhelm für die freundliche Erlaubnis zum Abdruck ihrer Gedichte und Prosatexte.

Sonstige Literatur

Bücher:

Arens, Hanns (Hrsg.): Einladung nach München. München-Wien 1968 (Langen-Müller), darin: Hellmut von Cube: *Paradies Viktualienmarkt*

Club Bavaricum: Vereinigung der Freunde des Instituts Bavaricum – Jahresband der Führungen 1982/1983. München 1984, darin: Peter Wagner: *Der Viktualienmarkt und seine Brunnen*

Creuzbauer, August: Die Versorgung Münchens mit Lebensmitteln. München 1903 (Ernst Reinhardt)

Hoferichter, Ernst: Goldenes München – Stadt der Lebensfreude. München 1958 (Kindler)

König, Hannes (Hrsg.): G'spaßige Leut – Münchner Sonderlinge und Originale. München 1977 (Wilhelm Unverhau)

Lentz, Georg: Leitfaden für Preußen und Bayern. Düsseldorf 1958 (Econ)

Lipowsky, Felix Joseph: Urgeschichten von München. München 1815

Meyer, Joseph: Was das Münchner Kindl erzählt. München 1929 (J. Lindauersche Universitätsbuchhandlung)

Originalis: Monachia – Humoristisch-satyrisches Vademecum durch Bier-Athen. München 1881 (Verlag Fliegende Blätter)

Rauchenegger, Benno: Frau Wurzl vom Viktualienmarkt. München 1893

Roth, Eugen: Altmünchner Bilder. München 1954 (Bruckmann)

Ruederer, Josef: Das Gansjung und andere Erzählungen. Dachau 1982 (Verlagsanstalt »Bayerland«)

Sommer, Siegfried: Der unverwüstliche Blasius. München 1957 (Süddeutscher Verlag)

Spengler, Karl: Unterm Münchner Himmel. München 1971 (Bruckmann)

Stolz, Paula/Grill, Irene: Unsere Stadt – Ein Heimatbuch für die Münchner Jugend. München 1954 (Bayerischer Schulbuch-Verlag)

Vogel, Hanns (Hrsg.): 700 Jahre Heiliggeist-Pfarrei – 1271/1971. München 1971 (Franz Fackler Buchverlag)

Wanninger, Karl (Hrsg.): Ein Münchner Paradies. Pfaffenhofen 1987 (W. Ludwig)

Zipperer, Wilhelm: Gedichte in oberbairischer Mundart. Bamberg 1894 (C. C. Buchner)

Magazine, Illustrierte

	Jahrgang	Monat/Jahr	Nummer
Bayerland	84	Sept. 1982	9
essen & trinken (Hamburg)	—	24. 4. 1984	5
gourmet, das internationale Magazin für gutes Essen (Hamburg)	—	1982	25
Kempinski (Berlin)	21	Jan. 1982	1
München Mosaik	1	Juni 1975	6
Münchner Leben	5	Aug. 1960	8
"	9	Mai 1964	5
"	9	Juni 1964	6
Münchner Rundschau	III.	16. Juni 1906	–
Neue Deutsche Rundschau	VII.	Juni 1896	6

Tageszeitungen:

Süddeutsche Zeitung

Jahrgang	Monat/Jahr	Nummer
6	Sept./Okt. 1950	228
7	Sept./Okt. 1951	231
8	19. März 1952	67
10	4. Juni 1954	127
16	27.–28. August 1960	206
17	15.–16. Juli 1961	168
19	31. Mai 1963	130
19	29.–30. Juni 1963	155
19	31. Aug.–1. Sept. 1963	209
20	5. Januar 1964	23
20	20. März 1964	69
20	21.–22. März 1964	70
20	23. April 1964	98
20	27.–28. Mai 1964	127/128
25	23. Juli 1969	175
27	18. Juni 1971	145
28	7. November 1972	256
30	23. Oktober 1974	245
30	9. April 1974	84
31	7. November 1975	256
34	31. Mai 1978	122
35	12. Juni 1979	133
39	10.–12. April 1982	83

Münchner Merkur

Jahrgang	Monat/Jahr	Nummer
5	Nov./Dez. 1950	268
9	Feb./März 1954	50
9	Juni 1954	133
9	Juli 1954	179
10	Februar 1955	42
12	April 1957	83
16	8./9. Juli 1961	162
17	4. Januar 1962	4
19	13. Januar 1964	11
19	23. April 1964	98
19	3. Juni 1964	133
23	4. September 1968	213
29	3./4. August 1974	177
31	12. März 1976	60
32	23. September 1977	219
34	18. Mai 1979	114
34	13. Dezember 1979	288
37	24./25. April 1982	94

Münchner Stadtanzeiger

Jahrgang	Monat/Jahr	Nummer
6	Juli/August 1950	55
6	August 1950	58
13	März/April 1957	21
17	November 1961	45
20	6. April 1964	10
25	26. September 1969	77
26	7. April 1970	28
28	3. März 1972	18
28	26. September 1972	77
28	7. November 1972	89
29	3. Juli 1973	53
30	3. Mai 1974	36
31	10. Januar 1975	2/3

Abendzeitung

Jahrgang	Monat/Jahr	Nummer
20	2./3. Dezember 1967	288
33	3. Oktober 1980	231
35	8./9. Mai 1982	–

tz

Jahrgang	Monat/Jahr	Nummer
15	11. Mai 1982	107

Deutsches Allgemeines Sonntagsblatt

36	28. August 1983	Nr. 35

Bildquellennachweise

Archiv Verlagsanstalt »Bayerland«: 20/21
Archiv Freisinger: Vorsatz (vorne, hinten), 5
Trude Richter: 17, 18, 19, 22 (2), 23, 24, 30 (2), 31 (2), 38, 51, 60, 63, 66, 67, 68, 69, 70, 71, 72, 74, 87, 127, 141, 147, 162
Alfons Schweiggert: 6, 7, 8, 9 (1), 36, 40, 41
Stadtarchiv München: 14, 25, 27, 32, 33, 133
Stadtmuseum München: 9 (1), 10, 11 (2), 12, 13, 16, 28/29, 110 (2), 111, 131 (alle Bilder aus der Sammlung Carlo Proebst)
Gerd Pfeiffer: alle übrigen Fotos

Verlag und Herausgeber danken allen, die Bilder zur Verfügung stellten, für ihre Unterstützung.

Inhalt

Rundgang um den Viktualienmarkt

Der Viktualienmarkt durchs Jahr

Seltsame Gwachser rund um den Markt

Allerlei G'schichtln und Gedichte um den Markt

1987 – 180 Jahre Münchner Viktualienmarkt

In gleicher Ausführung sind erschienen:

Die Geschichte Münchens, des Münchner Bieres und des 175 Jahre alten Oktoberfestes – in Wort und Bild faszinierend vergegenwärtigt.
Bier und München – sie gehören zusammen, und so handelt dieses Buch ebenso von der anfangs mühsamen, später stürmischen »Karriere« des volkstümlichen Getränks wie von den wechselvollen Geschicken der Isarstadt und ihrer Bewohner. Manch erhellendes Streiflicht fällt auf acht Jahrhunderte münchnerischer Kultur und Lebensweise.
Die vielen, größtenteils farbigen Abbildungen historischer Stiche, Holzschnitte, Gemälde, Fotos erhöhen zusätzlich den Wert und den Rang dieses Bandes für jeden Freund der bayerischen Hauptstadt.

Hanns Glöckle
München – Bier – Oktoberfest
Acht Jahrhunderte Bier- und Stadtgeschichte
160 Seiten, 162 größtenteils farbige Abbildungen, Großformat 24 x 30,5 cm, Leinenband mit farbigem Schutzumschlag, ISBN 3-922394-57-4

In bisher kaum gekannter Vielfalt und Fülle ersteht hier ein halbes Jahrhundert schon legendärer Münchner Vergangenheit zu neuem, unmittelbar anschaulichem Leben. Vom Metzgersprung zum Faschingszug, vom Ziegenmilchmarkt bis zu Kaffeeküche und Bierkeller ist alles dabei, was damals Alltags- wie Festtagswirklichkeit »großer« und »kleiner« Leute ausmachte. Wie kein anderer zuvor erschließt dieser Band die erstaunliche Erbschaft der »Bildreporter von einst«, der Holzstecher der großen, weitverbreiteten Journale und Illustrierten zwischen 1848 und 1900 – einen optischen Schatz, dessen Bedeutung lange Zeit nur von wenigen erkannt wurde.

Hanns Glöckle
Das waren Zeiten
München im Spiegel der Bildreportagen von einst, 1848–1900
168 Seiten, Großformat 24 x 30,5 cm, 154 Abbildungen, davon 23 in Farbe, Leinenband mit farbigem Schutzumschlag, ISBN 3-922394-25-6

In einer Zeit vielfacher Gefährdung der Alpenregion und der Lebenswelt ihrer Bewohner bewahrt dieser Band mit 133 Holzstichen des 19. Jahrhunderts Bilder der »verlorenen Wirklichkeit« von gestern. Bis ins Detail genau hielten die »Holzgraveure« – die Vorläufer der heutigen Fotoreporter – in den großen Publikumszeitschriften zwischen 1850 und 1900 fest, was damals in noch kaum berührter Ursprünglichkeit anzutreffen war: das unverfälschte Brauchtum der Bergbauern, ihre Feste und Vergnügungen, die alte Volksfrömmigkeit – aber auch und vor allem die noch unversehrte Schönheit der Alpenlandschaft.
Hanns Glöckle hat hier wieder ein hochinteressantes Kapitel Geschichte aufgeschlagen, das er, wie gewohnt, eindringlich mit erläuternden Kommentaren zu verlebendigen weiß. In vielen Fällen sind den Abbildungen die zeitgenössischen Berichttexte im Originalwortlaut beigefügt.

Hanns Glöckle
Wie's war im Alpenland
Verlorene Wirklichkeit – Die Zentral- und Ostalpen
152 Seiten, Format 24 x 30,5 cm, 133 Abbildungen teils farbig, Leinenband mit farbigem Schutzumschlag, ISBN 3-922394-91-4

Verlagsanstalt »Bayerland« Dachau